RLAT 2025

Reglamento de Líneas Eléctricas de Alta Tensión
Instrucciones Técnicas Complementarias ITC-LAT 01 a 09
y Guías Técnicas de Aplicación: GUÍA LAT-05
GUÍA LAT-07

RLAT 2025

Reglamento de Líneas Eléctricas de Alta Tensión

Instrucciones Técnicas Complementarias ITC-LAT 01 a 09

y Guías Técnicas de Aplicación:
GUÍA LAT-05
GUÍA LAT-07

Real Decreto 223/2008, de 15 de febrero

Reglamento sobre condiciones técnicas y garantías de seguridad en Líneas Eléctricas de Alta Tensión.

Instrucciones Técnicas Complementarias ITC-LAT 01 a 09

Correcciones y fe de erratas BOE de 17 de mayo y 19 de julio de 2008

Modificaciones según el R.D. 542/2020

Modificaciones según el R.D. 298/2021

GUÍA LAT-07 (enero 2022)

GUÍA LAT-05 (enero 2022)

Modificaciones según el R. D. 770/2025 de 2 de septiembre

I N C L U Y E

Garceta
grupo editorial

RLAT 2025.
Reglamento de Líneas Eléctricas de Alta Tensión. Instrucciones Técnicas Complementarias ITC-LAT 01 a 09 y Guías Técnicas de aplicación: Guía LAT-05 y Guía LAT-07

Ministerio de Industria, Comercio y Turismo

ISBN: 978-84-1903-497-7

IBERGARCETA PUBLICACIONES, S.L., Madrid, 2025

Edición: 5.ª

Nº de páginas: 320

Formato: 15,5 × 21,5

Thema: THR Ingeniería eléctrica.

RLAT 2025.
Reglamento de Líneas Eléctricas de Alta Tensión. Instrucciones Técnicas Complementarias ITC-LAT 01 a 09 y Guías Técnicas de aplicación: Guía LAT-05 y Guía LAT-07

© Ministerio de Industria, Comercio y Turismo

ISBN: 978-84-1903-497-7

COPYRIGHT © 2025 Ibergarceta Publicaciones, S.L.

info@garceta.es

Edición: 5.ª

Impresión: 1.ª

Depósito legal: M-20474-2025

Impresión: Imprenta Valle del Tiétar, S.L.

OI: 0299/2025

IMPRESO EN ESPAÑA-PRINTED IN SPAIN

CONTENIDO

1. REAL DECRETO 223/2008

REAL DECRETO 223/2008, de 15 de febrero, por el que se aprueban el Reglamento sobre condiciones técnicas y garantías de seguridad en líneas eléctricas de alta tensión y sus instrucciones técnicas complementarias ITCLAT 01 a 09.

El vigente Reglamento de Líneas Eléctricas Aéreas de Alta Tensión fue aprobado por Decreto 3151/1968, de 28 de noviembre, conteniendo únicamente prescripciones técnicas. La autorización administrativa previa a su realización se regía por el Decreto 2617/1966, de 20 de octubre; la expropiación forzosa se posibilitaba por la Ley 10/1966, de 18 de marzo y su Reglamento, aprobado por Decreto 2619/1966, de 20 de octubre, los cuales, a su vez, regulaban la potestad sancionadora; asimismo, para determinar las condiciones de mantenimiento e inspecciones periódicas se recurría al artículo 92 del Reglamento de Verificaciones Eléctricas y Regularidad en el Suministro de Energía, aprobado por Decreto de 12 de marzo de 1954, en la redacción dada por el Real Decreto 724/1979, de 2 de febrero.

El propio marco técnico en que se promulgó ese reglamento ha variado considerablemente, con la introducción de nuevos materiales, técnicas, procedimientos y necesidades sociales.

Mucho mayor aún ha sido la variación experimentada en el ordenamiento jurídico, como consecuencia, fundamentalmente, de la promulgación de la Constitución Española y de la adhesión de España a la Comunidad Europea, lo que ha significado, en cuanto al tratamiento administrativo, por ejemplo, el traspaso de funciones desde la Administración General del Estado a las comunidades autónomas cuando se trata de instalaciones ubicadas exclusivamente en sus respectivos territorios, y la necesidad de coordinación en los demás casos, o la necesidad de cumplir la liberalización económica que, como en otros campos, se ha materializado de manera espectacular en el ámbito energético en general y el sector eléctrico en particular, obligando a adaptar todos los procedimientos y agentes intervinientes.

Dos leyes básicas se aplican a las instalaciones contempladas en el reglamento que ahora se aprueba: con carácter sectorial, la Ley 54/1997, de 27 de noviembre, del Sector Eléctrico, y con carácter horizontal, pero especialmente en materia de seguridad, la Ley 21/1992, de 16 de julio, de Industria.

Así, por ejemplo, el artículo 3 de la Ley 54/1997, de 27 de noviembre, confiere a la Administración General del Estado la competencia para establecer los requisitos mínimos de calidad y seguridad que han de regir el suministro de energía eléctrica, así como la de autorizar las instalaciones eléctricas cuando su aprovechamiento afecte a más de una comunidad autónoma o el transporte o distribución salga del ámbito territorial de una de ellas.

Por lo demás, el artículo 51.1 de dicha Ley 54/1997, de 27 de noviembre, se remite a lo previsto en la citada Ley 21/1992, de 16 de julio, respecto de las normas técnicas de seguridad y calidad industriales que hayan de cumplir las instalaciones de producción, transporte y distribución de energía eléctrica, las destinadas a su recepción por los usuarios, los equipos de consumo, así como los elementos técnicos y materiales para las instalaciones eléctricas.

El mismo artículo 51, en su apartado 3, indica, igualmente que, sin perjuicio de las restantes autorizaciones reguladas por la Ley, a los efectos considerados en este artículo, la construcción, ampliación o modificación de instalaciones eléctricas requerirá autorización administrativa, según disponga la reglamentación correspondiente.

Otros aspectos a destacar de la referida Ley del Sector Eléctrico son que su título IX se refiere a expropiación y servidumbres y, por último, que incorpora un régimen sancionador que cubre infracciones también en el ámbito del reglamento que ahora se aprueba.

Por su parte, la Ley 21/1992, de 16 de julio, de Industria, dedica su título III a la seguridad y calidad industriales y, más concretamente, el capítulo I de dicho título a la seguridad industrial, definiéndola y determinando sus objetivos.

El artículo 12 de la Ley 21/1992, de 16 de julio, de Industria, se refiere, específicamente, a los reglamentos de seguridad, los cuales deberán establecer los requisitos de seguridad de las instalaciones, los procedimientos de conformidad con las mismas, las responsabilidades de los titulares y las condiciones de equipamiento, medios y capacidad técnica que deben reunir los agentes intervinientes en las distintas fases en relación con las instalaciones, así como la posibilidad de su control mediante inspecciones periódicas.

De acuerdo con el apartado 5 del citado artículo 12, los reglamentos de seguridad de ámbito estatal se aprobarán por el Gobierno de la Nación, sin perjuicio de que las comunidades autónomas puedan introducir requisitos adicionales sobre las mismas materias, cuando se trate de instalaciones radicadas en su territorio.

En su artículo 15, la Ley 21/1992, de 16 de julio, de Industria, define las características y requisitos que deben reunir los organismos de control, como entidades encargadas de llevar a cabo las inspecciones reglamentarias.

Además, en su título V, esta misma norma legal recoge el régimen de infracciones y sanciones en materia de industria y, en particular, sobre cuestiones relacionadas con la seguridad de las instalaciones.

De acuerdo con este marco legal, mediante el presente **Real Decreto** se aprueba un conjunto normativo que, en línea con otros vigentes en materia de seguridad industrial, adopta la forma de un reglamento que contiene las disposiciones técnicas y administrativas generales, así como unas instrucciones técnicas complementarias (denominadas ITC-LAT) que desarrollan y concretan las previsiones del primero para materias específicas.

El reglamento que se aprueba establece que sus prescripciones y las de las instrucciones técnicas complementarias deben tener la consideración de mínimos, de acuerdo con el estado de la técnica, pero admite ejecuciones distintas de las previstas siempre que ofrezcan niveles de seguridad que puedan considerarse, al menos, equivalentes.

Se declaran de obligado cumplimiento una serie de normas relativas, especialmente, al diseño de materiales y equipos. Dado que dichas normas proceden en su mayor parte de las normas europeas EN e internacionales IEC, se consigue rápidamente disponer de soluciones técnicas en sintonía con lo aplicado en los países más avanzados y que reflejan un alto grado de consenso en el sector.

Para facilitar su puesta al día, en el texto de las instrucciones únicamente se citan las normas por sus números de referencia, sin el año de edición. En una instrucción a tal propósito se recoge toda la lista de las normas, esta vez con el año de edición, a fin de que, cuando aparezcan nuevas versiones, se puedan hacer los respectivos cambios en dicha lista, quedando automáticamente actualizadas en el texto dispositivo, sin necesidad de otra intervención. En ese momento también se pueden establecer los plazos para la transición entre las versiones, de tal manera que los fabricantes y distribuidores de material eléctrico puedan dar salida, en un tiempo razonable, a los productos fabricados de acuerdo con la versión de la norma anulada.

No obstante, una vez más, el reglamento resulta flexible en su exigencia, ya que permite la utilización de otros materiales y equipos que no se ajusten a dichas normas pero que confieran una seguridad equivalente, con expreso reconocimiento de aquellos que se comercialicen legalmente en los Estados del Espacio Económico Europeo y en cualquier otro con el cual exista un acuerdo al efecto.

Se presupondrá la conformidad de los equipos y materiales con las normas y especificaciones técnicas aplicables cuando éstos dispongan de marcas o certificados de conformidad emitidos por un organismo cualificado, independiente y acreditado para tal fin, según los procedimientos establecidos en el Real Decreto 2200/1995, de 28 de diciembre, por el que se aprueba el Reglamento de la Infraestructura para la Calidad y la Seguridad Industrial.

Las empresas de transporte y distribución de energía eléctrica se responsabilizarán de la ejecución, mantenimiento y verificación de las líneas de su propiedad.

Para la ejecución de las líneas eléctricas de alta tensión que no sean propiedad de empresas de transporte y distribución de energía eléctrica, se introducen las figuras de instalador y empresa instaladora, que hasta ahora no habían sido reguladas, estableciendo 2 categorías, según se pretenda ejecutar líneas aéreas y subterráneas con tensión nominal hasta 30 kV o de más de 30 kV. Se exige que el titular contrate el mantenimiento de la línea, a fin de garantizar el debido estado de conservación y funcionamiento de la misma. Complementariamente, se prevé la inspección periódica de las instalaciones, cada tres años, como mínimo, por organismos de control.

Todo ello, con independencia de la necesidad de un proyecto previo y dirección de obra por titulado competente.

Finalmente, se encarga al centro directivo competente en materia de seguridad industrial del Ministerio de Industria, Turismo y Comercio, la elaboración de una guía, como ayuda a los distintos agentes afectados, para la mejor comprensión de las prescripciones reglamentarias.

Esta regulación tiene carácter de normativa básica y recoge previsiones de carácter exclusiva y marcadamente técnico, por lo que la Ley no resulta un instrumento idóneo para su establecimiento y se encuentra justificada su aprobación mediante Real Decreto.

Este real decreto constituye una norma reglamentaria sobre seguridad industrial en instalaciones energéticas que, de acuerdo con lo establecido en la Ley 21/1992, de 16 de julio, de Industria, y Ley 54/1997, de 27 de noviembre, del Sector Eléctrico, se dicta al amparo de lo dispuesto en las reglas 13.ª y 25.ª del artículo 149.1 de la Constitución Española, que atribuyen al Estado las competencias exclusivas sobre bases y coordinación de la planificación general de la actividad económica y sobre bases del régimen minero y energético, respectivamente.

En la fase de proyecto, este real decreto ha sido sometido al trámite de audiencia que prescribe la Ley 50/1997, de 27 de noviembre, del Gobierno, y ha sido sometido al procedimiento de información de normas y reglamentaciones técnicas y de reglamentos relativos a la sociedad de la información, regulado por Real Decreto 1337/1999, de 31 de julio, a los efectos de dar cumplimiento a lo dispuesto en la Directiva 98/34/CE, del Parlamento Europeo y del Consejo, de 22 de junio, modificada por la Directiva 98/48/CE, del Parlamento Europeo y del Consejo, de 20 julio.

En su virtud, a propuesta del Ministro de Industria, Turismo y Comercio, de acuerdo con el Consejo de Estado, previa deliberación del Consejo de Ministros en su reunión del día 15 de febrero de 2008,

DISPONGO:

Artículo único. *Aprobación del Reglamento y sus instrucciones técnicas complementarias.*

Se aprueba el Reglamento sobre condiciones técnicas y garantías de seguridad en líneas eléctricas de alta tensión y sus instrucciones técnicas complementarias ITC-LAT 01 a 09, que se insertan a continuación.

Disposición transitoria primera. *Exigibilidad de lo dispuesto en el reglamento y sus instrucciones técnicas complementarias.*

1. Lo dispuesto en el Reglamento sobre condiciones técnicas y garantías de seguridad en líneas eléctricas de alta tensión, así como en sus instrucciones técnicas complementarias ITC-LAT 01 a ITC-LAT 09, será de obligado cumplimiento para todas las instalaciones contempladas en su ámbito de aplicación, a partir de los dos años de la fecha de su publicación en el «Boletín Oficial del Estado». Hasta entonces seguirá siendo aplicable el Reglamento de Líneas Eléctricas Aéreas de Alta Tensión, aprobado por Decreto 3151/1968, de 28 de noviembre.

2. No obstante, el Reglamento sobre condiciones técnicas y garantías de seguridad en líneas eléctricas de alta tensión, así como en sus instrucciones técnicas complementarias ITC-LAT 01 a ITC-LAT 09, se podrán aplicar voluntariamente desde la entrada en vigor de este real decreto, a condición de que administrativamente se disponga de los medios para atender las necesidades de los procedimientos.

Disposición transitoria segunda. *Instalaciones en fase de tramitación en la fecha de obligado cumplimiento del reglamento.*

Para aquellas instalaciones cuyo anteproyecto haya sido realizado de conformidad con el Reglamento de Líneas Eléctricas Aéreas de Alta Tensión, aprobado por Decreto 3151/1968, de 28 de noviembre, y disposiciones que lo desarrollan, y hubiere sido presentado al órgano competente de la Administración antes de la fecha indicada en la disposición transitoria primera 1, se concede un plazo de dos años, que se contará desde dicha fecha, para la consecución del acta de puesta en servicio.

Disposición transitoria tercera. *Obtención del certificado como empresa instaladora.*

Las empresas instaladoras y mantenedoras que a la fecha de publicación de este real decreto vengan realizando instalaciones de líneas eléctricas de alta tensión, dispondrán de un plazo de dos años, a partir de la fecha a que se hace referencia en la disposición transitoria primera.1, para obtener los correspondientes certificados de empresa instaladora que se contempla en la ITC-LAT 03 (Instaladores y empresas instaladoras de líneas de alta tensión).

Disposición transitoria cuarta. *Autorización de los instaladores y empresas instaladoras en el ámbito del Reglamento sobre condiciones técnicas y garantías de seguridad en centrales eléctricas, subestaciones y centros de transformación.*

Los instaladores y empresas instaladoras que sean autorizados según el Reglamento sobre condiciones técnicas y garantías de seguridad en líneas eléctricas de alta tensión y sus instrucciones técnicas complementarias podrán ser también autorizados, previa solicitud, para las actividades de montaje, reparación, mantenimiento, revisión y desmontaje en el ámbito del Reglamento sobre condiciones técnicas y garantías de seguridad en centrales eléctricas, subestaciones y centros de transformación, aprobado por Real Decreto 3275/1982, de 12 de noviembre, en tanto no se regule expresamente, en este último reglamento, la correspondiente figura de instalador.

La autorización como instalador para centrales eléctricas, subestaciones y centros de transformación se concederá, por el órgano competente de la Administración, para el nivel de tensión definido por la categoría del Reglamento sobre condiciones técnicas y garantías de seguridad en líneas eléctricas de alta tensión para la que haya sido autorizado el instalador o la empresa, debiendo poseer los medios técnicos indicados en la ITC-LAT 03 exceptuando los equipos complementarios necesarios para categorías de líneas aéreas o subterráneas.

Disposición derogatoria única. *Derogación normativa.*

1. Queda derogado, en la fecha que se indica en la disposición transitoria primera 1, el **Decreto** 3151/1968, de 28 de noviembre, por el que se aprueba el Reglamento de Líneas Eléctricas Aéreas de Alta Tensión.

2. Asimismo quedan derogadas cuantas disposiciones de igual o inferior rango contradigan lo dispuesto en este **real decreto.**

Disposición final primera. *Título competencial.*

Este real decreto se dicta al amparo de lo dispuesto en el artículo 149.1.13.a y 25.a de la Constitución, que atribuyen al Estado las competencias exclusivas sobre bases y coordinación de la planificación general de la actividad económica y sobre bases del régimen energético, respectivamente.

Disposición final segunda. *Habilitación normativa.*

Se autoriza al Ministro de Industria, Turismo y Comercio para modificar los anexos de este real decreto, con objeto de adaptarlos al progreso de la técnica derivado de las normas emitidas por organismos europeos o internacionales.

Disposición final tercera. *Entrada en vigor.*

Este real decreto entrará en vigor a los seis meses de su publicación en el «Boletín Oficial del Estado».

Dado en Madrid, el 15 de febrero de 2008.

JUAN CARLOS R.

El Ministro de Industria, Turismo y Comercio,
    JOAN CLOS I MATHEU

Modificación del Real Decreto 223/2008, de 15 de febrero, por el que se aprueba el Reglamento sobre condiciones técnicas y garantías de seguridad en **líneas eléctricas de alta tensión y sus instrucciones técnicas complementarias ITC-LAT 01 a 09**, *mediante el Real Decreto 560/2010, de 7 de mayo, por el que se modifican diversas normas reglamentarias en materia de seguridad industrial para adecuarlas a la Ley 17/2009, de 23 de noviembre, sobre el libre acceso a las actividades de servicios y su ejercicio, y a la Ley 25/2009, de 22 de diciembre, de modificación de diversas leyes para su adaptación a la Ley sobre el libre acceso a las actividades de servicios y su ejercicio.*

Disposición adicional primera. *Cobertura de seguro u otra garantía equivalente suscrito en otro Estado.*

Cuando la empresa instaladora de líneas de alta tensión que se establece o ejerce la actividad en España, ya esté cubierta por un seguro de responsabilidad civil profesional u otra garantía equivalente o comparable en lo esencial en cuanto a su finalidad y a la cobertura que ofrezca en términos de riesgo asegurado, suma asegurada o límite de la garantía en otro Estado miembro en el que ya esté establecido, se considerará cumplida la exigencia establecida en el apartado c) del artículo 6.8 de la ITC-LAT 03 aprobada por este real decreto. Si la equivalencia con los requisitos es sólo parcial, la empresa instaladora deberá ampliar el seguro o garantía equivalente hasta completar las condiciones exigidas. En el caso de seguros u otras garantías suscritas con entidades aseguradoras y entidades de crédito autorizadas en otro Estado miembro, se aceptarán a efectos de acreditación los certificados emitidos por éstas.

Disposición adicional segunda. *Aceptación de documentos de otros Estados miembros a efectos de acreditación del cumplimiento de requisitos.*

A los efectos de acreditar el cumplimiento de los requisitos exigidos a las empresas instaladoras se aceptarán los documentos procedentes de otro Estado miembro de los que se desprenda que se cumplen tales requisitos, en los términos previstos en el artículo 17 de la Ley 17/2009, de 23 de noviembre, sobre el libre acceso a las actividades de servicios y su ejercicio.

Disposición adicional tercera. *Modelo de declaración responsable.*

Corresponderá a las comunidades autónomas elaborar y mantener disponibles los modelos de declaración responsable. A efectos de facilitar la introducción de datos en el Registro Integrado Industrial regulado en el título IV de la Ley 21/1992, de 16 de julio, de Industria, el órgano competente en materia de seguridad industrial del Ministerio de Industria, Turismo y Comercio elaborará y mantendrá actualizada una propuesta de modelos de declaración responsable, que deberá incluir los datos que se suministrarán al indicado registro, y que estará disponible en la sede electrónica de dicho Ministerio.

Disposición adicional cuarta. *Obligaciones en materia de información y de reclamaciones.*

Las empresas instaladoras deben cumplir las obligaciones de información de los prestadores y las obligaciones en materia de reclamaciones establecidas, respectivamente, en los artículos 22 y 23 de la Ley 17/2009, de 23 de noviembre, sobre el libre acceso a las actividades de servicios y su ejercicio.

2. REGLAMENTO SOBRE CONDICIONES TÉCNICAS Y GARANTÍAS DE SEGURIDAD EN LÍNEAS ELÉCTRICAS DE ALTA TENSIÓN

CAPÍTULO I
Disposiciones generales

Artículo 1. *Objeto.*

Este reglamento tiene por objeto establecer las condiciones técnicas y garantías de seguridad a que han de someterse las líneas eléctricas de alta tensión, a fin de:

a) Proteger las personas y la integridad y funcionalidad de los bienes que pueden resultar afectados por las mismas.

b) Conseguir la necesaria regularidad en los suministros de energía eléctrica.

c) Establecer la normalización precisa para reducir la extensa tipificación

d) que existe en la fabricación de material eléctrico.

e) Facilitar desde la fase de proyecto de las líneas su adaptación a los futuros aumentos de carga racionalmente previsibles.

Artículo 2. *Ámbito de aplicación.*

1. Las disposiciones de este reglamento se aplican a las líneas eléctricas de alta tensión, entendiéndose como tales las de corriente alterna trifásica a 50 Hz de frecuencia, cuya tensión nominal eficaz entre fases sea superior a un kilovoltio. Aquellas líneas en las que se prevea utilizar otros sistemas de transporte o distribución de energía —corriente continua, corriente alterna monofásica o polifásica, etc.—, deberán ser objeto de una justificación especial por parte del proyectista, el cual deberá adaptar las prescripciones y principios básicos de este reglamento a las peculiaridades del sistema propuesto.

2. El reglamento se aplicará:

a) a las nuevas líneas, a sus modificaciones y a sus ampliaciones,

b) a las líneas existentes antes de su entrada en vigor que sean objeto de modificaciones con variación del trazado original de la línea, afectando

c) las disposiciones de este reglamento exclusivamente al tramo modificado y

d) a las instalaciones existentes antes de su entrada en vigor, en lo referente al régimen de inspecciones que se establecen en el mismo sobre periodicidad y agentes intervinientes, si bien para las líneas aéreas con conductores desnudos, los criterios técnicos aplicables en dichas inspecciones serán los correspondientes a la reglamentación con la que se aprobaron, y para el resto de las líneas se aplicarán los criterios normativos y técnicos en virtud de los cuales resultó aprobado en su día el proyecto de instalación y autorizada su puesta en servicio.

3. Quedan excluidas de la aplicación de las presentes normas las líneas eléctricas que constituyen el tendido de tracción propiamente dicho —línea de contacto— de los ferrocarriles u otros medios de transporte electrificados.

4. Las prescripciones de este reglamento y sus instrucciones técnicas complementarias (en adelante también denominadas ITCs) son de carácter general, unas, y específico, otras. Las específicas sustituirán, modificarán o complementarán a las generales, según los casos.

5. Las prescripciones de este Reglamento y sus ITC se aplicarán sin perjuicio de las disposiciones establecidas en la normativa de prevención de riesgos laborales y en particular, en el Real decreto 614/2001, de 8 de junio, sobre disposiciones mínimas para la protección de la salud y seguridad de los trabajadores frente al riesgo eléctrico, así como cualquier otra normativa aplicable.

Artículo 3. *Tensiones nominales. Categorías de las líneas.*

Las líneas eléctricas incluidas en este reglamento se clasificarán, atendiendo a su tensión nominal, en las categorías siguientes:

a) Categoría especial: Las de tensión nominal igual o superior a 220 kV y las de tensión inferior que formen parte de la red de transporte conforme a lo establecido en el artículo 5 del Real Decreto 1955/2000, de 1 de diciembre, por el que se regulan las actividades de transporte, distribución, comercialización, suministro y procedimientos de autorización de instalaciones de energía eléctrica.

b) Primera categoría: Las de tensión nominal inferior a 220 kV y superior a 66 kV.

c) Segunda categoría: Las de tensión nominal igual o inferior a 66 kV y superior a 30 kV.

d) Tercera categoría: Las de tensión nominal igual o inferior a 30 kV y superior a 1 kV.

Si en la línea existen circuitos o elementos en los que se utilicen distintas tensiones, el conjunto de la línea se considerará, a efectos administrativos, al valor de la mayor tensión nominal.

Cuando en el proyecto de una nueva línea se considere necesaria la adopción de una tensión nominal superior a 400 kV, la Administración competente establecerá la tensión que deba autorizarse.

Artículo 4. *Frecuencia de la red eléctrica nacional.*

La frecuencia nominal obligatoria para la red eléctrica es de 50 Hz.

Artículo 5. *Compatibilidad con otras instalaciones.*

Las líneas eléctricas de alta tensión deben estar dotadas de los elementos necesarios para que su explotación e incidencias no produzcan perturbaciones anormales en el funcionamiento de otras instalaciones.

Los sobredimensionamientos y modificaciones impuestos a otras instalaciones, como consecuencia de cambios realizados en líneas o redes eléctricas de alta tensión, serán costeados por el propietario de estas líneas o redes, quien podrá reclamar al causante último de la modificación.

Artículo 6. *Cumplimiento de las prescripciones y excepciones.*

1. Se considerará que las instalaciones realizadas de conformidad con las prescripciones de este reglamento proporcionan las condiciones de seguridad que, de acuerdo con el estado de la técnica, son exigibles, a fin de preservar a las personas y los bienes, cuando se utilizan de acuerdo a su destino.

2. Las prescripciones establecidas en el presente reglamento tendrán la condición de mínimos obligatorios, en el sentido de lo indicado por el artículo 12.5 de la Ley 21/1992, de 16 de julio, de Industria.

3. El órgano competente de la comunidad autónoma, en atención a situaciones objetivas excepcionales a solicitud de parte interesada, podrá aceptar, para ciertos casos, soluciones diferentes a las contenidas en el presente reglamento, cuando impliquen un nivel de seguridad equivalente.

4. A efectos estadísticos y con objeto de prever las eventuales correcciones en la reglamentación, la comunidad autónoma remitirá anualmente al Ministerio competente en materia de seguridad industrial las soluciones aceptadas basadas en la aplicación del principio de seguridad equivalente.

Artículo 7. *Equivalencia de requisitos.*

Sin perjuicio de lo establecido en el artículo 13, a los efectos de este reglamento, y para la comercialización de productos provenientes de los Estados miembros de la Unión Europea, de Turquía, del Espacio Económico Europeo, o de otros Estados con los cuales existan los correspondientes acuerdos, que estén sometidos a las reglamentaciones nacionales de seguridad industrial, la Administración pública competente deberá aceptar la validez de los certificados y marcas de conformidad a normas y las actas o protocolos de evaluación de la conformidad oficialmente reconocidos en dichos Estados, siempre que se reconozca, por la mencionada Administración, que los agentes que los realizan ofrecen garantías técnicas, profesionales y de independencia e imparcialidad equivalentes a las exigidas por la legislación española y que las disposiciones legales vigentes del Estado, que sirven de base para evaluar la conformidad, comportan un nivel de seguridad equivalente al exigido por las correspondientes disposiciones españolas.

Artículo 8. *Normas de obligado cumplimiento.*

1. Las ITCs establecen el cumplimiento obligatorio de normas UNE u otras reconocidas internacionalmente, de manera total o parcial, a fin de facilitar la adaptación al estado de la técnica en cada momento.

En la ITC-LAT 02 se recogerá el listado de todas las normas citadas en el texto de las Instrucciones, identificadas por sus títulos y numeración, la cual incluirá el año de edición.

En las restantes ITCs dicha referencia se realizará, por regla general, sin indicar el año de edición de las normas en cuestión.

2. Cuando una o varias normas varíen su año de edición, o se editen modificaciones posteriores a las mismas, deberán ser objeto de actualización en el listado de normas, mediante resolución del órgano directivo competente en materia de seguridad industrial del Ministerio de Industria, Turismo y Comercio, en la que deberá hacerse constar la fecha a partir de la cual la utilización de la antigua edición de la norma dejará de serlo, a efectos reglamentarios.

A falta de resolución expresa, se entenderá que también cumple las condiciones reglamentarias la edición de la norma posterior a la que figure en el listado de normas, siempre que la misma no modifique criterios básicos y se limite a actualizar ensayos o incremente la seguridad intrínseca del material correspondiente.

Artículo 9. *Accidentes.*

A efectos estadísticos, sin perjuicio de otras comunicaciones sobre el accidente a las autoridades laborales y ambientales, previstas en la normativa laboral y ambiental, y con objeto de determinar las posibles causas, así como disponer las eventuales correcciones en la reglamentación, se debe poseer los correspondientes datos sistematizados de los accidentes más significativos. Para ello, cuando se produzca un accidente o una anomalía en el funcionamiento, imputable a la línea, que ocasione víctimas, daños a terceros o a especies protegidas al amparo del artículo 56 de la Ley 42/2007, de 13 de diciembre, del Patrimonio Natural y de la Biodiversidad, o situaciones objetivas de riesgo potencial, el propietario de la línea deberá redactar un informe que recoja los aspectos esenciales del mismo. En un tiempo no superior a tres meses, deberán remitir al órgano competente de la Comunidad Autónoma donde radique la instalación, copia de todos los informes realizados.

En el caso de que el daño, o la situación objetiva de riesgo potencial, afectara a especies protegidas al amparo del artículo 56 de la Ley 42/2007, de 13 de diciembre, deberá dar traslado a los órganos competentes en materia de medio ambiente del Ministerio correspondiente y de la Comunidad Autónoma donde radique la instalación.

Artículo 10. *Infracciones y sanciones.*

Los incumplimientos de lo dispuesto en este reglamento se sancionarán de acuerdo con lo dispuesto en el título V de la Ley 21/1992, de 16 de julio, de Industria y, si procede, de lo establecido en el título X de la Ley 54/1997, de 27 de noviembre, del Sector Eléctrico.

No obstante, aquellas infracciones que se deriven del incumplimiento de lo dispuesto en el Real Decreto 1432/2008, de 29 de agosto, por el que se establecen medidas para la protección de la avifauna contra la colisión y la electrocución en líneas eléctricas de alta estarán sometidas al régimen sancionador establecido en el artículo 10 de dicho real decreto.

Artículo 11. *Guía técnica.*

El órgano directivo competente en materia de seguridad industrial del Ministerio de Industria, Turismo y Comercio elaborará y mantendrá actualizada una Guía técnica de carácter no vinculante para la aplicación práctica de las previsiones del presente reglamento y sus ITCs, la cual podrá establecer aclaraciones a conceptos incluidos en uno y otras.

Artículo 12. *Equipos y materiales.*

1. Los materiales, aparatos, conjuntos y subconjuntos, integrados en los circuitos de las líneas eléctricas de alta tensión, a las que se refiere este reglamento, cumplirán las normas y especificaciones técnicas que les sean de aplicación y que se establezcan como de obligado cumplimiento en la ITC-LAT 02.

En su defecto, el proyectista propondrá y justificará las normas o especificaciones cuya aplicación considere más idónea para las partes fundamentales de la línea de que se trate.

2. En aquellos casos en los que la aplicación estricta de las normas reglamentarias no permita una solución óptima a un problema o se prevea utilizar otros sistemas, el proyectista de la línea deberá justificar las variaciones necesarias, que deberán ser autorizadas por la Administración pública competente.

Se incluirán junto con los equipos y materiales las indicaciones necesarias para su correcta instalación y uso, debiendo marcarse con la información que determine la norma de aplicación que se establece en la correspondiente ITC, con las siguientes indicaciones mínimas:

a) Razón social y dirección completa del fabricante y, en su caso, de su representante legal o del responsable de la comercialización.

b) Marca y modelo, si procede.

c) Tensión e intensidad asignada, si procede.

3. La Administración pública competente verificará en sus campañas de inspección de mercado el cumplimiento de las exigencias técnicas de los materiales y equipos sujetos a este reglamento.

Se presupondrá la conformidad de los equipos y materiales con las normas y especificaciones técnicas aplicables cuando éstos dispongan de marcas o certificados de conformidad emitidos por un organismo de control autorizado para tal fin, según los procedimientos establecidos en el Real Decreto 2200/1995, de 28 de diciembre, por el que se aprueba el Reglamento de la Infraestructura para la Calidad y la Seguridad Industrial.

Artículo 13. *Proyecto de las líneas.*

1. Será obligatoria la presentación de proyecto suscrito por técnico titulado competente para la realización de toda clase de líneas de alta tensión, a que se refiere este reglamento.

2. La definición y contenido mínimo de los proyectos y anteproyectos, se determinará en la correspondiente ITC, sin perjuicio de la facultad de la Administración para solicitar los datos adicionales que considere necesarios.

Cuando se trate de líneas, o parte de las mismas, de carácter repetitivo, propiedad de las empresas de transporte y distribución de energía eléctrica, o para aquellas de los clientes que vayan a ser cedidas, los proyectos tipo podrán ser aprobados y registrados por los órganos competentes de las Comunidades Autónomas, en caso de que se limiten a su ámbito territorial, o por el Ministerio de Industria, Comercio y Turismo, en caso de aplicarse en más de una comunidad autónoma. Estos proyectos tipo incluirán las condiciones técnicas de carácter concreto que sean precisas para conseguir mayor homogeneidad en la seguridad y el funcionamiento de las instalaciones, sin hacer referencia a prescripciones administrativas o económicas. En su caso, establecerán las prescripciones técnicas necesarias para asegurar el cumplimiento del Real Decreto 1432/2008, de 29 de agosto, por el que se establecen medidas para la protección de la avifauna contra la colisión y la electrocución en líneas eléctricas de alta tensión.

Los proyectos tipo deberán ser completados, inexcusablemente, con los datos específicos concernientes a cada caso, tales como: ubicación, accesos, circunstancias locales, clima, entorno, dimensiones específicas, características de las tierras y de la conexión a la red, así como cualquier otra correspondiente al caso particular.

3. El procedimiento de información pública, aprobación y registro de los proyectos tipo se efectuará de la misma forma que las especificaciones particulares de las empresas suministradoras.

Artículo 14. *Interrupción y alteración del servicio.*

1. En los casos o circunstancias en los que se observe eminente peligro para las personas o cosas se deberá interrumpir el funcionamiento de las líneas.

2. La interrupción del funcionamiento de las líneas de transporte y distribución de energía eléctrica será decidida, en todo caso, por el operador del sistema y gestor de la red de transporte o por el gestor de la red de distribución, según proceda, conforme los procedimientos de operación vigentes.

Para líneas particulares, un técnico titulado competente, con la autorización del propietario de la línea, podrá adoptar, en situación de emergencia, las medidas provisionales que resulten aconsejables, dando cuenta inmediatamente al órgano competente de la Administración, quien fijará el plazo para restablecer las condiciones reglamentarias.

3. Las consecuencias derivadas de cualquier intervención de terceros en instalaciones de las que no sean titulares, siempre que afecte a los requisitos de este reglamento, sin la expresa autorización de su titular, serán responsabilidad del causante, el cual deberá hacer frente a los costes de indemnización derivados de su actuación.

CAPÍTULO II

Disposiciones específicas aplicables a líneas propiedad de empresas de transporte y distribución de energía eléctrica

Artículo 15. *Especificaciones particulares de las empresas de transporte y distribución de energía eléctrica.*

1. Las empresas de transporte y distribución de energía eléctrica podrán establecer especificaciones particulares para sus líneas eléctricas de alta tensión o para aquellas de los clientes que les vayan a ser cedidas. Estas especificaciones serán únicas para todo el territorio de distribución de la empresa distribuidora y recogerán las condiciones técnicas de carácter concreto que sean precisas para conseguir una mayor homogeneidad en la seguridad y el funcionamiento de las líneas eléctricas, como el diseño, materiales, construcción, montaje y puesta en servicio de líneas eléctricas de alta tensión.

En ningún caso estas especificaciones incluirán marcas o modelos de equipos o materiales concretos que aboquen al consumidor a un único proveedor, ni prescripciones de tipo administrativo o económico que supongan para el titular de la instalación privada, cargas adicionales a las previstas en este reglamento, o en otra normativa que pueda ser de aplicación.

En todo caso, las especificaciones incluirán la posibilidad de que, ante situaciones debidamente justificadas, previa acreditación de seguridad equivalente, el titular de la instalación pueda dar soluciones alternativas a situaciones concretas en que sea imposible cumplir los requisitos de las especificaciones aprobadas por la Administración.

2. Dichas especificaciones particulares deberán ajustarse, en cualquier caso, a los preceptos del reglamento sobre condiciones y garantías de seguridad en líneas eléctricas de alta tensión, así como del Real Decreto 1432/2008, de 29 de agosto, y previo cumplimiento del procedimiento de información pública, deberán ser aprobadas y registradas por los órganos competentes de las Comunidades Autónomas, en caso de que se limiten a su ámbito territorial, o por el Ministerio de Industria, Comercio y Turismo, en caso de aplicarse en más de una comunidad autónoma.

3. Una persona técnica competente de la empresa de transporte o distribución certificará que las especificaciones particulares cumplen todas las exigencias técnicas y de seguridad reglamentariamente establecidas.

Asimismo, dichas normas deberán contar con un informe técnico de un órgano cualificado e independiente que certificará que dichas especificaciones cumplen con todos los requisitos de la reglamentación de seguridad aplicable, que no se incluyen prescripciones de tipo administrativo o económico que supongan una carga para el titular de la instalación privada y que tampoco se incluyen sobredimensionamientos técnicamente no justificados de la instalación, salvo aquellos derivados de la utilización de las series normalizadas de materiales.

4. Las empresas de transporte o distribución que quieran proponer las especificaciones particulares, a las que hace referencia el apartado 1, y que no se limiten al ámbito territorial de una única Comunidad Autónoma, deberán remitir solicitud de aprobación al Ministerio de Industria, Comercio y Turismo, acompañada de la siguiente documentación:

a) El texto de las especificaciones para las que se solicita la aprobación.

b) Certificado por persona técnica competente referido en el punto 3.

c) Informe técnico emitido por un organismo cualificado, referido en el punto 3.

d) Listado de las Comunidades Autónomas dónde la empresa de transporte o distribuidora lleve a cabo su actividad.

Presentada la solicitud por medios electrónicos, el Ministerio de Industria, Comercio y Turismo realizará el trámite de información pública de dicha especificación o proyecto y solicitará informe a la Comisión Nacional de los Mercados y la Competencia, a los órganos competentes en la aplicación de este reglamento de las Comunidades Autónomas en las que las empresas de transporte o distribución desarrolle su actividad, a los órganos competentes en la aplicación del Real decreto 1432/2008, de 29 de agosto, de las Comunidades Autónomas en las que las empresas de transporte o distribución desarrolle su actividad y a la Secretaría de Estado de Energía del Ministerio para la Transición Ecológica y el Reto Demográfico.

Recibidos los informes, o cumplido el plazo marcado en el artículo 80 de la Ley 39/2015, de 1 de octubre, del Procedimiento Administrativo Común para su emisión, procederá a su aprobación siempre que se garantice el cumplimiento reglamentario, la uniformidad de los requisitos en todas las zonas de implantación de la empresa de transporte o distribución y que no se adopten barreras técnicas que aboquen al consumidos a un único proveedor, publicándose la resolución correspondiente en el «Boletín Oficial del Estado».

Una vez presentadas las especificaciones ante el Ministerio de Industria, Comercio y Turismo, junto con los documentos mencionados, el plazo para la aprobación será de tres meses, considerándose el silencio administrativo como aprobatorio.

5. Las normas así aprobadas se publicarán en la página web del Ministerio de Industria, Comercio y Turismo, sin perjuicio de la publicidad que las empresas de transporte o distribución hagan de las mismas.

6. En caso de modificación o ampliación de especificaciones ya aprobadas, la empresa de transporte o distribución de energía eléctrica solicitara aprobación de la ampliación o modificación de dichas especificaciones, siguiendo el mismo procedimiento indicado anteriormente.

Artículo 16. *Capacidad técnica de las empresas de transporte y distribución de energía eléctrica para la ejecución y mantenimiento de líneas eléctricas de su propiedad.*

Las empresas de transporte y distribución de energía eléctrica que realicen las actividades de construcción o mantenimiento de líneas eléctricas de su propiedad por medios propios, no precisan presentar la declaración responsable según lo establecido en la ITC-LAT 03, por entenderse a los efectos de este reglamento que dichas empresas de transporte y distribución cuentan con la capacidad técnica acreditada suficiente para la realización de las citadas actividades. En cualquier caso, las empresas de transporte y distribución de energía deberán cumplir en cada momento, las condiciones reglamentarias establecidas para la ejecución y mantenimiento de sus líneas eléctricas, incluida su puesta en funcionamiento.

En el supuesto de que las empresas de transporte y distribución efectúen las citadas actividades a través de una empresa contratada, ésta deberá ostentar la condición de empresa instaladora según lo establecido en la ITC-LAT 03.

Artículo 17. *Documentación y puesta en servicio de las líneas propiedad de empresas de transporte y distribución de energía eléctrica.*

1. La construcción, ampliación, modificación y explotación de las líneas eléctricas de alta tensión propiedad de empresas de transporte y distribución de energía eléctrica se condicionará a la autorización administrativa, aprobación del proyecto de ejecución y autorización de explotación que prescribe el título VII del Real Decreto 1955/2000, de 1 de diciembre.

2. Las empresas de transporte y distribución de energía eléctrica se responsabilizarán de la ejecución de las líneas de su propiedad.

3. Las líneas eléctricas propiedad de empresas de transporte y distribución de energía eléctrica deberán disponer de la siguiente documentación:

a) Proyecto que defina las características de la instalación, según determina la ITC-LAT 09, elaborado previamente a la ejecución.

b) Certificado final de obra, según modelo establecido por la Administración, emitido por técnico titulado competente una vez finalizadas las obras. El citado certificado junto con los informes de verificación surtirá los efectos previstos en el artículo 132 del Real Decreto 1955/2000, de 1 de diciembre.

Artículo 18. *Mantenimiento, verificaciones periódicas e inspecciones de las líneas propiedad de empresas de transporte y distribución de energía eléctrica.*

1. Las empresas de transporte y distribución de energía eléctrica se responsabilizarán del mantenimiento y verificación periódica de las líneas de su propiedad y de aquéllas que le sean cedidas. Si el mantenimiento o la verificación fuera realizado por empresas mandatarias éstas deberán ser instaladores.

2. La verificación periódica de las líneas se realizará, al menos. cada tres años. La empresa titular conservará el acta de la verificación a disposición de los órganos competentes de la Administración.

Los órganos competentes de la Administración podrán efectuar inspecciones, mediante control por muestreo estadístico, de las verificaciones efectuadas por las empresas de transporte y distribución.

3. En la ITC-LAT 05 se detalla el proceso para las verificaciones e inspecciones periódicas.

CAPÍTULO III

Disposiciones específicas aplicables a líneas que no sean propiedad de empresas de transporte y distribución de energía eléctrica

Artículo 19. *Empresas instaladoras de líneas de alta tensión.*

Las líneas eléctricas de alta tensión que no sean propiedad de empresas de transporte y distribución de energía eléctrica se ejecutarán por empresas instaladoras que reúnan los requisitos y condiciones establecidos en la ITC-LAT 03 y hayan presentado la correspondiente declaración responsable de inicio de actividad según lo prescrito en el apartado 6 de dicha ITC.

De acuerdo con la Ley 21/1992, de 16 de julio, de Industria, la declaración responsable habilita por tiempo indefinido a la empresa instaladora, desde el momento de su presentación ante la Administración competente, para el ejercicio de la actividad en todo el territorio español, sin que puedan imponerse requisitos o condiciones adicionales.

Artículo 20. *Documentación, puesta en servicio y mantenimiento de las líneas.*

1. Según lo establecido en el artículo 12.3 de la Ley 21/1992, de Industria, y una vez obtenida, en los casos requeridos por el Real Decreto 1955/2000, de 1 de diciembre, la autorización administrativa, la puesta en servicio y utilización de las instalaciones eléctricas ejecutadas por empresas instaladoras se condiciona al siguiente procedimiento:

a) Deberá elaborarse, previamente a la ejecución, un proyecto que defina las características de la línea, según determina la ITC-LAT 09 y que, cuando esté previsto que las líneas vayan a ser cedidas, deberá tener en cuenta las especificaciones particulares aprobadas de la empresa suministradora.

b) La línea deberá verificarse por la empresa instaladora que la ejecute, con la supervisión del director de obra, a fin de comprobar la correcta ejecución y funcionamiento seguro de la misma.

c) Al finalizar la ejecución de la línea un técnico titulado competente emitirá el correspondiente certificado de dirección y final de obra.

d) Asimismo, si la tensión nominal fuera superior a 30 kV, la instalación deberá ser objeto de una inspección inicial por un organismo de control.

e) A la terminación de la instalación, realizadas las verificaciones pertinentes y la inspección inicial, en su caso, la empresa instaladora ejecutora de la instalación emitirá un certificado de instalación, en el que se hará constar que la misma se ha realizado de conformidad con lo establecido en el reglamento y sus ITCs y de acuerdo con el proyecto. En su caso, identificará y justificará las variaciones que en la ejecución se hayan producido con relación a lo previsto en el proyecto. En caso de líneas que requieran autorización administrativa, se acompañará al certificado de instalación el acta de puesta en servicio.

f) Cuando el titular de la línea precise conectarse a la red de una empresa suministradora de energía eléctrica, deberá solicitar el suministro a la empresa suministradora, mediante entrega del correspondiente ejemplar del certificado de instalación de la línea.

En este caso, la empresa suministradora podrá realizar las verificaciones que considere oportunas, en lo que se refiere al cumplimiento de las prescripciones de este reglamento y del proyecto, como requisito previo para la conexión de la línea a la red eléctrica.

Si los resultados de las verificaciones no fueran favorables, la empresa suministradora deberá extender un acta, en la que conste el resultado de las comprobaciones, la cual deberá ser firmada igualmente por el titular de la instalación, dándose por enterado. Dicha acta, en el plazo más breve posible, se pondrá en conocimiento del órgano competente de la Administración, quien determinará lo que proceda.

g) Asimismo, el propietario de la línea deberá suscribir, antes de su puesta en marcha, un contrato de mantenimiento suscrito con una empresa instaladora de líneas de alta tensión, en el que se haga responsable de mantener la línea en el debido estado de conservación y funcionamiento. Si el propietario de la línea, a juicio del órgano competente de la Administración, dispone de los medios y organización necesarios para efectuar su propio mantenimiento, y asume su ejecución y la responsabilidad del mismo, será eximido de su contratación.

h) El certificado de la empresa instaladora, junto con el proyecto, el certificado de dirección de obra, el de inspección inicial, en su caso, y el contrato de mantenimiento o el compromiso de realizarlo con medios propios, deberán depositarse ante el órgano competente de la Administración, con objeto de inscribir la referida instalación en el correspondiente registro.

2. En la ITC-LAT 04 se detalla el proceso aplicable para la documentación y puesta en servicio.

Artículo 21. *Inspecciones periódicas de las líneas.*

1. Para alcanzar los objetivos señalados en el artículo 1 de este reglamento, en relación con la seguridad, se efectuarán inspecciones periódicas de las líneas.

Estas inspecciones se realizarán cada tres años, al menos, pudiéndose establecer condiciones especiales en las ITCs de este reglamento. El titular de la línea cuidará de que dichas inspecciones se efectúen en los plazos previstos.

2. Las inspecciones periódicas se realizarán por los organismos de control autorizados en este campo reglamentario. Para líneas de tensión nominal no superior a 30 kV estas inspecciones se podrán sustituir por revisiones o verificaciones que realicen técnicos titulados competentes que cumplan los requisitos indicados en la ITC-LAT 05.

El organismo de control y, en su caso, los citados técnicos titulados competentes, conservarán respectivamente, acta de las inspecciones o verificaciones que realicen y entregarán una copia de las mismas al titular o arrendatario, en su caso, de la línea, así como a la Administración pública competente.

La Administración pública competente podrá efectuar controles para garantizar el correcto funcionamiento del sistema, tales como el control por muestreo estadístico de las inspecciones y verificaciones efectuadas.

3. En la ITC-LAT 05 se detalla el proceso que deberá seguirse para las inspecciones periódicas.

3. INSTRUCCIONES TÉCNICAS COMPLEMENTARIAS ITC-LAT

Resumen del contenido

TERMINOLOGÍA
Instrucción ITC-LAT 01

Índice

Esta instrucción recoge los términos técnicos más generales utilizados del Reglamento sobre condiciones técnicas y garantías de seguridad en líneas eléctricas de alta tensión y de sus instrucciones técnicas complementarias. Para la mayoría de estos términos las definiciones corresponden a las establecidas en la norma UNE 21302.

1. Aislamiento de un cable

Conjunto de materiales que forman parte de un cable y cuya función específica es soportar la tensión.

2. Alta tensión

Se considera alta tensión (A.T.) toda tensión nominal superior a 1 kV.

3. Amovible

Calificativo que se aplica a todo material instalado de manera que se pueda quitar fácilmente.

4. Armadura de un cable

Revestimiento constituido por flejes o alambres, destinado generalmente a proteger al cable de los efectos mecánicos exteriores.

5. Autoseccionador (seccionalizador)

Seccionador que abre un circuito automáticamente en condiciones predeterminadas, cuando dicho circuito está sin tensión.

6. Cable o cable aislado

Conjunto constituido por:

— Uno o varios conductores aislados.

— Su eventual revestimiento individual.

— La eventual protección del conjunto.

— El o los eventuales revestimientos de protección que se dispongan.

NOTA: *Se admite el término de «cable de tierra» para el conductor desnudo que protege las líneas aéreas frente al rayo.*

7. Cable de tierra

Conductor conectado a tierra en alguno o en todos los apoyos, dispuesto generalmente, aunque no necesariamente, por encima de los conductores de fase, con el fin de asegurar una determinada protección frente a las descargas atmosféricas.

8. Cable de tierra de fibra óptica (OPGW)

Cable de tierra que contiene fibras ópticas para telecomunicación. El componente conductor puede ser cableado, tubular o una combinación entre ambos.

9. Cable portante o fiador

Cable de acero o de otro material destinado a soportar esfuerzos de tracción, recubierto o no de material aislante resistente a la intemperie y a las solicitaciones mecánicas que puedan producirse. Sobre él se basan todos los cálculos de tracción mecánica.

10. Cables unipolares aislados reunidos en haz

Cable aéreo constituido por un conjunto de varios cables unipolares cableados entre sí. Pueden estar cableados sobre un fiador.

11. Cantón de una línea

Conjunto de vanos de una línea eléctrica comprendidos entre dos apoyos de amarre.

12. Canalización o conducción eléctrica

Conjunto constituido por uno o varios conductores eléctricos y los elementos que aseguran su fijación y, en su caso, su protección mecánica.

13. Cebado

Régimen variable durante el cual se establece el arco o la chispa.

14. Centro de transformación

Instalación provista de uno o varios transformadores reductores de Alta a Baja Tensión con la aparamenta y obra complementaria precisas.

15. Circuito

Conjunto de materiales eléctricos (conductores, aparamenta, etc.) alimentados por la misma fuente de energía y protegidos contra las sobreintensidades por el o por los mismos dispositivos de protección. No quedan incluidos en esta definición los circuitos que forman parte de los aparatos de utilización o receptores.

16. Coeficiente de falta a tierra

El coeficiente de falta a tierra en un punto P de una instalación trifásica es el cociente U_{pf}/U_p, siendo U_{pf} la tensión eficaz entre una fase sana del punto P y tierra durante una falta a tierra, y U, la tensión eficaz entre cualquier fase del punto P y tierra en ausencia de falta.

Las tensiones U_{pf} y U, lo serán a frecuencia industrial.

La falta a tierra referida puede afectar a una o más fases en un punto cualquiera de la red.

El coeficiente de falta a tierra en un punto es, pues, una relación numérica superior a la unidad que caracteriza, de un modo general, las condiciones de puesta a tierra del neutro del sistema desde el punto de vista del emplazamiento considerado, independientemente del valor particular de la tensión de funcionamiento en este punto.

Los coeficientes de falta a tierra se pueden calcular a partir de los valores de las impedancias de la red en el sistema de componentes simétricas, vistas desde el punto considerado y tomando, para las máquinas giratorias, las reactancias subtransitorias, o cualquier otro procedimiento de cálculo de suficiente garantía.

Cuando para cualquiera que sea el esquema de explotación, la reactancia homopolar es inferior al triple de la reactancia directa y la resistencia homopolar no excede a la reactancia directa, el coeficiente de falta a tierra no sobrepasa 1,4.

17. Conductor de alta temperatura

Conductor que por su composición puede trabajar a mayores temperaturas que los conductores convencionales, respetando los límites reglamentarios de flecha y tensión.

18. Conductor de un cable

Parte de un cable que tiene la función específica de conducir la corriente.

19. Conductor desnudo

Elemento formado por varios alambres no asilados y cableados entre sí previsto para transportar la corriente eléctrica.

20. Conductores activos

En toda instalación se consideran como conductores activos los destinados normalmente a la transmisión de energía eléctrica. Esta consideración se aplica a los conductores de fase y al conductor neutro.

21. Conductor aislado

Conjunto que comprende el conductor, su aislamiento y sus eventuales pantallas.

22. Conductor cableado

Conductor constituido por una serie de alambres individuales en el que todos, o alguno de ellos, generalmente tienen la forma helicoidal.

23. Conductor óptico (OPCON)

Conductor de fase óptico que contiene fibra óptica con capacidad para la telecomunicación.

24. Conductor recubierto

Conjunto que comprende el conductor y su recubrimiento.

25. Conexión equipotencial

Conexión que une dos partes conductoras de manera que la corriente que pueda pasar por ella no produzca una diferencia de potencial sensible entre ambas.

26.	**Conmutador**	Aparato destinado a modificar las conexiones de varios circuitos.
27.	**Contactos directos**	Contactos de personas y animales con partes activas.
28.	**Contactos indirectos**	Contactos de personas o animales con partes que se han puestas bajo tensión como resultado de un fallo de aislamiento.
29.	**Corriente de contacto**	Corriente que pasa a través del cuerpo humano o de un animal cuando está sometido a una tensión eléctrica.
30.	**Corriente de cortocircuito máxima admisible**	Valor de la corriente de cortocircuito que puede soportar un elemento de la red, durante una corta duración especificada.
31.	**Corriente de defecto o de falta**	Corriente que circula debido a un defecto de aislamiento.
32.	**Corriente de defecto a tierra**	Es la corriente que en el caso de un solo punto de defecto a tierra, se deriva por el citado punto desde el circuito averiado a tierra o a partes conectadas a tierra.
33.	**Corriente de puesta a tierra**	Es la corriente total que se deriva a tierra a través de la puesta a tierra.

NOTA: *La corriente de puesta a tierra es la parte de la corriente de defecto que provoca la elevación de potencial de una instalación de puesta a tierra.*

34.	**Corte omnipolar**	Corte de todos los conductores activos de un mismo circuito.
35.	**Cubierta de un cable**	Revestimiento continuo y uniforme, de material metálico o no metálico, generalmente extruido y que constituye la protección exterior del cable.
36.	**Defecto a tierra (o a masa)**	Defecto de aislamiento entre un conductor y tierra (o masa).
37.	**Defecto franco**	Conexión accidental, de impedancia despreciable, entre dos o más puntos con distinto potencial.
38.	**Electrodo de tierra**	Conductor, o conjunto de conductores, enterrados que sirven para establecer una conexión con tierra. Los conducto-

res no aislados, colocados en contacto con tierra para la conexión al electrodo, se considerarán parte de éste.

39. Elementos conductores

Todos aquellos que pueden encontrarse en un edificio, aparato, etc., y que son susceptibles de transferir una tensión, tales como: estructuras metálicas o de hormigón armado utilizadas en la construcción de edificios (por ejemplo armaduras, paneles, carpintería metálica, etc.), canalizaciones metálicas de agua, gas, calefacción. etc., y los aparatos no eléctricos conectados a ellas, si la unión constituye una conexión eléctrica (por ejemplo radiadores, cocinas, fregaderos metálicos, etc.). Suelos y paredes conductoras.

40. Empalme

Accesorio que garantiza la conexión entre dos cables para formar un circuito continúo.

41. Fuente de energía

Aparato generador o sistema suministrador de energía eléctrica.

42. Fuente de alimentación de energía

Lugar o punto donde una línea, una red, una instalación o un aparato recibe energía eléctrica que tiene que transmitir, repartir o utilizar.

43. Impedancia

Cociente de la tensión en los bornes de un circuito entre la corriente que fluye por ellos. Esta definición sólo es aplicable a corrientes sinusoidales.

44. Instalación de tierra

Es el conjunto formado por electrodos y líneas de tierra de una instalación eléctrica.

45. Instalación de tierra general

Es la instalación de tierra resultante de la interconexión de todas las puestas a tierra de protección y de servicio de una instalación.

46. Instalaciones de tierra independientes

Dos instalaciones de tierra se consideran independientes entre sí cuando tienen electrodos de tierra separados y cuando, durante el paso de la corriente a tierra por una de ellas, la otra no adquiere respecto a una tierra de referencia una tensión superior a 50V.

47. Instalaciones de tierra separadas

Dos instalaciones de tierra se denominan separadas cuando entre sus electrodos no existe una conexión específica directa.

48. Instalación eléctrica

Conjunto de aparatos y de circuitos asociados, previstos para un fin particular: producción, conversión, rectificación, transformación, transmisión, distribución o utilización de la energía eléctrica.

49. Instalación privada

Es la instalación destinada, por un único usuario, a la producción o utilización de la energía eléctrica en locales o emplazamientos de su uso exclusivo.

50. Intensidad de defecto

Valor que alcanza una corriente de defecto.

51. Interruptor

Aparato de conexión capaz de establecer, de soportar y de interrumpir las corrientes en las condiciones normales del circuito, que pueden incluir las condiciones especificadas de sobrecarga en servicio, así como de soportar durante un tiempo especificado las corrientes en las condiciones anormales especificadas del circuito, tales como las de cortocircuito.

52. Interruptor automático

Aparato de conexión capaz de establecer, de soportar e de interrumpir las corrientes en las condiciones normales del circuito, así como de establecer, de soportar durante un tiempo determinado y de interrumpir corrientes en condiciones anormales especificadas del circuito, tales como las del cortocircuito.

53. Línea de enlace con el electrodo de tierra

Cuando existiera punto de puesta a tierra, se denomina línea de enlace con el electrodo de tierra a la parte de la línea de tierra comprendida entre el punto de puesta a tierra y el electrodo, siempre que el conductor esté fuera del terreno o colocado aislado del mismo.

54. Línea de tierra

Es el conductor o conjunto de conductores que unen el electrodo de tierra con una parte de la instalación que se haya de poner a tierra, siempre y cuando los conductores estén fuera del terreno o colocados en él pero aislados del mismo.

55. Masa de un aparato

Conjunto de las partes metálicas de un aparato que, en condiciones normales, están aisladas de las partes activas.

56. Nivel de aislamiento

Para un aparato o material eléctrico determinado, característica definida por un conjunto de tensiones especificadas de su aislamiento.

a) Para materiales cuya tensión más elevada para el material sea menor que 300 kV, el nivel de aislamiento está definido por las tensiones soportadas nominales a los impulsos de tipo rayo y las tensiones soportadas nominales a frecuencia industrial de corta duración.

b) Para materiales cuya tensión más elevada para el material sea igual o mayor que 300 kV, el nivel de aislamiento está definido por las tensiones soportadas nominales a los impulsos de tipo maniobra y rayo.

57. No propagación de la llama

Cualidad de un material por la que deja de arder en cuanto cesa de aplicársele la llama que provoca su combustión.

58. Pantalla de un cable

Capa o capas conductoras cuya función es la de configurar el campo eléctrico en el interior del aislamiento. Además, su función es conducir las corrientes de defecto a tierra que puedan circular a través de ella.

59. Poner o conectar a masa

Unir eléctricamente un conductor al armazón de una máquina o a una masa metálica.

60. Poner o conectar atierra

Unir eléctricamente con la tierra una parte del circuito eléctrico o una parte conductora no perteneciente al mismo, por medio de la instalación de tierra.

61. Puesta a tierra de protección

Es la conexión directa a tierra de las partes conductoras de los elementos de una instalación no sometidos, normalmente, a tensión eléctrica, pero que pudieran ser puestos en tensión por averías o contactos accidentales, a fin de proteger a las personas contra contactos con tensiones peligrosas.

62. Puesta atierra de servicio

Es la conexión que tiene por objeto unir a tierra temporalmente parte de las instalaciones que están, normalmente, bajo tensión o permanentemente ciertos puntos de los circuitos eléctricos de servicio.

Estas puestas a tierra pueden ser:

— Directas: cuando no contienen otra resistencia que la propia de paso a tierra.

— Indirectas: cuando se realizan a través de resistencias o impedancias adicionales.

63. Punto a potencial cero

Punto del terreno, a una distancia tal de la instalación de toma de tierra, que el gradiente de tensión, en dicho punto, resulte despreciable; cuando pasa por dicha instalación una corriente de defecto.

64. Punto de puesta a tierra

Es un punto situado generalmente fuera del terreno, que sirve de unión de las líneas de tierra con el electrodo, directamente o a través de líneas de enlace con él.

65. Punto neutro

Es el punto de un sistema polifásico que, en las condiciones de funcionamiento previstas, presenta la misma diferencia de potencial con relación a cada uno de los polos o fases del sistema.

66. Reactancia

Es un dispositivo que se aplica para agregar a un circuito inductancia, con distintos objetos, por ejemplo: arranque de motores, conexión en paralelo de transformadores o regulación de corriente. Reactancia limitadora es la que se usa para limitar la corriente cuando se produzca un cortocircuito.

67. Red compensada mediante bobina de extinción

Red en la que uno o varios puntos neutros están puestos a tierra por reactancias que compensan aproximadamente la componente capacitiva de la corriente de falta monofásica a tierra.

NOTA: *En una red con neutro puesto a tierra a través de bobina de extinción, la corriente en la falta se limita de tal manera que el arco de la falta se autoextingue.*

68. Red con neutro a tierra

Red cuyo neutro está unido a tierra, bien directamente o bien por medio de una resistencia o de una inductancia de pequeño valor.

69. Red con neutro aislado

Red desprovista de conexión intencional a tierra, excepto a través de dispositivos de indicación, medida o protección, de impedancias muy elevadas.

70. Red de distribución

Conjunto de conductores con todos sus accesorios, sus elementos de sujeción, protección etc., que une una fuente de energía o una fuente de alimentación de energía con las instalaciones interiores o receptoras.

71. Redes de distribución de compañía

Son las redes de distribución propiedad de una empresa distribuidora de energía eléctrica.

72. Redes particulares

Son las destinadas, para un único usuario, al suministro de los locales o emplazamientos de su propiedad o a otros especialmente autorizados.

Estas redes pueden tener su origen:

— En centrales de generación propia.

— En redes de distribución.

73. Reenganche automático

Secuencia de maniobras por las que, a continuación de una apertura, se cierra automáticamente un aparato mecánico de conexión después de un tiempo predeterminado.

74. Resistencia de tierra

Es la resistencia entre un conductor puesto a tierra y un punto de potencial cero.

75. Resistencia global de tierra

Es la resistencia de tierra en un punto, considerando la acción conjunta de la totalidad de las puestas a tierra.

76. Seccionador

Aparato mecánico de conexión que, por razones de seguridad, en posición abierto asegura una distancia de seccionamiento que satisface unas condiciones específicas de aislamiento.

NOTA: *Un seccionador es capaz de abrir y cerrar un circuito cuando es despreciable la corriente a interrumpir o a establecer, o bien cuando no se produce un cambio apreciable de tensión en los bornes de cada uno de los polos del seccionador. Es también capaz de soportar corrientes de paso, en las condiciones normales del circuito, así como durante un tiempo especificado en condiciones anormales, tales como las de cortocircuito.*

77. Sobretensión

Tensión anormal existente entre dos puntos de una instalación eléctrica, superior al valor máximo que puede existir entre ellos en servicio normal.

NOTA: *Véase definición de tensión más elevada de una red trifásica.*

78. Sobretensión temporal

Es la sobretensión entre fases y tierra o entre fases en un lugar determinado de la red, de duración relativamente larga y que no está amortiguada, o sólo lo está débilmente.

79. Sobretensión tipo maniobra

Es la sobretensión entre fase y tierra o entre fases en un lugar determinado de la red debida a una maniobra, defecto u otra causa y cuya forma puede asimilarse, en lo relativo a la coordinación de aislamiento, a la de los impulsos normalizados utilizados para los ensayos de impulso tipo maniobra.

80. Sobretensión tipo rayo

Es la sobretensión entre fase y tierra o entre fases, en un lugar determinado de la red, debida a una descarga atmosférica u otra causa y cuya forma puede asimilarse, en lo relativo a la coordinación de aislamiento, a la de los impulsos normalizados utilizados para los ensayos de impulso tipo rayo.

81. Tensión

Diferencia de potencial entre dos puntos. En los sistemas de corriente alterna se expresará por su valor eficaz, salvo indicación en contra.

82. Tensión asignada de un cable U_0/U

Tensión para la que se ha diseñado el cable y sus accesorios. U_0 es la tensión nominal eficaz a frecuencia industrial entre cada conductor y la pantalla del cable y U es la tensión nominal eficaz a frecuencia industrial entre dos conductores cualesquiera.

83. Tensión a tierra o con relación a tierra

Es la tensión existente entre un elemento conductor y la tierra.

— En instalaciones trifásicas con neutro no unido directamente a tierra, se considerará como tensión a tierra la tensión entre fases.

— En instalaciones trifásicas con neutro unido directamente a tierra, se considerará como tensión a tierra la tensión entre fase y neutro.

84. Tensión a tierra transferida

Es la tensión de paso o de contacto que puede aparecer en un lugar cualquiera transmitida por un elemento metálico desde una instalación de tierra lejana.

85. Tensión de contacto

Es la fracción de la tensión de puesta a tierra que puede ser puenteada por una persona entre la mano y un punto del terreno situado a un metro de separación o entre ambas manos.

86. Tensión de contacto aplicada

Es la parte de la tensión de contacto que resulta directamente aplicada entre dos puntos del cuerpo humano, considerando todas las resistencias que intervienen en el circuito y estimándose la del cuerpo humano en 1.000 ohmios.

87. **Tensión de defecto**

Tensión que aparece a causa de un defecto de aislamiento, entre dos masas, entre una masa y un elemento conductor, o entre una masa y tierra.

88. **Tensión de paso**

Es la parte de la tensión a tierra que aparece en caso de un defecto a tierra entre dos puntos del terreno separados a un metro.

89. **Tensión de paso aplicada**

Es la parte de la tensión de paso que resulta directamente aplicada entre los pies de un hombre, teniendo en cuenta todas las resistencias que intervienen en el circuito y estimándose la del cuerpo humano en 1.000 ohmios.

90. **Tensión de puesta atierra**

Tensión que aparece a causa de un defecto de aislamiento, entre una masa y tierra (ver tensión de defecto).

91. **Tensión de servicio**

Es el valor de la tensión realmente existente en un punto cualquiera de una instalación, en un momento determinado.

92. **Tensión de suministro**

Es el valor o valores de la tensión que constan en los contratos que se establecen con los usuarios y que sirven de referencia para la comprobación de la regularidad en el suministro. La tensión de suministro puede tener varios valores distintos, en los diversos sectores de una misma red, según la situación de éstos y demás circunstancias.

93. **Tensión más elevada de una red trifásica (U_s)**

Valor más elevado de la tensión eficaz entre fases, que puede presentarse en un instante y en un punto cualquiera de la red, en las condiciones normales de explotación. Este valor no tiene en cuenta las variaciones transitorias (por ejemplo, maniobras en la red) ni las variaciones temporales de tensión debidas a condiciones anormales de la red (por ejemplo, averías o desconexiones bruscas de cargas importantes).

94. **Tensión más elevada para el material (U_m)**

La mayor tensión eficaz entre fases para la cual se define el material, en lo que se refiere al aislamiento y determinadas características que están eventualmente relacionadas con esta tensión, en las normas propuestas para cada material.

95. **Tensión nominal**

Valor convencional de la tensión con la que se denomina un sistema o instalación y para el que ha sido previsto su funcionamiento y aislamiento.

La tensión nominal expresada en kilovoltios, se designa en el presente Reglamento por U_n.

96. Tensión nominal de una red trifásica (U_n)

Valor de la tensión entre fases por el cual se denomina la red, y a la cual se refieren ciertas características de servicio de la red.

97. Tensión nominal para el material

Es la tensión asignada por el fabricante para el material.

NOTA: *Para la aparamenta, la tensión asignada o nominal coincide con la tensión más elevada del material.*

98. Tensión soportada

Es el valor de la tensión especificada que un aislamiento debe soportar sin perforación ni contorneamiento, en condiciones de ensayo preestablecidas.

99. Tensión soportada nominal a frecuencia industrial

Es el valor eficaz de una tensión alterna sinusoidal a frecuencia industrial; que el material considerado debe ser capaz de soportar sin perforación ni contorneamiento durante los ensayos realizados en las condiciones especificadas.

100. Tensión soportada nominal a los impulsos tipo maniobra o tipo rayo

Es el valor de cresta de tensión soportada a los impulsos tipo maniobra o tipo rayo prescrita para un material, el cual caracteriza el aislamiento de este material en lo relativo a los ensayos de tensión soportada.

101. Terminal de cable

Dispositivo montado en el extremo de un cable para garantizar la unión eléctrica con otras partes de una red y mantener el aislamiento hasta el punto de conexión.

102. Tierra

Es la masa conductora de la tierra en la que el potencial eléctrico en cada punto se toma, convencionalmente, igual a cero, o todo conductor unido a ella por una impedancia despreciable.

103. Vano de una línea

Distancia entre dos apoyos consecutivos de una línea eléctrica.

104. Zonas

A efectos de las distintas sobrecargas a considerar y del establecimiento de las hipótesis de cálculo para conductores y apoyos, este reglamento define tres zonas:

Zona A: La situada a menos de 500 metros de altitud sobre el nivel del mar. Zona B: La situada a una altitud entre 500 y 1.000 metros sobre el nivel del mar. Zona C: La situada a una altitud superior a 1.000 metros sobre el nivel del mar.

105. Zona de protección

Es el espacio comprendido entre los límites de los lugares accesibles, por un lado, y los elementos que se encuentran bajo tensión, por otro.

NORMAS Y ESPECIFICACIONES TÉCNICAS DE OBLIGADO CUMPLIMIENTO
Instrucción ITC-LAT 02

Índice

NORMAS Y ESPECIFICACIONES TÉCNICAS DE OBLIGADO CUMPLIMIENTO	INSTRUCCIÓN ITC-LAT 02

Se declaran de obligado cumplimiento las siguientes normas y especificaciones técnicas:

GENERALES

UNE 20324:1993	Grados de protección proporcionados por las envolventes (Código IP).
UNE 20324/1M:2000	Grados de protección proporcionados por las envolventes (Código IP).
UNE 20324:2004 ERRATUM	Grados de protección proporcionados por las envolventes (Código IP).
UNE 21308-1:1994	Ensayos en alta tensión. Parte 1: definiciones y prescripciones generales relativas a los ensayos.
UNE-EN 50102:1996	Grados de protección proporcionados por las envolventes de materiales eléctricos contra los impactos mecánicos externos (código IK).
UNE-EN 50102 CORR: 2002	Grados de protección proporcionados por las envolventes de materiales eléctricos contra los impactos mecánicos externos (código IK).
UNE-EN 50102/A1:1999	Grados de protección proporcionados por las envolventes de materiales eléctricos contra los impactos mecánicos externos (código IK).
UNE-EN 50102/A1 CORR:2002	Grados de protección proporcionados por las envolventes de materiales eléctricos contra los impactos mecánicos externos (código IK).
UNE-EN 60060-2:1997	Técnicas de ensayo en alta tensión. Parte 2: Sistemas de medida.
UNE-EN 60060-2/A11: 1999	Técnicas de ensayo en alta tensión. Parte 2: Sistemas de medida.
UNE-EN 60060-3:2006	Técnicas de ensayo en alta tensión. Parte 3: Definiciones y requisitos para ensayos in situ.

UNE-EN 60060-3 CORR.:2007	Técnicas de ensayo en alta tensión. Parte 3: Definiciones y requisitos para ensayos in situ.
UNE-EN 60071-1: 2006	Coordinación de aislamiento. Parte 1: Definiciones, principios y reglas.
UNE-EN 60071-2: 1999	Coordinación de aislamiento. Parte 2: Guía de aplicación.
UNE-EN 60270:2002	Técnicas de ensayo en alta tensión. Medidas de las descargas parciales.
UNE-EN 60865-1: 1997	Corrientes de cortocircuito. Parte 1: Definiciones y métodos de cálculo.
UNE-EN 60909-0: 200	Corrientes de cortocircuito en sistemas trifásicos de corriente alterna. Parte 0: Cálculo de corrientes.
UNE-EN 60909-3: 2004	Corrientes de cortocircuito en sistemas trifásicos de corriente alterna. Parte 3: Corrientes durante dos cortocircuitos monofásicos a tierra simultáneos y separados y corrientes parciales de cortocircuito circulando a través de tierra.

CABLES Y CONDUCTORES

UNE 21144-1-1:1997	Cables eléctricos. Cálculo de la intensidad admisible. Parte 1: Ecuaciones de intensidad admisible (factor de carga 100%) y cálculo de pérdidas. Sección 1: Generalidades.
UNE 21144-1-1/21M: 2002	Cables eléctricos. Cálculo de la intensidad admisible. Parte 1: Ecuaciones de intensidad admisible (factor de carga 100%) y cálculo de pérdidas. Sección 1: Generalidades.
UNE 21144-1-2:1997	Cables eléctricos. Cálculo de la intensidad admisible. Parte 1: Ecuaciones de intensidad admisible (factor de carga 100%) y cálculo de pérdidas. Sección 2: Factores de pérdidas por corrientes de Foucault en las cubiertas en el caso de dos circuitos en capas.
UNE 21144-1-3:2003	Cables eléctricos, Cálculo de la intensidad admisible. Parte 1: Ecuaciones de intensidad admisible (factor de carga 100%) y cálculo de pérdidas. Sección 3: Reparto de la intensidad entre cables unipolares dispuestos en paralelo y cálculo de pérdidas por corrientes circulantes.

UNE 21144-2-1:1997	Cables eléctricos. Cálculo de la intensidad admisible. Parte 2: Resistencia térmica. Sección 1: Cálculo de la resistencia térmica.
UNE 21144-2-1/1M: 2002	Cables eléctricos. Cálculo de la intensidad admisible. Parte 2: Resistencia térmica. Sección 1: Cálculo de la resistencia térmica.
UNE 21144-2-1/2M: 2007	Cables eléctricos. Cálculo de la intensidad admisible. Parte 2: Resistencia térmica. Sección 1: Cálculo de la resistencia térmica.
UNE 21144-2-2:1997	Cables eléctricos. Cálculo de la intensidad admisible. Parte 2: Resistencia térmica. Sección 2: Método de cálculo de los coeficientes de reducción de la intensidad admisible para grupos de cables al aire y protegidos de la radiación solar.
UNE 21144-3-1:1997	Cables eléctricos. Cálculo de la intensidad admisible. Parte 3: Secciones sobre condiciones de funcionamiento. Sección 1: Condiciones de funcionamiento de referencia y selección del tipo de cable.
UNE 21144-3-2:2000	Cables eléctricos. Cálculo de la intensidad admisible. Parte 3: Secciones sobre condiciones de funcionamiento. Sección 2: Optimización económica de las secciones de los cables eléctricos de potencia.
UNE 21144-3-3:2007	Cables eléctricos. Cálculo de la intensidad admisible. Parte 3: Secciones sobre condiciones de funcionamiento. Sección 3: Cables que cruzan fuentes de calor externas.
UNE 21192:1992	Cálculo de las intensidades de cortocircuito térmicamente admisibles, teniendo en cuenta los efectos del calentamiento no adiabático.
UNE 207015:2005	Conductores de cobre desnudos cableados para líneas eléctricas aéreas
UNE 211003-1:2001	Límites de temperatura de cortocircuito en cables eléctricos de tensión asignada de 1 kV (Um = 1,2 kV) a 3 kV (Um = 3,6 kV).
UNE 211003-2:2001	Límites de temperatura de cortocircuito en cables eléctricos de tensión asignada de 6 kV (Um = 7,2 kV) a 30 kV (Um = 36 kV).

UNE 211003-3:2001	Límites de temperatura de cortocircuito en cables eléctricos de tensión asignada superior a 30 kV (Um = 36 kV).
UNE 211004:2003	Cables de potencia con aislamiento extruido y sus accesorios, de tensión asignada superior a 150 kV (Um = 170kV) hasta 500 kV (Um = 550 kV). Requisitos y métodos de ensayo.
UNE 211004/1M:2007	Cables de potencia con aislamiento extruido y sus accesorios, de tensión asignada superior a 150 kV (Um = 170kV) hasta 500 kV (Um = 550 kV). Requisitos y métodos de ensayo.
UNE 211435:2007	Guía para la elección de cables eléctricos de tensión asignada superior o igual a 0,611 kV para circuitos de distribución.
UNE-EN 50182:2002	Conductores para líneas eléctricas aéreas. Conductores de alambres redondos cableados en capas concéntricas.
UNE-EN 50182 CORR.: 2005	Conductores para líneas eléctricas aéreas. Conductores de alambres redondos cableados en capas concéntricas.
UNE-EN 50183:2000	Conductores para líneas eléctricas aéreas. Alambres en aleación de aluminio-magnesio-silicio.
UNE-EN 50189:2000	Conductores para líneas eléctricas aéreas. Alambres de acero galvanizado.
UNE-EN 50397-1:2007	Conductores recubiertos para líneas aéreas y sus accesorios para tensiones nominales a partir de 1 kV c.a. hasta 36 kV c.a. Parte 1: Conductores recubiertos.
UNE-EN 60228:2005	Conductores de cables aislados.
UNE-EN 60228 CORR.: 2005	Conductores de cables aislados.
UNE-EN 60794-4:2006	Cables de fibra óptica. Parte 4: Especificación intermedia. Cables ópticos aéreos a lo largo de líneas eléctricas de potencia
UNE-EN 61232:1996	Alambres de acero recubiertos de aluminio para usos eléctricos.
UNE-EN 61232/A11: 2001	Alambres de acero recubiertos de aluminio para usos eléctricos.

UNE-HD 620-5-E-1: 2007	Cables eléctricos de distribución con aislamiento extruido, de tensión asignada desde 3,616 (7,2) kV hasta 20,8/36 (42) kV. Parte 5: Cables unipolares y unipolares reunidos, con aislamiento de XLPE. Sección E-1 Cables con cubierta de compuesto de poliolefina (tipos 5E-1, 5E-4 y 5E-5).
UNE-HD 620-5-E-2: 1996	Cables eléctricos de distribución con aislamiento extruido, de tensión asignada desde 3,6/6 (7,2) kV hasta 20,8/36 (42) kV. Parte 5: Cables unipolares y unipolares reunidos, con aislamiento de XLPE. Sección E-2: Cables reunidos en haz con fiador de acero para distribución aérea y servicio MT (tipo 5E-3).
UNE-HD 620-7-E-1: 2007	Cables eléctricos de distribución con aislamiento extruido, de tensión asignada desde 3,616 (7,2) kV hasta 20,8136 (42) kV. Parte 7: Cables unipolares y unipolares reunidos, con aislamiento de EPR. Sección E-1 Cables con cubierta de compuesto de poliolefina (tipos 7E-1, 7E-4 y 7E-5).
UNE-HD 620-7-E-2: 1996	Cables eléctricos de distribución con aislamiento extruido, de tensión asignada desde 3,616 (7,2) kV hasta 20,8136 (42) kV. Parte 7: Cables unipolares y unipolares reunidos, con aislamiento de EPR. Sección E-2: Cables reunidos en haz con fiador de acero para distribución aérea y servicio MT (tipo 7E-2).
UNE-HD 620-9-E:2007	Cables eléctricos de distribución con aislamiento extruido, de tensión asignada desde 3,616 (7,2) kV hasta 20,8/36 (42) kV Parte 9: Cables unipolares y unipolares reunidos, con aislamiento de HEPR. Sección E: Cables con aislamiento de HEPR y cubierta de com puesto de poliolefina (tipos 9E-1, 9E-4 y 9E-5).
UNE-HD 632-3A:1999	Cables de energía con aislamiento extruido y sus accesorios, para tensión asignada desde 36 kV (Um = 42 kV) hasta 150 kV (Um = 170 kV Parte 3: Prescripciones de ensayo para cables con aislamiento de XLPE y pantalla metálica y sus accesorios. Sección A: Cables con aislamiento de XLPE y pantalla metálica y sus accesorios (lista de ensayos 3A).
UNE-HD 632-5A:1999	Cables de energía con aislamiento extruido y sus accesorios, para tensión asignada desde 36 kV (Um = 42 kV) hasta 150 kV (Um = 170 kV). Parte 5: Prescripciones

de ensayo para cables con aislamiento de XLPE y cubierta metálica y sus accesorios. Sección A: Cables con aislamiento de XLPE y cubierta metálica y sus accesorios (lista de ensayos SA).

UNE-HD 632-6A:1999   Cables de energía con aislamiento extruido y sus accesorios, para tensión asignada desde 36 kV (Um = 42 kV) hasta 150 kV (Um = 170 kV). Parte 6: Prescripciones de ensayo para cables con aislamiento de EPR y pantalla metálica y sus accesorios. Sección A: Cables con aislamiento de EPR y pantalla metálica y sus accesorios (lista de ensayos 6A).

UNE-HD 632-8A:1999   Cables de energía con aislamiento extruido y sus accesorios, para tensión asignada desde 36 kV (Um = 42 kV) hasta 150 kV (Um = 170 kV). Parte 8: Prescripciones de ensayo para cables con aislamiento de EPR y cubierta metálica y sus accesorios. Sección A: Cables con aislamiento de EPR y cubierta metálica y sus accesorios (lista de ensayos 8A).

PNE 211632-4A   Cables de energía con aislamiento extruido y sus accesorios, para tensión asignada desde 36 kV (Um = 42 kV) hasta 150 kV (Um = 170 kV). Parte 4: Cables con aislamiento de HEPR y cubierta de compuesto de poliolefina (tipos 1, 2 y 3).

PNE 211632-6A   Cables de energía con aislamiento extruido y sus accesorios, para tensión asignada desde 36 kV (Um = 42 kV) hasta 150 kV (Um = 170 kV). Parte 6: Cables con aislamiento de XLPE y cubierta de compuesto de poliolefina (tipos 1, 2 y 3).

ACCESORIOS PARA CABLES

UNE 21021:1983   Piezas de conexión para líneas eléctricas hasta 72,5 kV.

UNE-EN 61442:2005   Métodos de ensayo para accesorios de cables eléctricos de tensión asignada de 6 kV (Um = 7,2 kV) a 36 kV (Um = 42 kV)

UNE-EN 61854:1999   Líneas eléctricas aéreas. Requisitos y ensayos para separadores.

UNE-EN 61897:2000	Líneas eléctricas aéreas. Requisitos y ensayos para amortiguadores de vibraciones eólicas tipo «Stockbridgel».
UNE-EN 61238-1:2006	Conectores mecánicos y de compresión para cables de energía de tensiones asignadas hasta 36 kV (Um = 42 kV). Parte 1: Métodos de ensayo y requisitos.
UNE-HD 629-1:1998	Prescripciones de ensayo para accesorios de utilización en cables de energía de tensión asignada de 3,616 (7,2) kV hasta 20,8/36(42) kV. Parte 1: Cables con aislamiento seco.
UNE-HD 629-1/A1: 2002	Prescripciones de ensayo para accesorios de utilización en cables de energía de tensión asignada desde 3,616 (7,2) kV hasta 20,8136 (42) kV. Parte 1: Cables con aislamiento seco.

APOYOS Y HERRAJES

UNE 21004:1953	Crucetas de madera para líneas eléctricas.
UNE 21092:1973	Ensayo de flexión estática de postes de madera.
UNE 21094:1983	Impregnación con creosota a presión de los postes de madera de pino. Sistema Rüping.
UNE 21097:1972	Preservación de los postes de madera. Condiciones de la creosota.
UNE 21151:1986	Preservación de postes de madera. Condiciones de las sales preservantes más usuales.
UNE 21152:1986	Impregnación con sales a presión de los postes de madera de pino. Sistema por vacío y presión.
UNE 37507:1988	Recubrimientos galvanizados en caliente de tornillería y otros elementos de fijación.
UNE 207009:2002	Herrajes y elementos de fijación y empalme para líneas eléctricas aéreas de alta tensión.
UNE 207016:2007	Postes de hormigón tipo HV y HVH para líneas eléctricas aéreas.
UNE 207017:2005	Apoyos metálicos de celosía para líneas eléctricas aéreas de distribución.

UNE 207018:2006	Apoyos de chapa metálica para líneas eléctricas aéreas de distribución.
UNE-EN 12465:2002	Postes de madera para líneas aéreas. Requisitos de durabilidad.
UNE-EN 60652:2004	Ensayos mecánicos de estructuras para líneas eléctricas aéreas.
UNE-EN 61284:1999	Líneas eléctricas aéreas. Requisitos y ensayos para herrajes.
UNE-EN ISO 1461:1999	Recubrimientos galvanizados en caliente sobre productos acabados de hierro y acero. Especificaciones y métodos de ensayo.

APARAMENTA

UNE 21120-2:1998	Fusibles de alta tensión. Parte 2: Cortacircuitos de expulsión.
UNE-EN 60265-1:1999	Interruptores de alta tensión. Parte 1: Interruptores de alta tensión para tensiones asignadas superiores a 1 kV e inferiores a 52 kV.
UNE-EN 60265-1 CORR:2005	Interruptores de alta tensión. Parte 1: Interruptores de alta tensión para tensiones asignadas superiores a 1 kV e inferiores a 52 kV.
UNE-EN 60265-2:1994	Interruptores de alta tensión. Parte 2: interruptores de alta tensión para tensiones asignadas iguales o superiores a 52 kV
UNE-EN 60265-2/A1: 1997	Interruptores de alta tensión. Parte 2: Interruptores de alta tensión para tensiones asignadas iguales o superiores a 52 kV.
UNE-EN 60265-2/A2: 1999	Interruptores de alta tensión. Parte 2: Interruptores de alta tensión para tensiones asignadas iguales o superiores a 52 kV.
UNE-EN 60282-1:2007	Fusibles de alta tensión. Parte 1: Fusibles limitadores de corriente
UNE-EN 62271-100: 2003	Aparamenta de alta tensión. Parte 100: Interruptores automáticos de corriente alterna para alta tensión.
UNE-EN 62271-100/A1: 2004	Aparamenta de alta tensión. Parte 100: Interruptores automáticos de corriente alterna para alta tensión.

UNE-EN 62271-100/A2: 2007	Aparamenta de alta tensión. Parte 100: Interruptores automáticos de corriente alterna para alta tensión.
UNE-EN 62271-102: 2005	Aparamenta de alta tensión. Parte 102: Seccionadores y seccionadores de puesta a tierra de corriente alterna.

AISLADORES

UNE 21009:1989	Medidas de los acoplamientos para rótula y alojamiento de rotula de los elementos de cadenas de aisladores
UNE 21128:1980	Dimensiones de los acoplamientos con horquilla y lengüeta de los elementos de las cadenas de aisladores.
UNE 21128/1M:2000	Dimensiones de los acoplamientos con horquilla y lengüeta de los elementos de las cadenas de aisladores.
UNE 21909:1995	Aisladores compuestos destinados a las líneas aéreas de corriente alterna de tensión nominal superior a 1.000 V. Definiciones, métodos de ensayo y criterios de aceptación.
UNE 21909/1M: 1998	Aisladores compuestos destinados a las líneas aéreas de corriente alterna de tensión nominal superior a 1.000 V. Definiciones, métodos de ensayo y criterios de aceptación.
UNE 207002:1999 IN	Aisladores para líneas aéreas de tensión nominal superior a 1.000 V. Ensayos de arco de potencia en corriente alterna de cadenas de aisladores equipadas.
UNE-EN 60305:1998	Aisladores para líneas aéreas de tensión nominal superior a 1 kV. Elementos de las cadenas de aisladores de material cerámico o de vidrio para sistemas de corriente alterna. Características de los elementos de las cadenas de aisladores tipo caperuza y vástago.
UNE-EN 60372:2004	Dispositivos de enclavamiento para las uniones entre los elementos de las cadenas de aisladores mediante rótula y alojamiento de rótula. Dimensiones y ensayos.
UNE-EN 60383-1:1997	Aisladores para líneas aéreas de tensión nominal superior a 1 kV. Parte 1: Elementos de aisladores de cadena de cerámica o de vidrio para sistemas de corriente alterna. Definiciones, métodos de ensayo y criterios de aceptación.
UNE-EN 60383-1/A11: 2000	Aisladores para líneas aéreas de tensión nominal superior a 1 kV. Parte 1: Elementos de aisladores de cadena de ce-

rámica o de vidrio para sistemas de corriente alterna. Definiciones, métodos de ensayo y criterios de aceptación.

UNE-EN 60383-2:1997 Aisladores para líneas aéreas de tensión nominal superior a 1.000 V. Parte 2: Cadenas de aisladores y cadenas de aisladores equipadas para sistemas de corriente alterna. Definiciones, métodos de ensayo y criterios de aceptación.

UNE-EN 60433:1999 Aisladores para líneas aéreas de tensión nominal superior a 1 kV. Aisladores de cerámica para sistemas de corriente alterna. Características de los elementos de cadenas de aisladores de tipo bastón

UNE-EN 61211:2005 Aisladores de material cerámico o vidrio para líneas aéreas con tensión nominal superior a 1000 V. Ensayos de perforación con impulsos en aire.

UNE-EN 61325:1997 Aisladores para líneas aéreas de tensión nominal superior a 1.000 V. Elementos aisladores de cerámica o de vidrio para sistemas de corriente continua. Definiciones, métodos de ensayo y criterios de aceptación.

UNE-EN 61466-1:1998 Elementos de cadenas de aisladores compuestos para líneas aéreas de tensión nominal superior a 1 kV. Parte 1: Clases mecánicas y acoplamientos de extremos normalizados.

UNE-EN 61466-2:1999 Elementos de cadenas de aisladores compuestos para líneas aéreas de tensión nominal superior a 1 kV. Parte 2: Características dimensionales y eléctricas

UNE-EN 61466-2/ A1:2003 Elementos de cadenas de aisladores compuestos para líneas aéreas de tensión nominal superior a 1 kV. Parte 2: Características dimensionales y eléctricas.

UNE-EN 62217:2007 Aisladores poliméricos para uso interior y exterior con una tensión nominal superior a 1000 V. Definiciones generales, métodos de ensayo y criterios de aceptación.

PARARRAYOS

UNE 21087-3:1995 Pararrayos. Parte 3: ensayos de contaminación artificial de los pararrayos.

UNE-EN 60099-1:1996 Pararrayos. Parte 1: Pararrayos de resistencia variable con explosores para redes de corriente alterna.

UNE-EN 60099-1/A1: 2001	Pararrayos. Parte 1: Pararrayos de resistencia variable con explosores para redes de corriente alterna.
UNE-EN 60099-4:2005	Pararrayos. Parte 4: Pararrayos de óxido metálico sin explosores para sistemas de corriente alterna.
UNE-EN 60099-4/A1: 2007	Pararrayos. Parte 4: Pararrayos de óxido metálico sin explosores para sistemas de corriente alterna.
UNE-EN 60099-5:2000	Pararrayos. Parte 5: Recomendaciones para la selección y utilización.
UNE-EN 60099-5/A1: 2001	Pararrayos. Parte 5: Recomendaciones para la selección y utilización.

INSTALADORES Y EMPRESAS INSTALADORAS DE LÍNEAS DE ALTA TENSIÓN

Instrucción ITC-LAT 03

Índice

1. Objeto

La presente instrucción técnica complementaria tiene por objeto desarrollar las previsiones del Reglamento sobre condiciones técnicas y garantías de seguridad en líneas eléctricas de alta tensión, estableciendo las condiciones y requisitos que deben cumplir los instaladores y empresas instaladoras en el ámbito de aplicación de este reglamento.

2. Instalador y empresa instaladora de líneas de alta tensión

2.1. Instalador de líneas de alta tensión es la persona física que posee conocimientos teórico-prácticos de la tecnología de las líneas de alta tensión y de su normativa, en particular los conocimientos mínimos establecidos en el anexo 2 de esta ITC, para el montaje, reparación, mantenimiento, revisión y desmontaje de las líneas de alta tensión correspondientes a su categoría, y que cumple los requisitos establecidos en el apartado 4 de esta ITC.

2.2. Empresa instaladora de líneas de alta tensión es toda persona física o jurídica que, ejerciendo las actividades de montaje, reparación, mantenimiento, revisión y desmontaje de líneas de alta tensión cumple los requisitos de esta instrucción técnica complementaria.

3. Clasificación de los instaladores y de las empresas instaladoras de líneas de alta tensión

Los instaladores y empresas instaladoras se clasifican en las siguientes categorías:

— LAT1: Para líneas aéreas o subterráneas de alta tensión de hasta 30 kV.
— LAT2: Para líneas aéreas o subterráneas de alta tensión sin límite de tensión.

En los certificados de cualificación individual y de empresa instaladora deberán constar expresamente la categoría o categorías para las que se haya sido autorizado.

4. Instalador de líneas de alta tensión

El instalador de líneas de alta tensión deberá desarrollar su actividad en el seno de una empresa instaladora de líneas de alta tensión habilitada y deberá cumplir y poder acreditar ante la Administración competente cuando esta así lo requiera en el ejercicio de sus facultades de inspección, comprobación y control, y para la categoría que corresponda de las establecidas en el apartado 3 anterior, una de las siguientes situaciones:

a) Disponer de un título universitario cuyo ámbito competencial, atribuciones legales o plan de estudios cubra las materias objeto del Reglamento sobre condiciones técnicas y garantías de seguridad en líneas eléctricas de alta tensión, aprobado por el Real Decreto 223/2008, de 15 de febrero, y de sus instrucciones técnicas complementarias.

b) Disponer de un título de formación profesional o de un certificado de profesionalidad incluido en el Repertorio Nacional de Certificados de Profesionalidad, cuyo ámbito competencial incluya las materias objeto del Reglamento sobre condiciones técnicas y garantías de seguridad en líneas eléctricas de alta tensión, aprobado por el Real Decreto 223/2008, de 15 de febrero, y de sus instrucciones técnicas complementarias.

c) Tener reconocida una competencia profesional adquirida por experiencia laboral, de acuerdo con lo estipulado en el Real Decreto 1224/2009, de 17 de julio, de reconocimiento de las competencias profesionales adquiridas por experiencia laboral, en las materias objeto del Reglamento sobre condiciones técnicas y garantías de seguridad en líneas eléctricas de alta tensión, aprobado por el Real Decreto 223/2008, de 15 de febrero, y de sus instrucciones técnicas complementarias.

d) Tener reconocida la cualificación profesional de instalador de líneas de alta tensión adquirida en otro u otros Estados miembros de la Unión Europea, de acuerdo con lo establecido en el Real Decreto 581/2017, de 9 de junio, por el que se incorpora al ordenamiento jurídico español la Directiva 2013/55/UE del Parlamento Europeo y del Consejo, de 20 de noviembre de 2013, por la que se modifica la Directiva 2005/36/ CE relativa al reconocimiento de cualificaciones profesionales y el Reglamento (UE) n.º 1024/2012 relativo a la cooperación administrativa a través del Sistema de Información del Mercado Interior (Reglamento IMI).

e) Poseer una certificación otorgada por entidad acreditada para la certificación de personas por ENAC o cualquier otro Organismo Nacional de Acreditación designado de acuerdo a lo establecido en el Reglamento (CE) n.º 765/2008 del Parlamento Europeo y del Consejo, de 9 de julio de 2008, por el que se establecen los requisitos de acreditación y vigilancia del mercado relativos a la comercialización de los productos y por el que se deroga el Reglamento (CEE) n.º 339/93, de acuerdo a la norma UNE-EN ISO/IEC 17024.

Todas las entidades acreditadas para la certificación de personas que quieran otorgar estas certificaciones deberán incluir en su esquema de certificación un sistema de evaluación que incluya los contenidos mínimos que se indican en el anexo 2 de esta instrucción técnica complementaria.

De acuerdo con la Ley 17/2009, de 23 de noviembre, sobre el libre acceso a las actividades de servicios y su ejercicio, el personal habilitado por una Comunidad Autónoma podrá ejecutar esta actividad dentro de una empresa instaladora en todo el territorio español, sin que puedan imponerse requisitos o condiciones adicionales.

5. Entidades de evaluación

(Suprimido)

6. Empresa instaladora de líneas de alta tensión

6.1. Antes de comenzar sus actividades como empresas instaladoras de líneas de alta tensión, las personas físicas o jurídicas que deseen establecerse en España deberán presentar ante el órgano competente de la comunidad autónoma en la que se establezcan una declaración responsable en la que el titular de la empresa o el representante legal de la misma declare para qué categoría va a desempeñar la actividad, que cumple los requisitos que se exigen por esta ITC, que dispone de la documentación que así lo acredita, que se compromete a mantenerlos durante la vigencia de la actividad y que se responsabiliza de que la ejecución de las instalaciones se efectúa de acuerdo con las normas y requisitos que se establecen en el Reglamento sobre condiciones técnicas y garantías de seguridad en líneas eléctricas de alta tensión y sus respectivas instrucciones técnicas complementarias.

6.2. Las empresas instaladoras de líneas de alta tensión legalmente establecidas para el ejercicio de esta actividad en cualquier otro Estado miembro de la Unión Europea que deseen realizar la actividad en régimen de libre prestación en territorio español, deberán presentar, previo al inicio de la misma, ante el órgano competente de la comunidad autónoma donde deseen comenzar su actividad, una declaración responsable en la que el titular de la empresa o el representante legal de la misma declare para qué categoría va a desempeñar la actividad, que cumple los requisitos que se exigen por esta instrucción técnica complementaria, que dispone de la documentación que así lo acredita, que se compromete a mantenerlos durante la vigencia de la actividad y que se responsabiliza de que la ejecución de las instalaciones se efectúa de acuerdo con las normas y requisitos que se establecen en el Reglamento sobre condiciones técnicas y garantías de seguridad en líneas eléctricas de alta tensión y sus respectivas instrucciones técnicas complementarias.

Para la acreditación del cumplimiento del requisito de personal cualificado la declaración deberá hacer constar que la empresa dispone de la documentación que acredita la capacitación del personal afectado, de acuerdo con la normativa del país de establecimiento y conforme a lo previsto en la normativa de la Unión Europea sobre reconocimiento de cualificaciones profesionales, aplicada en España mediante el Real Decreto 581/2017, de 9 de junio. La autoridad competente podrá verificar esa capacidad con arreglo a lo dispuesto en el artículo 15 del citado real decreto.

6.3. Las comunidades autónomas deberán posibilitar que la declaración responsable sea realizada por medios electrónicos.

No se podrá exigir la presentación de documentación acreditativa del cumplimiento de los requisitos junto con la declaración responsable. No obstante, esta documentación deberá estar disponible para su presentación inmediata ante la Administración competente cuando ésta así lo requiera en el ejercicio de sus facultades de inspección, comprobación y control.

6.4. El órgano competente de la comunidad autónoma, asignará, de oficio, un número de identificación a la empresa y remitirá los datos necesarios para su inclusión en el Registro Integrado Industrial regulado en el título IV de la Ley 21/1992, de 16 de julio, de Industria y en su normativa reglamentaria de desarrollo.

6.5. De acuerdo con la Ley 21/1992, de 16 de julio, de Industria, la declaración responsable habilita por tiempo indefinido a la empresa instaladora, desde el momento de su presentación ante la Administración competente, para el ejercicio de la actividad en todo el territorio español, sin que puedan imponerse requisitos o condiciones adicionales.

6.6. Al amparo de lo previsto en el apartado 3 del artículo 69 de la Ley 39/2015, de 1 de octubre, del Procedimiento Administrativo Común de las Administraciones Públicas, la Administración competente podrá regular un procedimiento para comprobar a posteriori lo declarado por el interesado.

En todo caso, la no presentación de la declaración, así como la inexactitud, falsedad u omisión, de carácter esencial, de datos o manifestaciones que deban figurar en dicha declaración habilitará a la Administración competente para dictar resolución, que deberá ser motivada y previa audiencia del interesado, por la que se declare la imposibilidad de seguir ejerciendo la actividad, sin perjuicio de las responsabilidades que pudieran derivarse de las actuaciones realizadas, y de la aplicación del régimen sancionador previsto en la Ley 21/1992, de 16 de julio, de Industria..

6.7. Cualquier hecho que suponga modificación de alguno de los datos incluidos en la declaración originaria, así como el cese de las actividades, deberá ser comunicado por el interesado al órgano competente de la comunidad autónoma donde presentó la declaración responsable en el plazo de un mes.

6.8. Las empresas instaladoras cumplirán lo siguiente:

a) Disponer de la documentación que identifique a la empresa instaladora, que en el caso de persona jurídica deberá estar constituida legalmente.

b) Contar con los medios técnicos y humanos necesarios para realizar su actividad en condiciones de seguridad, que, como mínimo serán los que se determinan en el anexo I de esta instrucción técnica complementaria.

c) Tener suscrito seguro de responsabilidad civil profesional u otra garantía equivalente que cubra los daños que puedan provocar en la prestación del servicio por una cuantía mínima de 1.000.000 de euros por siniestro. Esta cuantía mínima se actualizará por orden de la persona titular del Ministerio de Industria, Comercio y Turismo, siempre que sea necesario para mantener la equivalencia económica de la garantía y previo informe de la Comisión Delegada del Gobierno para Asuntos Económicos..

6.9. La empresa instaladora habilitada no podrá facilitar, ceder o enajenar certificados de instalación no realizadas por ella misma.

6.10. El incumplimiento de los requisitos exigidos, verificado por la autoridad competente y declarado mediante resolución motivada, conllevará el cese de la actividad, salvo que pueda incoarse un expediente de subsanación de errores, sin perjuicio de las sanciones que pudieran derivarse de la gravedad de las actuaciones realizadas.

La autoridad competente, en este caso, abrirá un expediente informativo al titular de la instalación, que tendrá quince días naturales a partir de la comunicación para aportar las evidencias o descargos correspondientes.

6.11. El órgano competente de la comunidad autónoma dará traslado inmediato al Ministerio de Industria, Turismo y Comercio de la inhabilitación temporal, las modificaciones y el cese de la actividad a los que se refieren los apartados precedentes para la actualización de los datos en el Registro Integrado Industrial regulado en el título IV de la Ley 21/1992, de 16 de julio, de Industria, tal y como lo establece su normativa reglamentaria de desarrollo.

7. Obligaciones de las empresas instaladoras

Las empresas instaladoras deben, en sus respectivas categorías:

a) Ejecutar, modificar, ampliar, mantener, reparar o desmontar las líneas que les sean adjudicadas o confiadas, de conformidad con la normativa vigente y con el proyecto de ejecución de la línea, utilizando, en su caso, materiales y equipos que sean conformes a la legislación que les sea aplicable.

b) Comprobar que cada línea ejecutada supera las pruebas y ensayos reglamentarios aplicables.

c) Realizar las operaciones de revisión y mantenimiento que tengan encomendadas, en la forma y plazos previstos.

d) Emitir los certificados de instalación o mantenimiento, en su caso.

e) Notificar al órgano competente de la Administración los posibles incumplimientos reglamentarios de materiales o instalaciones; que observasen en el desempeño de su actividad. En caso de peligro manifiesto, darán cuenta inmediata de ello al propietario de la línea, a la empresa suministradora, y pondrá la circunstancia en conocimiento del órgano competente de la comunidad autónoma en el plazo máximo de 24 horas.

f) Asistir a las inspecciones realizadas por el organismo de control o a las realizadas de oficio por el órgano competente de la Administración, cuando éste así lo requiera.

g) Mantener al día un registro de las instalaciones ejecutadas o mantenidas.

h) Informar al órgano competente de la Administración sobre los accidentes ocurridos en las instalaciones a su cargo.

i) Conservar, a disposición del órgano competente de la Administración, copia de los contratos de mantenimiento, al menos durante los cinco años inmediatos posteriores a la finalización de los mismos.

ANEXO 1

MEDIOS MÍNIMOS, TÉCNICOS Y HUMANOS, REQUERIDOS A LAS EMPRESAS INSTALADORAS DE LÍNEAS DE ALTA TENSIÓN

1. Medios humanos

Contar con el personal contratado necesario para realizar la actividad en condiciones de seguridad, en número suficiente y durante el tiempo necesario para atender las instalaciones que tengan contratadas, con un mínimo de una persona instaladora de líneas de alta tensión de categoría igual o superior a la categoría de la empresa instaladora.

Se entenderá satisfecho el requisito del párrafo anterior cuando el referido personal necesario para realizar la actividad esté contratado a través de cualquiera de las modalidades contractuales permitidas en derecho.

2. Medios técnicos

2.1. Equipos: Las empresas instaladoras deberán disponer, en propiedad, los siguientes equipos mínimos:

   2.1.1. Equipo general:

      2.1.1.1. Telurómetro

      2.1.1.2. Medidor de aislamiento de, al menos, 10 kV.

      2.1.1.3. Pértiga detectora de la tensión correspondiente a la categoría solicitada.

      2.1.1.4. Multímetro o tenaza, para las siguientes magnitudes.

         — Tensión alterna y continua hasta 500V.

         — Intensidad alterna y continua hasta 20 A.

         — Resistencia.

      2.1.1.5. Ohmímetro con fuente de intensidad de continua de 50 A.

2.1.1.6. Medidor de tensiones de paso y contacto con fuente de intensidad de 50 A, como mínimo.

2.1.1.7. Cámara termográfica.

2.1.1.8. Equipo verificador de la continuidad de conductores.

2.1.2. Equipos específicos para trabajos en líneas aéreas:

2.1.2.1. Dispositivos mecánicos para tendido de líneas aéreas (dinamómetro, trócola, etc.).

2.1.2.2. Dispositivos topográficos para el trazado de la línea y medida de la flecha (por ejemplo, taquímetro, técnicas GPS, etc.).

2.1.2.3. Tren de tendido para líneas aéreas (sólo para empresas de categoría de tensión nominal superior a 66 kV).

2.1.3. Equipos específicos para trabajos en líneas subterráneas:

2.1.3.1. Dispositivos apropiados para la instalación de accesorios en cables aislados.

2.1.3.2. Localizador de faltas y averías.

Además, para ciertas verificaciones, podrían ser necesarios otros equipos de ensayo y medida, en cuyo caso podrán ser subcontratados.

En cualquier caso, los equipos se mantendrán en correcto estado de funcionamiento y calibración.

2.2. Herramientas, equipos y medios de protección individual.

Estarán de acuerdo con la normativa vigente y las necesidades de la instalación.

ANEXO 2

CONTENIDOS MÍNIMOS NECESARIOS PARA INSTALADORES DE LÍNEAS DE ALTA TENSIÓN

1. Conocimientos teóricos

1.1. Reglamento sobre condiciones técnicas y garantías de seguridad en líneas eléctrica de alta tensión y sus Instrucciones Técnicas Complementarias ITCLAT 01 a 09.

1.2. Nociones de trazado, interpretación de planos y esquemas.

    1.2.1. Plano de alzado y planta de la línea.

    1.2.2. Esquemas unifilares.

    1.2.3. Planos de detalles de aisladores, herrajes, crucetas, apoyos, cimentaciones, terminaciones y empalmes.

    1.2.4. Distancias de seguridad.

    1.2.5. Trazado del perfil longitudinal: curvas de flechas máximas.

    1.2.6. Distribución de apoyos: curva de flechas máximas. Apoyos con tiro ascendente: curva de flechas mínimas.

    1.2.7. Cruzamientos y paralelismos.

1.3. Legislación vigente (estatal y autonómica) sobre impacto ambiental de líneas de alta tensión. Exigencias para los elementos constitutivos de las líneas de alta tensión.

1.4. Conductores a emplear en líneas aéreas de alta tensión.

    1.4.1. Conductores desnudos: naturaleza, características, empalmes y conexiones. Designación.

    1.4.2. Tipos de conductores desnudos. Conductor de aluminio-acero: características. Designación.

    1.4.3. Conductores recubiertos: características y empalmes. Designación.

    1.4.4. Conductores en Haz. Normas UNE-EN de obligado cumplimiento. Empalmes y terminaciones. Designación.

    1.4.5. Conocimientos básicos de cálculos eléctricos y mecánicos de conductores. Acciones a considerar, hipótesis reglamentarias, parámetros eléctricos. Interpretación de tablas de cálculo mecánico y de tendido.

1.5. Conductores a emplear en líneas subterráneas de alta tensión.

    1.5.1. Constitución.

    1.5.2. Parámetros característicos.

    1.5.3. Designación.

    1.5.4. Tipos.

    1.5.5. Empalmes y terminaciones.

    1.5.6. Instalación y tendido. Técnicas de puestas a tierra.

    1.5.7. Conocimientos básicos de cálculo eléctrico.

1.6. Aisladores y herrajes.

    1.6.1. Herrajes: descargadores, sujeción de los aisladores al apoyo, sujeción de los conductores a los aisladores.

    1.6.2. Aisladores: constitución, tipo de aisladores, valores característicos, ensayos, cálculo mecánico, cálculo eléctrico (acción de la contaminación ambiental, nivel de aislamiento, línea de fuga). Desviación de cadena de aisladores (contrapesos).

1.7. Apoyos y cimentaciones.

    1.7.1. Clasificación de los apoyos según su función.

    1.7.2. Tipos de apoyos.

    1.7.3. Tipo de crucetas.

    1.7.4. Conocimientos básicos de cálculo mecánico de apoyos: acciones a considerar, hipótesis reglamentarias.

    1.7.5. Conocimientos básicos de cálculo de cimentaciones: naturaleza del terreno, características de materiales, hipótesis de cálculo (cimentaciones monobloque, cimentaciones de macizos independientes, cimentaciones mixtas y cimentaciones en roca).

    1.7.6. Puestas a tierra de apoyos.

1.8. Aparamenta de seccionamiento, corte y protección.

    1.8.1. Tipos: Seccionadores, autoseccionadores, interruptores, interruptores automáticos, fusibles limitadores y fusibles de expulsión.

    1.8.2. Características principales y formas de instalación.

1.9. Protección contra las sobretensiones.

    1.9.1. Apantallamiento de las líneas.

    1.9.2. Pararrayos y autoválvulas.

1.10. Seguridad en las instalaciones de alta tensión.

    1.10.1. Normativa y reglamentación vigente para prevención del riesgo eléctrico en trabajos realizados en instalaciones eléctricas.

    1.10.2. Factores y situaciones de riesgo.

    1.10.3. Aplicación de medios, equipos y técnicas de seguridad.

    1.10.4. Técnicas de primeros auxilios.

    1.10.5. Normativa y reglamentación vigente en evitación de daños a la avifauna e incendios forestales

2. Conocimientos prácticos

2.1. Instalación y tendido de líneas eléctricas aéreas de alta tensión.

    2.1.1. Montaje de apoyos de líneas comprobando el replanteo de apoyos, ensamblado de los mismos y realizando correctamente la cimentación (monobloques y macizos independientes).

    2.1.2. Montaje de crucetas, aisladores, herrajes y aparamenta, preparando los dispositivos para la realización del tendido de los conductores (poleas sobre aisladores, etc.).

    2.1.3. Tendido de conductores, realizando el acopio correcto de las bobinas, el tensado del conductor sobre las poleas, arriostramiento de los apoyos cuando sea necesario, engrapado de conductores sobre las cadenas de aisladores y comprobación de tensiones y flechas, según las tablas de tendido contenidas en el proyecto.

    2.1.4. Realización de puesta a tierra de apoyos y aparamenta (picas individuales y anillos equipotenciales) y comprobación posterior del valor de la resistencia de puesta a tierra, valores de tensión de paso y contacto.

2.2. Instalación y tendido de líneas subterráneas de alta tensión.

    2.2.1. Marcado de trazas sobre el terreno donde se va a realizar la excavación para el alojamiento de los conductores.

    2.2.2. Realización correcta del acopio de cables y su preparación para el tendido de los mismos (rodillos en zanja, cabrestantes, elementos de tiro mecánico, etc.).

2.2.3. Preparación de la zanja, inspeccionando la misma y acondicionándola para el tendido del cable (lecho de arena, colocación de tubos, etc.).

2.2.4. Tendido de cables en zanja, directamente enterrados o bajo tubo.

2.2.5. Realización de empalmes y terminaciones según las diferentes técnicas empleadas. Uniones (punzonado profundo y compactado hexadiédrico), empalmes y terminaciones (encintados, premoldeados en fábrica, premoldeados en campo, termorectráctiles, empalmes mixtos).

2.2.6. Realización de puesta a tierra de pantallas y armaduras (*single point, crossbonding, both end*, etc.).

2.3. Verificación, mantenimiento y reparación de líneas de alta tensión.

2.3.1. Verificación de líneas aéreas y subterráneas de acuerdo a la normativa vigente (verificación inicial y periódica de líneas realizando los ensayos necesarios, inspección visual, termográfica, localización de averías en cables, etc.).

2.3.2. Realizar el mantenimiento y reparación de líneas aéreas (aisladores, herrajes, conductores, etc.), así como de cables, terminales y empalmes en líneas subterráneas, delimitando la zona de trabajo y colocando las tierras de protección correspondientes.

2.3.3. Realizar el mantenimiento o reparación de la aparamenta de maniobra y protección instalada en las líneas (seccionadores, interruptores, fusibles, autoválvulas, etc.).

2.3.4. Gestión de maniobras, solicitando los descargos y reposiciones correspondientes, para realizar los trabajos de mantenimiento y reparación correspondientes.

2.4. Manejo aparatos de medida y herramientas.

2.4.1. Herramientas utilizadas en instalaciones eléctricas de alta tensión: tipos y manejo.

2.4.2. Manejo de aparatos de medida de magnitudes mecánicas (dinamómetros, equipos de tracción mecánica, etc.).

2.4.3. Manejo de aparatos de medida de magnitudes eléctricas (medidores de resistencia, tensiones de paso y contacto).

2.4.4. Manejo de aparatos de medida para verificación y control (medidores de tangente de delta, medidores de aislamiento, etc.).

DOCUMENTACIÓN
Y PUESTA EN SERVICIO
DE LÍNEAS DE ALTA TENSIÓN

Instrucción ITC-LAT 04

Índice

1. Objeto

La presente instrucción tiene por objeto desarrollar las prescripciones del Reglamento sobre condiciones técnicas y garantías de seguridad en líneas eléctricas de alta tensión, determinando la documentación técnica que deben tener las instalaciones para ser legalmente puestas en servicio, así como su tramitación ante el órgano competente de la Administración.

2. Documentación de las líneas eléctricas

Las líneas en el ámbito de aplicación de este reglamento deben ejecutarse según proyecto que deberá ser redactado y firmado por técnico titulado competente, quien será directamente responsable de que el mismo se adapte a las disposiciones reglamentarias y, en su caso, a las especificaciones particulares aprobadas a la empresa de transporte y distribución a la que se conecte.

Cuando se prevea que una línea vaya a ser cedida a empresa de transporte y distribución el autor del proyecto lo remitirá a la misma para su revisión previa a la ejecución de la línea. En caso de discrepancias entre las partes afectadas, se estará a lo que resuelva el órgano competente de la Administración que intervenga en el procedimiento.

El contenido del proyecto seguirá lo indicado en la ITCLAT 09.

3. Documentación y puesta en servicio de las líneas propiedad de empresas de transporte y distribución de energía eléctrica

La construcción, ampliación, modificación y explotación de las líneas eléctricas de alta tensión propiedad de empresas de transporte y distribución de energía eléctrica se condicionará a la autorización administrativa, aprobación del proyecto de ejecución, reconocimiento de la utilidad pública, en el caso que proceda, y autorización de explotación descritas en el título VII del Real Decreto 1955/2000, de 1 de diciembre.

La ejecución de las líneas deberá contar con la dirección de técnicos facultativos competentes.

Al término de la ejecución de la línea, la empresa titular de la instalación realizará las verificaciones previas a la puesta en servicio que resulten oportunas, en función de las características de aquélla, según se especifica en la ITC-LAT 05.

Asimismo, finalizadas las obras, un técnico titulado competente deberá emitir un certificado final de obra, según modelo establecido por la Administración, que deberá comprender, al menos, lo siguiente:

a) Los datos referentes a las principales características técnicas de la línea y de su instalación.

b) Informe técnico con resultado favorable, de las verificaciones previas a la puesta en servicio, realizado por la empresa titular de la instalación según se especifica en la ITC-LAT 05.

c) Declaración expresa de que la línea ha sido ejecutada de acuerdo con las prescripciones del Reglamento sobre condiciones técnicas y garantías de seguridad en líneas eléctricas de alta tensión y sus Instrucciones Técnicas Complementarias del Real Decreto 1432/2008, de 29 de agosto y, en su caso, con las especificaciones particulares aprobadas a la empresa de transporte y distribución de energía eléctrica.

d) Identificación, en su caso, de la empresa instaladora responsable de la ejecución de la línea.

Para obtener la autorización de explotación, el certificado de final de obra se presentará, junto con la solicitud de puesta en servicio, ante el órgano competente de la Administración, conforme a lo prescrito en el título VII del Real Decreto 1955/2000, de 1 de diciembre.

La empresa de transporte o distribución de energía eléctrica será la responsable de mantener la línea en el debido estado de conservación y funcionamiento.

4. Documentación y puesta en servicio de las líneas que no sean propiedad de empresas de transporte y distribución de energía eléctrica

Las líneas de conexión de centrales de generación, las de consumidores a redes de transporte o distribución, las líneas directas, acometidas y las que por estar destinadas a más de un consumidor tengan la consideración de redes de distribución estarán sujetas al régimen de autorización administrativa previa debiendo seguir para su puesta en servicio el procedimiento establecido en el título VII del Real Decreto 1955/2000, de 1 de diciembre.

Todas las líneas que no sean propiedad de empresas de transporte y distribución de energía eléctrica deben ser ejecutadas por las empresas instaladoras de alta tensión a las que se re fiere la ITC-LAT 03. La ejecución de las líneas deberá contar con la dirección de técnicos titulados competentes.

Si, en el curso de la ejecución de la instalación, la empresa instaladora considerase que el proyecto no se ajusta a lo establecido en el reglamento, deberá, por escrito, poner tal circunstancia en conocimiento del director de obra, y del titular. Si no hubiera acuerdo entre las partes, se someterá la cuestión al órgano competente de la Administración, para que éste resuelva en el más breve plazo posible.

Al término de la ejecución de la línea, la empresa instaladora realizará las verificaciones que resulten oportunas, en función de las características de aquélla, según se especifica en la ITC-LAT 05, contando para ello con el técnico director de obra.

Las líneas de tensión nominal superior a 30 kV deberán ser objeto de la correspondiente inspección inicial por organismo de control, según lo establecido en la ITC-LAT 05.

Finalizadas las obras y realizadas las verificaciones e inspección inicial a que se refieren los puntos anteriores, la empresa instaladora deberá emitir un certificado de instalación, según modelo establecido por la Administración, que deberá comprender, al menos, lo siguiente:

a) Los datos referentes a las principales características técnicas de la línea y de su instalación.

b) Informe técnico con resultado favorable, de las verificaciones previas a la puesta en servicio, realizado según se especifica en la ITC-LAT 05. Para líneas de tensión nominal superior a 30 kV, la referencia del certificado del organismo de control que hubiera realizado, con calificación de resultado favorable, la inspección inicial.

c) Declaración expresa de que la línea ha sido ejecutada de acuerdo con las prescripciones del Reglamento sobre condiciones técnicas y garantías de seguridad en líneas eléctricas de alta tensión y sus instrucciones técnicas complementarias ITC-LAT 01 a 09 del Real Decreto 1432/2008, de 29 de agosto y, cuando se prevea que las líneas vayan a ser cedidas a empresas de transporte o distribución de energía eléctrica, con las especificaciones particulares aprobadas a la empresa de transporte y distribución de energía eléctrica.

d) Identificación de la empresa instaladora responsable de la ejecución de la línea.

Antes de la puesta en servicio de la línea, el titular de la misma deberá presentar ante el órgano competente de la Administración, al objeto de su inscripción en el correspondiente registro, el certificado de instalación, al que se acompañará el proyecto, así como el certificado de dirección facultativa de obra firmado por el correspondiente técnico titulado competente, el certificado acreditativo de la existencia de un contrato de mantenimiento suscrito con una empresa instaladora de líneas de alta tensión y, en su caso, el certificado de inspección inicial, con calificación de resultado favorable, del organismo de control.

Cuando el titular de la línea precise conectarse a la red de una empresa suministradora de energía eléctrica, deberá solicitar el suministro a la empresa suministradora mediante entrega del correspondiente ejemplar del certificado de instalación de la línea. En este caso, la empresa suministradora podrá realizar las verificaciones que considere oportunas, en lo que se refiere al cumplimiento de las prescripciones del Reglamento sobre condiciones técnicas y garantías de seguridad en líneas eléctricas de alta tensión y sus Instrucciones Técnicas Complementarias, así como del proyecto, como requisito previo para la conexión de la línea a la red eléctrica.

Si los resultados de las verificaciones no son favorables, la empresa suministradora deberá extender un acta, en la que conste el resultado de las comprobaciones, la cual deberá ser firmada igualmente por el titular de la instalación, dándose por enterado. Dicha acta, en el plazo más breve posible, se pondrá en conocimiento del órgano competente de la Administración, quien determinará lo que proceda.

Sólo se admitirá la conexión provisional de la línea a la red antes de su inscripción cuando sea preciso para realizar las pruebas y verificaciones previas necesarias y siempre bajo la responsabilidad de la empresa instaladora.

5. Documentación y puesta en servicio de líneas que sean cedidas a empresas de transporte y distribución de energía eléctrica

El procedimiento de autorización de transmisión de instalaciones de líneas de alta tensión seguirá lo dispuesto en los artículos 133 y 134 del Real Decreto 1955/2000, de 1 de diciembre.

Las instalaciones de líneas promovidas por terceros, que posteriormente deban ser obligatoriamente cedidas antes de su puesta en servicio y, por tanto, vayan a formar parte a la red de distribución, deberán estar sujetas al régimen de autorizaciones establecidas en el título VII del Real Decreto 1955/2000, de 1 de diciembre. Para su puesta en servicio deberán presentar la documentación prevista en el capítulo 4 de esta ITC, con la salvedad de que, para poder emitir el acta de puesta en servicio y autorización de explotación por parte del órgano competente de cada comunidad autónoma, se debe aportar el documento de cesión entre promotor y empresa distribuidora, pero no se requerirá contrato de mantenimiento.

Antes de la cesión, la empresa eléctrica podrá realizar las verificaciones que considere oportunas, en lo que se refiere al cumplimiento de las prescripciones del Reglamento sobre condiciones técnicas y garantías de seguridad en líneas eléctricas de alta tensión y sus Instrucciones Técnicas Complementarias y, cuando corresponda, de sus especificaciones particulares, como requisito previo para la aceptación de la línea, antes de la conexión a su red eléctrica. La empresa eléctrica aceptará por escrito la cesión de la titularidad de la línea cedida.

Si los resultados de las verificaciones no son favorables, la empresa eléctrica deberá extender un acta, en la que conste el resultado de las comprobaciones, la cual deberá ser firmada igualmente por el autor del proyecto y el propietario de la línea, dándose por enterados. Dicha acta en el plazo más breve posible, se pondrá en conocimiento del órgano competente de la Administración, quien determinará lo que proceda.

VERIFICACIONES E INSPECCIONES

Instrucción ITC-LAT 05 y
Guía técnica de aplicación GUÍA-LAT 05

Edición: Noviembre 2021. Revisión: 4

Índice

Nota. El **texto de la ITC-LAT 05** aparece en formato normal, mientras que el **texto de la Guía Técnica de Aplicación GUÍA-LAT 05** aparece en recuadros sombreados.

1. PRESCRIPCIONES GENERALES

La presente instrucción tiene por objeto desarrollar las previsiones del Reglamento sobre condiciones técnicas y garantías de seguridad en líneas eléctricas de alta tensión, en relación con las verificaciones e inspecciones previas a la puesta en servicio, o periódicas de las líneas eléctricas de alta tensión.

Las empresas de transporte o distribución o los técnicos titulados competentes que realicen actividades de verificación y los organismos de control que realicen actividades de inspección deberán disponer de los mismos medios técnicos indicados en el anexo I de esta instrucción.

La ITC-LAT 05 establece el régimen de controles (verificaciones e inspecciones) que deben realizarse a las líneas de AT, en función de sus características, por los agentes que se indican en cada caso.

Ello, sin olvidar que, de acuerdo con el artículo 14 de la Ley 21/1992, de 16 de julio, de Industria, las Administraciones Públicas competentes podrán comprobar en cualquier momento por sí mismas, contando con los medios y requisitos reglamentariamente exigidos, o a través de Organismos de Control, el cumplimiento de las disposiciones y requisitos de seguridad, de oficio o a instancia de parte interesada en casos de riesgo significativo para las personas, animales, bienes o medio ambiente. En la tabla 1 se resumen los distintos casos que se contemplan en esta ITC.

Tabla 1. Resumen de verificaciones e inspecciones (ITC-LAT 05)

Tipos de líneas		Controles (Verificaciones o Inspecciones)	
Propietario	U_n	Control inicial	Control cada 3 años
ETD	Cualquiera	V_{ETD} (1)	V_{ETD} (2)
No ETD	≤ 30 kV	V_{EI} (3)	I_{OC} (3) / V_{TT} (5) (6)
	> 30 kV	V_{EI} (3) + I_{OC} (4)	I_{OC} (4)
Para ceder a ETD	≤ 30 kV	V_{EI} (3) + V_{ETD}	V_{ETD} (2) (7)
	> 30 kV	V_{EI} + I_{OC} (3) + V_{ETD}	V_{ETD} (2) (7)

I = Inspección

V = Verificación

ETD = Empresa de distribución y transporte (con personal propio o empresa instaladora autorizada según artículo 18);

AP = Administración Pública.

EI = Empresa Instaladora (Junto con director de Obra – Ap. 4 ITCLAT 04).

OC = Organismo de Control.

TT = Técnico Titulado competente, con certificado de Entidad certificadora de personas según R.D. 2200/1995.

(1) Si la ETD contrata la ejecución de una línea a una EI, las verificaciones iniciales podrán ser realizadas por la EI, junto con el director de obra.

(2) Las verificaciones pueden sustituirse por planes de actuación que garanticen un mantenimiento adecuado, concertados con la A.P.

(3) Contando con Director de Obra (Apartado 4 ITC-LAT 04).

(4) El OC debe ser asistido por la empresa instaladora o mantenedora, según se trate de inspección inicial o periódica, respectivamente.

(5) El TT podrá ser asistido por la empresa mantenedora.

(6) El titular de la línea puede elegir entre verificación por TT o Inspección por OC.

(7) Las líneas una vez cedidas a las ETD estarán sujetas al mismo régimen de control periódico que las líneas propiedad de las ETD.

2. VERIFICACIÓN E INSPECCIÓN DE LAS LÍNEAS ELÉCTRICAS PROPIEDAD DE EMPRESAS DE TRANSPORTE Y DISTRIBUCIÓN DE ENERGÍA ELÉCTRICA

2.1. Verificación

Las verificaciones previas a la puesta en servicio de las líneas eléctricas de alta tensión deberán ser realizadas por el titular de la instalación o por personal delegado por el mismo.

Se efectuarán los ensayos previos a la puesta en servicio que establezcan las normas de obligado cumplimiento. En cualquier caso, para líneas eléctricas con conductores aislados con pantalla se efectuarán, al menos, los ensayos de comprobación del aislamiento principal y de la cubierta. En las líneas aéreas y en las subterráneas con cables aislados instalados en galerías visibles, se realizarán, además, los ensayos de la medida de resistencia del circuito de puesta a tierra y, en el caso que corresponda, medida de las tensiones de contacto.

Las líneas eléctricas de alta tensión serán objeto de verificaciones periódicas, al menos una vez cada tres años, realizando las comprobaciones que permitan conocer el estado de los diferentes componentes de las mismas. Las verificaciones se podrán sustituir por planes concertados con el órgano competente de la Administración, que garanticen que la línea está correctamente mantenida.

Como resultado de una verificación previa o periódica, la empresa titular emitirá un acta de verificación, en la cual figurarán los datos de identificación de la línea y posible relación de defectos, planes de corrección y, en su caso, observaciones al respecto.

La empresa titular mantendrá una copia del acta de verificación a disposición del órgano competente de la Administración. El acta de verificación podrá ser enviada mediante una transmisión electrónica.

2.2. Inspección

Los órganos competentes de la Administración podrán efectuar, por sí mismos o a través de terceros, inspecciones sistemáticas mediante control por muestreo estadístico.

Los ensayos incluidos en las verificaciones o inspecciones (caso de que las empresas de transporte y distribución mandataran a un Organismo de Control habilitado en lugar de a una empresa instaladora) serán distintos según se trate de líneas con cables aislados apantallados, o de líneas aéreas.

a) Líneas eléctricas con cables aislados apantallados

a.1 Ensayos previos a la puesta en servicio:

Para sistemas de cables eléctricos en los que ninguno de sus componentes ha estado previamente en servicio se aplicará la norma UNE 211006.

Para los sistemas de cables eléctricos instalados en galería se realizarán además los ensayos para instalaciones de puesta a tierra incluidos en el anexo-1 a esta guía.

Para líneas con cables aislados en los que alguno de sus componentes o tramos ha estado previamente en servicio, se utilizará uno de los métodos de comprobación del aislamiento principal y de la cubierta, indicados en la norma UNE 211006, con un nivel de tensión de ensayo reducido al 80%, respecto del nivel aplicado en el ensayo inicial, excepto en los cables de tensión asignada U_0/U (kV) de 127/220 y 220/400 para los que se aplicará un nivel de tensión de ensayo de 1,2 U_0 y 1,18 U_0 respectivamente.

Los métodos de comprobación de aislamiento principal descritos en la norma UNE 211006 no serán de aplicación cuando a juicio del encargado de la inspección o verificación y contando con la información facilitada, en su caso, por el titular de la instalación o por la empresa instaladora o mantenedora:

— No sea posible mantener, durante la realización de los ensayos, las distancias de aislamiento necesarias entre el sistema de cable a ensayar y el resto de la instalación.

— La ejecución de los ensayos pudiera afectar negativamente al resto de la instalación eléctrica y, en especial, a los equipos a los cuales se conecta el sistema de cable.

— Las condiciones de acceso o dimensiones de la instalación no permiten la ubicación segura y adecuada del equipo de ensayo (sistema de generación y/o medida).

- Las características específicas del sistema de cable o las limitaciones técnicas de los equipos de ensayo no permiten garantizar la correcta realización del ensayo (por ejemplo, para sistemas de cables de longitud corta).

Cuando se dé una de estas circunstancias anteriores, se comprobará el estado del aislamiento del cable y de sus accesorios mediante la medida de descargas parciales, aplicando entre conductor y pantalla la tensión de servicio durante 24 horas, sin carga.

No debe producirse perforación del aislamiento durante este tiempo, ni deben detectarse DP localizadas en el interior del cable o de sus empalmes y terminaciones.

Para los sistemas de cables en los que alguno de sus componentes ha estado previamente en servicio, la medida de descargas parciales puede efectuarse también a la tensión de red durante 24 horas.

a.2 Verificaciones periódicas:

Las comprobaciones a realizar para conocer el estado de los diferentes componentes del sistema de cable dependerán de las condiciones de explotación y del historial de incidencias que ha tenido el sistema.

Se efectuarán comprobaciones visuales y, en función de la criticidad de las instalaciones y de las condiciones de explotación, se realizarán ensayos de comprobación del aislamiento si hay garantías suficientes de que dichas comprobaciones no afectan negativamente a los propios componentes del cable o al resto de la instalación.

Para los sistemas de cables eléctricos instalados en galería se realizarán además los ensayos para instalaciones de puesta a tierra incluidos en el anexo-1 a esta guía.

b) Líneas aéreas

En cuanto a las verificaciones o inspecciones a realizar se seguirá lo indicado en el anexo-1 de esta guía.

Por la importancia que ofrece, desde el punto de vista de la seguridad, toda instalación de puesta a tierra deberá ser comprobada en el momento de su establecimiento y revisada, al menos, una vez cada 6 años.

b.1 Verificación inicial

Se realizará la medición de la resistencia del circuito de tierra y la tensión de contacto en los apoyos considerados como frecuentados de acuerdo con lo indicado en el anexo 1 de esta guía.

b.2 Verificación periódica

Se revisará la línea prestando atención a todos aquellos defectos que constituyan un peligro para la seguridad de las personas o bienes, o que puedan reducir de modo sustancial la capacidad de utilización de la instalación eléctrica, conforme a lo indicado en el anexo 1 de esta guía.

La vigilancia periódica de las líneas aéreas permitirá detectar modificaciones sustanciales de sus condiciones de diseño que justifiquen la verificación de la medida de la tensión de contacto aplicada.

La comprobación cada 6 años de la instalación de tierra se realizará mediante la medida de la resistencia de puesta a tierra de todos los apoyos frecuentados y de al menos el 20% de los no frecuentados, siempre que para todos los apoyos y cada tres años se verifique la buena conservación de la conexión de la línea de tierra con el punto de puesta a tierra del apoyo. Con objeto de revisar al menos cada 30 años la totalidad de los apoyos no frecuentados, en comprobaciones sucesivas se elegirán otros apoyos distintos para la medida de su resistencia de puesta a tierra.

En caso de que los valores medidos de la resistencia de puesta a tierra no satisfagan los criterios del anexo 1 de esta guía, se estudiarán las posibles causas, por ejemplo, presencia de terrenos desfavorables para la conservación de la puesta a tierra, y se ampliarán las medidas de resistencia de puesta a tierra a otros apoyos que pudieran estar en las mismas condiciones, y se repararán o modificarán los circuitos de puesta a tierra para satisfacer dichos criterios.

3. VERIFICACIÓN E INSPECCIÓN DE LAS LÍNEAS ELÉCTRICAS QUE NO SEAN PROPIEDAD DE EMPRESAS DE TRANSPORTE Y DISTRIBUCIÓN DE ENERGÍA ELÉCTRICA

Todas las líneas deben ser objeto de una verificación previa a la puesta en servicio y de una inspección periódica, al menos cada tres años. Para las líneas de tensión nominal menor o igual a 30 kV la inspección periódica puede ser sustituida por una verificación periódica. Las líneas de tensión nominal superior a 30 kV deberán ser objeto, también, de una inspección inicial antes de su puesta en servicio.

Las verificaciones previas a la puesta en servicio de las líneas eléctricas de alta tensión deberán ser realizadas por las empresas instaladoras autorizadas que las ejecuten.

Sin perjuicio de las atribuciones que, en cualquier caso, ostenta la Administración pública, los agentes que lleven a cabo las inspecciones de las líneas eléctricas de alta tensión de tensión nominal mayor de 30 kV deberán tener la condición de organismos de control, según lo establecido en el Real Decreto 2200/1995, de 28 de diciembre, acreditados para este campo reglamentario.

Las verificaciones periódicas de líneas eléctricas de tensión nominal no superior a 30 kV podrán ser realizadas por técnicos titulados con competencias en este ámbito que dispongan de un certificado de cualificación individual, expedido por una entidad de certificación de personas acreditadas, de acuerdo con el Real Decreto 2200/1995, de 28 de diciembre, y según la norma UNE-EN-ISO/IEC 17024. El certificado de cualificación individual se renovará, al menos, cada tres años. Asimismo, el técnico titulado encargado de la verificación no podrá haber participado ni en la redacción del proyecto, ni en la dirección de obra, ni estar vinculado con el mantenimiento de la línea.

3.1. Verificaciones

3.1.1. Verificación inicial previa a la puesta en servicio

Se efectuarán los ensayos previos a la puesta en servicio que establezcan las normas de obligado cumplimiento. En cualquier caso, para líneas eléctricas con conductores aislados con pantalla se efectuarán, al menos, los ensayos de comprobación del aislamiento principal y de la cubierta.

En las líneas aéreas y en las subterráneas con cables aislados instalados en galerías visitables, se realizarán, además, los ensayos de la medida de resistencia del circuito de puesta a tierra y, en el caso que corresponda, medida de las tensiones de contacto.

3.1.2. Verificaciones periódicas

Para líneas eléctricas con conductores aislados con pantalla se efectuarán, al menos, los ensayos de comprobación del aislamiento principal y de la cubierta. En las líneas aéreas y en las subterráneas con cables aislados instalados en galerías visitables, se realizarán, además, los ensayos de la medida de resistencia del circuito de puesta a tierra y, en el caso que corresponda, medida de las tensiones de contacto.

3.2. Inspecciones

3.2.1. Inspección inicial

En la inspección inicial se comprobará que los ensayos a realizar por la empresa instaladora autorizada, correspondientes a las verificaciones previas a la puesta en servicio, se ejecutan correctamente, con los medios técnicos apropiados y en correcto estado de calibración, así como el resultado obtenido es satisfactorio. También se comprobará que existe coincidencia entre las condiciones reales de tendido con las condiciones de cálculo del proyecto.

3.2.2. Inspección periódica

Para líneas eléctricas con conductores aislados con pantalla se efectuarán, al menos, los ensayos de comprobación del aislamiento principal y de la cubierta. En las líneas aéreas y en las subterráneas con cables aislados instalados en galerías visitables, se realizarán, caso que corresponda, medida de las tensiones de contacto.

Si la instalación va a ser cedida a una ETD, el propietario que cede la instalación deberá justificar a la ETD que la puesta en servicio ha sido realizada según el Reglamento. Además, en la verificación que se realice en el momento de la cesión, tiene que comprobarse también que la instalación está realizada conforme a las especificaciones particulares de la ETD aprobadas por la administración y vigentes en el momento de la cesión. En caso de que la instalación no cumpla estos requisitos, la ETD podrá exigir al propietario las modificaciones o ensayos correspondientes para cumplir los requisitos.

Los ensayos a incluir en estas verificaciones o inspecciones serán distintos según se trate de líneas con cables aislados apantallados, o de líneas aéreas.

a) Líneas eléctricas con conductores aislados con pantalla:

a.1 Ensayos previos a la puesta en servicio:

Se aplicará lo indicado por la guía para el apartado 2.a.1.

a.2 Verificaciones periódicas:

Se realizarán comprobaciones visuales y los ensayos de comprobación del aislamiento principal y cubierta siempre que a juicio de la empresa encargada de la verificación o inspección existan garantías suficientes de que dichas comprobaciones no afecten negativamente a los propios componentes del cable o al resto de la instalación. Para tal fin, la empresa encargada de la verificación o inspección deberá solicitar la información necesaria al titular de la instalación o en su caso, a la empresa mantenedora.

Para los sistemas de cables eléctricos instalados en galería se realizarán además los ensayos para instalaciones de puesta a tierra incluidos en el anexo-1 a esta guía.

En el anexo 2 se establecen las pruebas a realizar y su periodicidad.

---

b) Líneas aéreas

b.1 Verificación o inspección inicial

Se aplicará lo indicado por la guía para el apartado 2.b.1.

b.2 Verificación o inspección periódica

Se aplicará lo indicado por la guía para el apartado 2.b.2.

3.3. Procedimientos de inspección y verificación

Las inspecciones y verificaciones de las instalaciones se realizarán sobre la base de las prescripciones que establezca la norma de aplicación y, en su caso, de lo especificado en el proyecto, aplicando los criterios para la clasificación de defectos que se relacionan en el apartado siguiente.

3.3.1. Procedimiento de inspección inicial o periódica

La empresa instaladora autorizada que haya ejecutado la instalación o la responsable del mantenimiento, según se trate de inspecciones iniciales o periódicas, deberá asistir al organismo de control para la realización de las pruebas y ensayos necesarios.

Como resultado de la inspección, el agente encargado de la inspección emitirá un certificado de inspección, en el cual figurarán los datos de identificación de la línea y la posible relación de defectos, con su clasificación, y la calificación de la línea, así como el registro de las últimas operaciones de mantenimiento realizadas por la empresa, responsable del mantenimiento de la línea.

3.3.2. Procedimiento de verificación periódica

La empresa responsable del mantenimiento podrá asistir al técnico titulado competente para la realización de las pruebas y ensayos necesarios.

Como resultado de la verificación, el técnico titulado competente encargado de la verificación emitirá un acta de verificación, en la cual figurarán los datos de identificación de la línea y la posible relación de defectos, con su clasificación, y la calificación de la línea, así como el registro de las últimas operaciones de mantenimiento realizadas por la empresa responsable del mantenimiento de la línea.

La empresa instaladora habilitada que haya ejecutado la obra de la línea o la responsable de su mantenimiento, según se trate de pruebas iniciales o periódicas, deberá de asistir al organismo de control o en su caso al técnico titulado competente, durante la realización de las pruebas y ensayos necesarios para las inspecciones o verificaciones. Para tal fin, la empresa instaladora habilitada realizará las actividades auxiliares necesarias para permitir la correcta realización de las medidas y ensayos, por ejemplo, maniobras de conexión y desconexión de las líneas, maniobras de apertura y cierre de puestas a tierra, hincado de picas auxiliares, conexión de equipos de medida, etc. El organismo de control o el técnico titulado competente según el caso serán los responsables de la correcta realización de todas las medidas y ensayos, aunque pueden ser efectuadas bajo su supervisión por la empresa instaladora, o subcontratadas a laboratorios u organismos de control acreditados.

Con objeto de no envejecer a los aislamientos no autoregenerables con pruebas y ensayos que puedan degradarlos, los ensayos de tensión soportada por el aislamiento principal de los cables se realizarán una única vez en cada inspección o verificación, evitando su repetición, en estos casos, no es en absoluto recomendable que el ensayo lo realice previamente la empresa instaladora ya que lo tiene que realizar el organismo de control.

3.3.3. Calificación de una línea

La calificación de una línea, como resultado de una inspección o verificación, podrá ser:

- **Favorable**: cuando no se determine la existencia de ningún defecto muy grave o grave. En este caso, los posibles defectos leves se anotarán para constancia del titular.

- **Condicionada**: cuando se detecte la existencia de, al menos, un defecto grave o defecto leve procedente de otra inspección anterior que no se haya corregido. En este caso:

  b.1) Las líneas nuevas que sean objeto de esta calificación no podrán ser puestas en servicio en tanto no se hayan corregido los defectos indicados y puedan obtener la calificación de favorable.

  b.2) A las líneas ya en servicio se les fijará un plazo para proceder a su corrección, que no podrá superar los seis meses. Transcurrido dicho plazo sin haberse subsanado los defectos, el organismo de control o el técnico titulado competente encargado de la verificación, según corresponda, deberá remitir el certificado con la calificación negativa al órgano competente de la Administración.

- **Negativa**: cuando se observe, al menos, un defecto muy grave. En este caso:

  c.1) Las nuevas líneas no podrán entrar en servicio, en tanto no se hayan corregido los defectos indicados y puedan obtener la calificación de favorable.

c.2) A las líneas ya en servicio se les emitirá certificado negativo, que se remitirá inmediatamente, por el organismo de control o el técnico titulado competente encargado de la verificación, según corresponda, al órgano competente de la Administración.

4. CLASIFICACIÓN DE DEFECTOS

Los defectos en las instalaciones se clasificarán en: defectos muy graves, defectos graves y defectos leves.

4.1. Defecto muy grave

Es todo aquel que la razón o la experiencia determina que constituye un peligro inmediato para la seguridad de las personas, de los bienes o del medio ambiente.

Se consideran tales los incumplimientos de las medidas de seguridad que pueden provocar el desencadenamiento de los peligros que se pretenden evitar con tales medidas, en relación con:

a) Reducción de distancias de seguridad.

b) Reducción de distancias de cruzamientos y paralelismos.

c) Falta de continuidad del circuito de tierra.

d) Tensiones de contacto superiores a los valores límites admisibles.

e) El incumplimiento de las prescripciones técnicas establecidas en el Real Decreto 1432/2008, de 29 de agosto, o cuando los elementos instalados en aplicación del mismo estuvieran en deficiente estado, en tendido ubicado en Zonas de Protección, declarada al amparo de este real decreto, y cuando el tendido hubiera sido notificado como peligroso por la administración competente.

4.2. Defecto grave

Es el que no supone un peligro inmediato para la seguridad de las personas, de los bienes o del medioambiente, pero puede serlo al originarse un fallo en la instalación. También se incluye dentro de esta clasificación, el defecto que pueda reducir de modo sustancial la capacidad de utilización de la instalación eléctrica.

Dentro de este grupo, y con carácter no exhaustivo, se consideran los siguientes defectos graves:

a) Falta de conexiones equipotenciales, cuando éstas fueran requeridas.

b) Degradación importante del aislamiento.

c) Falta de protección adecuada contra cortocircuitos y sobrecargas en los conductores, en función de la intensidad máxima admisible en los mismos, de acuerdo con sus características y condiciones de instalación.

d) Defectos en la conexión de los conductores de protección a las masas, cuando estas conexiones fueran preceptivas.

e) Sección insuficiente de los cables y circuitos de tierras.

f) Existencia de partes o puntos de la línea cuya defectuosa ejecución o mantenimiento pudiera ser origen de averías o daños.

g) Naturaleza o características no adecuadas de los conductores utilizados.

h) Empleo de equipos y materiales que no se ajusten a las especificaciones vigentes.

i) Ampliaciones o modificaciones de una instalación que no se hubieran tramitado según lo establecido en la ITC-LAT 04.

j) No coincidencia entre las condiciones reales de tendido con las condiciones de cálculo del proyecto (aplicable a líneas aéreas).

k) La sucesiva reiteración o acumulación de defectos leves.

l) El incumplimiento de las prescripciones técnicas establecidas en el Real Decreto 1432/2008, de 29 de agosto, cuando el tendido hubiera sido notificado como peligroso o causante de incendio forestal o electrocución de avifauna protegida, fuera de zonas de protección, o cuando los elementos instalados de acuerdo a las prescripciones técnicas que se establecen en este real decreto estuvieran en un estado deficiente

4.3. Defecto leve

Es todo aquel que no supone peligro para las personas o los bienes, no perturba el funcionamiento de la línea y en el que la desviación respecto de lo reglamentado no tiene valor significativo para el uso efectivo o el funcionamiento de la línea.

La calificación de una línea como condicionada con motivo de un defecto leve de una inspección anterior lo será cuando se constate en la verificación o inspección que dicho defecto leve se podría agravar con el paso del tiempo y poner en riesgo la seguridad de la instalación.

Se calificará la inspección como condicionada si existe una sucesiva reiteración o acumulación de defectos leves, que por efecto de su combinación o acumulación supongan un peligro no inminente para la seguridad de las personas o de los bienes.

Se entiende por degradación importante del aislamiento aquella que puede provocar un fallo prematuro del cable, en el caso de revisiones periódicas antes de la siguiente inspección o verificación y en el caso de las iniciales que acorten la vida útil.

ANEXO
MEDIOS TÉCNICOS MÍNIMOS REQUERIDOS
PARA LA VERIFICACIÓN O INSPECCIÓN
DE LÍNEAS ELÉCTRICAS DE ALTA TENSIÓN

1. Medios técnicos

1.1. Equipos

En este apartado se detallan los equipos de medida y ensayo mínimos. Para ciertas verificaciones que requieran equipos y medios especiales, los ensayos y medidas podrán ser subcontratados a laboratorios acreditados según la UNE-EN-ISO/IEC 17025.

1.1.1. Telurómetro

1.1.2. Medidor de aislamiento de, al menos, 10 kV.

1.1.3. Pértiga detectora de la tensión correspondiente a la categoría solicitada.

1.1.4. Multímetro o tenaza, para las siguientes magnitudes.

    a) Tensión alterna y continua hasta 500 V.

    b) Intensidad alterna y continua hasta 20 A.

    c) Resistencia.

1.1.5. Ohmímetro con fuente de intensidad de continua de 50 A.

1.1.6. Medidor de tensiones de paso y contacto con fuente de intensidad de 50 A como mínimo.

1.1.7. Cámara termográfica.

1.1.8. Equipo verificador de la continuidad de conductores.

1.1.9. Prismáticos de, al menos, 8 aumentos.

Los equipos se mantendrán en correcto estado de funcionamiento y calibración. Cuando se subcontraten ensayos y medidas especiales, el agente encargado de la verificación o inspección comprobará el correcto estado de calibración de los equipos.

1.2. Equipos y medios de protección individual

Estarán de acuerdo con la normativa vigente y las necesidades de la instalación.

Medidas de descargas parciales

En caso de que la empresa que realice medidas de descargas parciales no disponga de los medios técnicos necesarios para aplicar el procedimiento, podrá recurrir a un laboratorio acreditado en ensayos de alta tensión y medidas de descargas parciales según la norma ISO-UNE-EN/IEC 17025 sobre Requisitos generales para la competencia de los laboratorios de ensayo y calibración.

ANEXO 1. GUÍA

VERIFICACIONES O INSPECCIONES PARA INSTALACIONES DE CABLES EN GALERÍAS VISITABLES Y PARA LÍNEAS AÉREAS

Instalaciones de cables en galerías visitables

a) Verificaciones previas a la puesta en servicio

En el caso de galerías de cables, teniendo en cuenta que tal y como establece la ITC-LAT-06 que la instalación de puesta a tierra a lo largo de toda la galería debe ser única, se deberá medir el valor de su resistencia de puesta a tierra. Al tratarse generalmente de un gran sistema de puesta a tierra, puede utilizarse el método de inyección de corriente de alta intensidad descrito en el anexo L de la norma UNE-EN 50522.

Se comprobará mediante medida de resistencia por inyección de corriente, que todas las masas accesibles en el interior de la galería (bandejas, soportes, barandillas, tuberías, suelos o paramentos metálicos, etc.) están conectadas equipotencialmente.

Cuando se instale una línea de alta tensión en una nueva galería visitable, o cuando en una galería ya construida se instale una nueva línea de tensión nominal superior a la tensión nominal de cualquiera de las líneas existentes previamente, será necesaria la medida de la tensión de contacto.

La tensión de contacto se medirá mediante inyección de corriente a través del terreno conectando un borne de la fuente en la puesta a tierra de uno de los extremos de la galería y el otro a un electrodo auxiliar clavado en el terreno a una distancia suficiente (50 m) para garantizar que la distribución de tensiones en el terreno en proximidad de la puesta a tierra de la galería no se vea afectada.

Cuando la intensidad inyectada, I, sea sólo una fracción de la intensidad de defecto a tierra, IF, la tensión de contacto aplicada se calculará como:

$$U'_{ca} = U_{Voltímetro} \cdot \frac{I_F}{I}$$

La mayoría de los medidores de tensiones de contacto aplicada indican la tensión corregida según la fórmula anterior, es decir multiplicando la tensión medida con el voltímetro por el factor, I_F/I. Para ello el valor de I_F se debe introducir previamente mediante el teclado en la memoria del medidor de tensión de contacto. En la fórmula anterior se debe utilizar el valor de I_F y no el valor de la corriente de puesta a tierra I_E, suponiendo que la práctica durante las medidas de la tensión de contacto aplicada consiste en no desconectar las pantallas de los cables subterráneos de sus conexiones a tierra en los extremos. Si se desconectan las pantallas, o si se puede medir la corriente que se drena por el sistema de puesta a tierra bajo prueba en la fórmula anterior se debería utilizar el factor I_E/I.

b) Verificaciones o inspecciones periódicas

En el caso de verificaciones o inspecciones periódicas se deberá medir el valor de la resistencia de puesta a tierra. Esta medida no deberá ser superior en un 50% a un valor de referencia, bien sea el especificado en el proyecto, o en su defecto, cuando éste no esté disponible, el obtenido en la verificación o inspección inicial. Se deberá registrar su valor para poder vigilar su evolución en las verificaciones/inspecciones periódicas posteriores.

Se verificará también la continuidad del circuito de puesta a tierra y de las conexiones equipotenciales realizando previamente una inspección visual que ayude a detectar más rápidamente cualquier defecto en la instalación y comprobando la continuidad mediante una medida de resistencia.

La medida de las tensiones de contacto se repetirá cuando no pueda demostrarse documentalmente que se mantienen las condiciones iniciales, es decir, la ausencia de cambios que puedan afectar a su valor, tales como la disminución de la resistividad superficial del suelo de la galería o la presencia de nuevos elementos metálicos accesibles. También se realizarán las medidas cuando no se disponga de los resultados de las medidas previas que demuestren que se cumplen los correspondientes requisitos reglamentarios de las tensiones de contacto y en su caso de paso.

Líneas aéreas

a) Verificaciones previas a la puesta en servicio

Las verificaciones o inspecciones previas a la puesta en servicio incluirán al menos las siguientes comprobaciones visuales:

- Cumplimiento de las distancias de seguridad internas (entre conductores y de los conductores al apoyo) y externas de la línea (a edificios, terreno, caminos, obras, parques eólicos, etc.).

- Cumplimiento de las distancias de seguridad en cruzamientos y paralelismos (a otras líneas aéreas, a líneas de telecomunicación, a carreteras, a ferrocarriles, tranvías, trolebuses, teleféricos, ríos, canales navegables, bosques o zonas de arbolado, etc.).

- Todos los apoyos metálicos o de hormigón armado dispondrán de puesta a tierra.

- Continuidad del circuito de puesta a tierra, especialmente en la parte baja del apoyo donde está expuesto a alteración por golpes, roces o por robo y vandalismo.

- Correcto estado de la conexión del apoyo al circuito de puesta a tierra, por ejemplo, verificar la posible rotura o inexistencia del conductor de interconexión entre el apoyo y el electrodo de puesta a tierra.

- Inexistencia de signos de corrosión en las conexiones del circuito de puesta a tierra, o de corrosión grave en los apoyos metálicos.

- Estado correcto de los medios utilizados para evitar la escalada en los apoyos frecuentados.

- Existencia de objetos extraños en la torre (por ejemplo, ramas, maleza, nidos de aves, etc.).

- Correcta identificación del apoyo mediante su número o marca equivalente, y presencia de las señales de aviso de riesgo eléctrico para apoyos de $U_n > 66$ kV y para todos los apoyos frecuentados.

- Existencia y correcto estado de los disuasores de posada, salvapájaros, señalizadores visuales, puentes de unión aislados y demás dispositivos, que se tengan que instalar en las líneas aéreas con conductores desnudos ubicadas en las zonas de protección de la avifauna, en aplicación del RD 1432/2008, con objeto de proteger a las aves del riesgo de electrocución y colisión.

Asimismo, se deberá medir el valor de la resistencia de puesta a tierra de cada uno de los apoyos metálicos y de hormigón armado. Esta medida no deberá ser superior en un 50% al valor especificado en el proyecto. Se deberá registrar su valor para poder vigilar su evolución en las verificaciones/inspecciones periódicas. La medida de la resistencia de puesta a tierra en apoyos de líneas equipadas con cable de tierra se realizará con telurómetros de alta frecuencia o mediante otros sistemas de medida alternativos que permitan conocer la resistencia de puesta a tierra propia del apoyo, por ejemplo, mediante la medida de la corriente que se drena únicamente por la puesta a tierra del apoyo bajo prueba.

La medida de la tensión de contacto se debe realizar en los apoyos frecuentados, y en todos aquellos que no tengan desconexión automática de la protección. Para la medición de la tensión de contacto aplicada deberá usarse un método por inyección de corriente.

Se emplearán fuentes de alimentación de potencia adecuada para simular el defecto, de forma que la corriente inyectada sea suficientemente alta, a fin de evitar que las medidas queden falseadas como consecuencia de corrientes vagabundas o parásitas circulantes por el terreno.

Consecuentemente, y a menos que se emplee un método de ensayo que elimine el efecto de dichas corrientes parásitas, por ejemplo, método de inversión de la polaridad, se procurará que la intensidad inyectada sea del orden del 1 por 100 de la corriente para la cual ha sido dimensionada la instalación y en cualquier caso no inferior a 50 A.

Como es imposible garantizar una inyección de corriente de 50 A para cualquier valor de la resistencia de puesta a tierra, la fuente deberá tener una potencia suficiente para inyectar 50 A, sobre una resistencia total de bucle de tierra menor o igual de 4Ω (potencia equivalente mínima de la fuente de 10kVA). En casos excepcionales, y con objeto de reducir el peso de la fuente y del grupo electrógeno necesario para su alimentación, por limitaciones de transporte o acceso del equipo de ensayo, se admitirá una fuente que sea capaz de inyectar los 50 A, con una potencia mínima de 5kVA. Se admitirán, no obstante, medidores de tensiones de paso y contacto que inyecten una corriente inferior, siempre que se demuestre mediante ensayos comparativos realizados por un laboratorio acreditado que disponen de filtros o sistemas especiales capaces de eliminar las tensiones de perturbación con el fin de lograr medidas con una fiabilidad y exactitud equivalente a la que se obtendría con una inyección de corriente elevada. En cualquier caso, la incertidumbre asociada a las medidas será inferior al 20%.

Con objeto de facilitar el transporte de la fuente y reducir su peso, si el diseño del medidor de tensión lo permite, la inyección de corriente se podrá realizar durante unos pocos ciclos de la frecuencia de red.

Los cálculos se harán suponiendo que para determinar las tensiones de contacto posibles máximas existe proporcionalidad entre la intensidad inyectada y la intensidad de puesta a tierra IE.

Los electrodos de medición para la simulación de los pies con una resistencia a tierra del punto de contacto con el terreno de valor $R_{a2}=1,5\rho_s$, donde s es la resistividad superficial del suelo, deberán tener cada uno un área de 200 cm^2 y estarán presionando sobre la tierra con una fuerza mínima de 250 N. Para la medición de la tensión de contacto en cualquier parte de la instalación, dichos electrodos deberán estar situados juntos y a una distancia de un metro de la parte expuesta de la instalación. Para suelo seco u hormigón conviene colocar entre el suelo y los electrodos un paño húmedo o una película de agua.

Para la simulación de la mano se empleará un electrodo capaz de perforar el recubrimiento de las partes metálicas para que no actúe como aislante. Las mediciones se realizarán con un voltímetro de resistencia interna 1000 Ω, que representa la impedancia del cuerpo humano, Z_B. Un terminal del voltímetro será conectado al electrodo que simula la mano y el otro terminal a los electrodos que simulan los pies. De esta forma, el voltímetro indicará directamente el valor de la medición de la tensión de contacto aplicada, $U'_{ca} = U_{Voltímetro}$, siempre que la intensidad inyectada sea igual a la intensidad de puesta a tierra.

Cuando la intensidad inyectada, I, sea sólo una fracción de la intensidad de puesta a tierra, IE, la tensión de contacto aplicada se calculará como:

$$U'_{ca} = U_{Voltímetro} \cdot \frac{I_F}{I}$$

La mayoría de los medidores de tensiones de contacto aplicada indican la tensión corregida según la fórmula anterior, es decir multiplicando la tensión medida con el voltímetro por el factor, I_F/I. Para ello, el valor de I_F se debe introducir previamente mediante el teclado en la memoria del medidor de tensión de contacto. En la fórmula anterior se debe utilizar el valor de I_F y no el valor de la corriente de puesta a tierra I_E, suponiendo que la práctica durante las medidas de la tensión de contacto aplicada consiste en no desconectar los cables de tierra de sus conexiones a tierra en las subestaciones. Si se desconectan los cables de tierra, o si se puede medir la corriente que se drena únicamente por la puesta a tierra del apoyo en la fórmula, se debería utilizar el factor I_E/I.

En el caso de considerarse la resistencia adicional, R_{a1}, como, por ejemplo, el calzado, se podrá emplear un voltímetro de resistencia interna suma de la resistencia adicional (R_{a1}) considerada y la resistencia del cuerpo humano ($Z_B = 1000\ \Omega$). En este caso, el valor de la medición de la tensión de contacto aplicada, U'_{ca}, vendrá determinado por:

$$U'_{ca} = U_{Voltímetro} \cdot \left[\frac{Z_B}{R_{a1} + Z_B} \right]$$

En este último caso, si además la intensidad inyectada, I, es sólo una fracción de la intensidad de defecto a tierra, I_F, la tensión de contacto aplicada se calculará como:

$$U'_{ca} = U_{Voltímetro} \cdot \frac{I_F}{I} \cdot \left[\frac{Z_B}{R_{a1} + Z_B} \right]$$

Cuando se recurra al empleo de medidas adicionales de seguridad que impidan el contacto con partes metálicas puestas a tierra o que hagan que la tensión de contacto sea nula (por ejemplo, sistemas antiescalo de fábrica de ladrillo, conexiones equipotenciales entre el suelo y el apoyo) no será necesario medir la de contacto aplicada pero sí los valores máximos admisibles de las tensiones de paso aplicadas, siguiendo la misma metodología descrita anteriormente.

b) Verificaciones o inspecciones periódicas

Las verificaciones o inspecciones periódicas de las líneas que se realizarán cada 3 años incluirán al menos las siguientes comprobaciones visuales.

– Mantenimiento de las distancias de seguridad internas (entre conductores y de los conductores al apoyo) y externas de la línea (a edificios, terreno, caminos, obras, parques eólicos, etc.), prestando especial atención a la existencia de nuevas infraestructuras o de obras que pudieran afectar a la línea.

– Mantenimiento de las distancias de seguridad en cruzamientos y paralelismos (a otras líneas aéreas, a líneas de telecomunicación, a carreteras, a ferrocarriles, tranvías, trolebuses, teleféricos, ríos, canales navegables, bosques o zonas de arbolado, etc.).

– Correcta limpieza de las calles mediante la poda de arbolado y limpieza de maleza y ramas en proximidad de la línea con objeto de mantener las distancias de seguridad.

– Inexistencia de apoyos metálicos o de hormigón armado sin la necesaria puesta a tierra.

- Continuidad del circuito de puesta a tierra, especialmente en su parte baja (montantes) donde está expuesto a alteración por golpes, roces o por robo y vandalismo.

- Correcto estado de la conexión del apoyo al circuito de puesta a tierra, por ejemplo, verificar la posible rotura o inexistencia del conductor de interconexión entre el apoyo y el electrodo de puesta a tierra.

- Inexistencia de signos de corrosión en las conexiones del circuito de puesta a tierra, en los conductores de fase, en los cables de tierra, o ausencia de corrosión grave en los apoyos metálicos y herrajes.

- Estado correcto de los medios utilizados para evitar la escalada en los apoyos frecuentados.

- Ausencia de efectos debidos a falta de mantenimiento (rotura de elementos de la estructura del apoyo, deterioro de los apoyos de hormigón que dejan al descubierto las armaduras, presencia de alambres rotos en los conductores de fase o cables de tierra principalmente en grapas de amarre o en los puentes flojos, etc.).

- Ausencia de una degradación importante del aislamiento (rotura o contaminación de aisladores o presencia de aisladores fogueados).

- Inexistencia de objetos extraños en la torre (por ejemplo, ramas, maleza, nidos de aves, etc.).

- Correcta identificación del apoyo mediante su número o marca equivalente, y presencia de las señales de aviso de riesgo eléctrico para apoyos de $U_n > 66$ kV y para todos los apoyos frecuentados.

- Correcto estado de conservación de los disuasores de posada, salvapájaros, señalizadores visuales, puentes de unión aislados y demás dispositivos, que se hayan instalado en las líneas aéreas con conductores desnudos ubicadas en las zonas de protección de la avifauna, en aplicación del RD 1432/2008, con objeto de proteger a las aves del riesgo de electrocución y colisión.

Se medirán también al menos el 20% de los apoyos no frecuentados, siempre que para todos los apoyos y cada tres años se verifique la buena conservación de la conexión de la línea de tierra con el punto de puesta a tierra del apoyo. Con objeto de revisar al menos cada 30 años la totalidad de los apoyos no frecuentados, en comprobaciones sucesivas se elegirán otros apoyos distintos para la medida de su resistencia de puesta a tierra.

Se verificará también la continuidad del circuito de puesta a tierra, bien por inspección visual o por medida de resistencia.

Durante las verificaciones o inspecciones periódicas, la medida de la tensión de contacto y, en su caso de paso, en los apoyos frecuentados, y en todos aquellos que no tengan desconexión automática de la protección, se realizará cuando no pueda demostrarse documentalmente que se mantienen las condiciones iniciales, es decir, la ausencia de cambios que puedan afectar a su valor, tales como: la disminución de la resistividad superficial del terreno en la proximidad del apoyo, el cambio de un apoyo no frecuentado a frecuentado, el aumento importante de la resistencia de puesta a tierra o la presencia de nuevos elementos metálicos accesibles. También se realizarán las medidas de las tensiones de contacto y, en su caso de paso, en verificaciones o inspecciones periódicas, cuando no se disponga de los resultados de las medidas de verificaciones o inspecciones realizadas anteriormente que demuestren que se cumplen los correspondientes requisitos reglamentarios de las tensiones de contacto y en su caso de paso.

ANEXO 2 GUÍA

PRUEBAS A REALIZAR EN LAS VERIFICACIONES E INSPECCIONES PERIÓDICAS DE LAS LINEAS DE CABLES AISLADOS APANTALLADOS NO PERTENECIENTES A EMPRESAS DE TRANSPORTE Y DISTRIBUCIÓN

A2.1. Líneas con cable aislado instaladas tras la entrada en vigor del R.D. 223/08

En este apartado se establecen las pruebas a realizar y periodicidad a aplicar en las líneas de cables aislados instalados conforme al R.D. 223/08 no pertenecientes a compañías de transporte y distribución de energía eléctrica para efectuar las inspecciones o verificaciones periódicas teniendo en cuanta la criticidad de las líneas y de las condiciones de explotación de la línea.

En la tabla A3.1 se muestran las pruebas a realizar y su periodicidad. Los ensayos de comprobación del estado del aislamiento especificados no afectan negativamente a los componentes del cable ni al resto de la instalación.

Tabla A2.1. Pruebas a realizar y periodicidad en las verificaciones o inspecciones periódicas de cables

Pruebas a realizar	Periodicidad (años)
Inspección visual y termográfica (1)	3
Comprobación del aislamiento principal.	3
Comprobación del aislamiento cubierta.	3
Medida de la resistencia de puesta a tierra (2)	6
Continuidad puesta a tierra y conexiones equipotenciales (2)	6
Tensión de contacto	(3)

(1) La verificación o inspección visual y la termografía se realizarán en los tramos de cables visibles directamente sin necesidad de manipular su instalación.

(2) La medida de resistencia de p.a.t. y la continuidad de la p.a.t. y de las conexiones equipotenciales se realizará en los sistemas de conducción (soportes, bandejas, etc.) de los cables instalados en galerías visitables a lo largo de su tendido.

(3) Se realizará en los cables instalados en galerías visitables cuando no pueda demostrarse documentalmente que se mantienen las condiciones iniciales, es decir, la ausencia de cambios que puedan afectar a su valor, tales como la disminución de la resistividad superficial del suelo de la galería o la presencia de nuevos elementos metálicos accesibles.

En las verificaciones o inspecciones periódicas se comprobará que en los informes de mantenimiento se incluyen medidas termográficas que permitan detectar puntos calientes por encima de las temperaturas máximas de trabajo del cable. En caso de no existir tal información se incluirá la inspección termográfica con periodicidad trianual como una comprobación adicional si en la inspección visual se detectara un deterioro del aislamiento del cable, de las conexiones con botellas terminales, aparamenta, embarrados, etc.

Seguidamente se describen de forma resumida las comprobaciones indicadas en la tabla A2.1.

Inspección visual de los cables: se verifica el correcto estado externo de los cables y de sus accesorios (empalmes y terminaciones), así como de sus bandejas, soportes, palomillas o fijaciones a la pared, y el buen estado de las líneas de tierra y de las conexiones en el punto de puesta a tierra.

Inspección termográfica: permitirá detectar puntos calientes por encima de las temperaturas máximas de trabajo del cable. La incertidumbre de medida será menor de 10 ºC..

Comprobación del aislamiento principal

La comprobación del aislamiento principal de cables se realiza bien sea mediante la medida de descargas parciales (DP) en servicio a la tensión de red o fuera de servicio con generadores móviles.

Las técnicas de medida de DP con generadores móviles (generadores resonantes, generadores de baja frecuencia —VLF— y generadores oscilantes de ondas amortiguadas —DAC— conformes a la norma UNE 60060-3) denominadas medidas fuera de servicio están descritas en la norma UNE 211006. En este caso la tensión aplicada puede ser incrementada de forma progresiva hasta la tensión de ensayo. La tensión de ensayo que será al menos la de servicio podrá alcanzar un valor superior, pero en ningún caso por encima del 80% de la tensión de ensayo aplicada en la puesta en servicio.

Con el fin de efectuar medidas eficaces de DP en entornos de alto nivel de ruido eléctrico, la relación señal/ruido en la banda de frecuencias de medida debe ser lo mayor posible, lo cual se produce normalmente para frecuencias superiores a 1 MHz.

La monitorización continua de DP podrá utilizarse para la comprobación permanente del estado del aislamiento de cables aislados. Esta monitorización sustituye a la medida del ensayo de aislamiento del cable por DP durante las verificaciones o inspecciones periódicas. En este caso, la empresa verificadora o inspectora comprobará que funciona el sistema de monitorización permanente y que devuelve información al titular.

El sistema de cable habrá superado el ensayo si no se detectan DP atribuibles a defectos localizados. En caso de que se detecten señales de DP atribuibles a defectos localizados, deberá determinarse su ubicación.

La medida de la tangente de pérdidas se podrá utilizar de forma complementaria a la medida de DP para conocer el estado general del cable en los cables en servicio, aunque con esta técnica no es posible localizar la zona del cable cuyo aislamiento está degradado.

En caso de detectarse un defecto en el seno del cable (no en sus terminaciones o empalmes), se podrá considerar como defecto que no requiere de su reparación si el titular o su representante aseguran documentalmente que las consecuencias derivadas de un fallo no ponen en peligro ni a bienes ni a personas, no provocan una interrupción del suministro, ni se pierde la condición de fiabilidad n-1 si ésta estuviera establecida previamente. En su caso y tras la reparación del defecto, deberá efectuarse una nueva medida del estado del aislamiento para asegurar la correcta reparación del cable.

Comprobación del aislamiento de la cubierta

La comprobación del aislamiento de la cubierta se podrá realizar con el cable fuera de servicio aplicando el método descrito en la norma UNE 211006:2010. Este método de ensayo requiere desconectar la pantalla de su conexión habitual a tierra lo que puede suponer para el cable y sus conexiones esfuerzos no previstos en el diseño, que con el paso del tiempo podría provocar un envejecimiento prematuro o un apriete inadecuado de las conexiones. Por ello, mientras que el progreso técnico no proporcione técnicas de ensayo no invasivas, se recomienda sustituirlo por una inspección visual, y realizarlo en los casos en los que esta inspección visual u otros indicios pongan en duda la conservación de la cubierta.

Medida de la resistencia de puesta a tierra

La medida de resistencia de puesta a tierra se realizará con telurómetros calibrados que funcione con 3 o 4 terminales.

Medida de la tensión de contacto

La medida de la tensión de contacto se realizará con fuentes de inyección de corriente de las características descritas en el Anexo 1 de esta guía.

A2.2. Pruebas a realizar en las verificaciones periódicas de las líneas de cables aislados apantallados instalados antes de la entrada en vigor del R.D. 223/08

Para las líneas con cables aislados instaladas con anterioridad a la entrada en vigor del R.D.223/2008 aplican la misma periodicidad, agentes intervinientes y alcance de la verificación o inspección que para las líneas instaladas tras la entrada en vigor del referido R.D. según apartado A.2.1. Los criterios técnicos a aplicar en las verificaciones/inspecciones periódicas deben ser los establecidos en el proyecto aprobado con el que la línea fue puesta en servicio, que permitan asegurar el correcto estado de la red. En ausencia de tales criterios técnicos se recomienda aplicar los criterios indicados en A2.1

LÍNEAS SUBTERRANEAS CON CABLES AISLADOS
Instrucción ITC-LAT 06

Índice

1. Prescripciones generales

1.1. *Campo de aplicación*

La presente instrucción será de aplicación a todas las líneas eléctricas subterráneas y a cualquier tipo de instalación distinta de las líneas aéreas, por ejemplo en galerías, en bandejas en el interior de edificios, en fondos acuáticos, etc. Los cables serán aislados, de tensión asignada superior a 1 kV, y el régimen de funcionamiento de las líneas se preverá para corriente alterna trifásica de 50 Hz de frecuencia.

1.2. *Tensiones nominales normalizadas*

En la tabla siguiente se indican las tensiones nominales normalizadas en redes trifásicas.

Tabla 1. Tensiones nominales normalizadas.

Tensión nominal de la red (U_n) kV	Tensión más elevada de la red (U_n) kV
3	3,6
6	7,2
10	12
15	17,5
20*	24
25	30
30	36
45	52
66*	072,5
110	123
132*	145
150	170
220*	245
400*	420

* Tensiones de uso preferente en redes eléctricas de transporte y distribución.

1.3. *Tensiones nominales no normalizadas*

Existiendo en el territorio español redes a tensiones nominales diferentes de las que como normalizadas figuran en el apartado anterior, se admite su utilización dentro de los sistemas a que correspondan.

2. Niveles de aislamiento

El nivel de aislamiento de los cables y accesorios de alta tensión (A.T.) deberá adaptarse a los valores normalizados indicados en las normas UNE 211435 y UNE-EN 60071-1, salvo en casos especiales debidamente justificados por el proyectista de la instalación.

2.1. *Categorías de las redes*

Según la duración máxima de un eventual funcionamiento con una fase a tierra, que el sistema de puesta a tierra permita, las redes se clasifican en tres categorías:

Categoría A:

Los defectos a tierra se eliminan tan rápidamente como sea posible y en cualquier caso antes de 1 minuto.

Categoría B:

Comprende las redes que, en caso de defecto, sólo funcionan con una fase a tierra durante un tiempo limitado. Generalmente la duración de este funcionamiento no debería exceder de 1 hora, pero podrá admitirse una duración mayor cuando así se especifique en la norma particular del tipo de cable y accesorios considerados.

Conviene tener presente que en una red en la que un defecto a tierra no se elimina automática y rápidamente, los esfuerzos suplementarios soportados por el aislamiento de los cables y accesorios durante el defecto, reducen la vida de los cables y accesorios en una cierta proporción. Si se prevé que una red va a funcionar bastante frecuentemente con un defecto a tierra durante largos periodos, puede ser económico clasificar dicha red dentro de la categoría C.

Categoría C:

Esta categoría comprende todas las redes no incluidas en la categoría A ni en la categoría B.

2.2. *Tensiones asignadas del cable y sus accesorios*

Los cables y sus accesorios deberán designarse mediante U_0/U para proporcionar información sobre la adaptación con la aparamenta y los transformadores. A cada valor de U_0/U le corresponde una tensión soportada nominal a los impulsos de tipo rayo U_p.

La tensión asignada del cable 14/11 se elegirá en función de la tensión nominal de la red (U_n), o tensión más elevada de la red (Li$_s$), y de la duración máxima del eventual funcionamiento del sistema con una fase a tierra (categoría de la red), tal y como se especifica en la tabla 2.

Tabla 2. Niveles de aislamiento de los cables y sus accesorios.

Tensión nominal de la red U$_n$ kV	Tensión más elevada de la red U$_s$ kV	Categoría de la red	Características mínimas del cable y accesorios	
			U$_o$/U, ó U$_o$ kV	U$_p$ Kv
3	3,6	A-B	1,8/3	45
		C	3,6/6	60
6	7,2	A-B		
		C	6/10	75
10	12	A-B		
		C	8,7/15	95
15	17,5	A-B		
		C	12/20	125
20	24	A-B		
		C	15/25	145
25	30	A-B		
		C	18/30	170
30	36	A-B		
		C	26/45	250
45	52	A-B		
66	72,5	A-B	36	(1)
110	123	A-B	64	(1)
132	145	A-B	76	(1)
150	170	A-B	87	(1)
220	245	A-B	127	(1)
400	420	A-B	220	(1)

(1) El nivel de aislamiento a impulsos tipo rayo se determinará conforme a los criterios de coordinación de aislamiento establecidos en la norma UNE-EN 60071-1.

donde:

U_o: Tensión asignada eficaz a frecuencia industrial entre cada conductor y la pantalla del cable, para la que se han diseñado el cable y sus accesorios.

U: Tensión asignada eficaz a frecuencia industrial entre dos conductores cualesquiera para la que se han diseñado el cable y sus accesorios.

NOTA: *Esta magnitud afecta al diseño de cables de campo no radial y a sus accesorios.*

U_p: Valor de cresta de la tensión soportada a impulsos de tipo rayo aplicada entre cada conductor y la pantalla o la cubierta para el que se ha diseñado el cable o los accesorios.

3. Materiales: cables y accesorios

3.1. *Condiciones generales*

Los materiales y su montaje cumplirán con los requisitos y ensayos de las normas UNE aplicables de entre las incluidas en la ITC-LAT 02 y demás normas y especificaciones técnicas aplicables.

En el caso de que no exista norma UNE, se utilizarán las Normas Europeas (EN o HD) correspondientes y, en su defecto, se recomienda utilizar la publicación CEI correspondiente (Comisión Electrotécnica Internacional).

3.2. *Cables*

Los cables utilizados en las redes subterráneas tendrán los conductores de cobre o de aluminio y estarán aislados con materiales adecuados a las condiciones de instalación y explotación manteniendo, con carácter general, el mismo tipo de aislamiento de los cables de la red a la que se conecten. Estarán debidamente apantallados, y protegidos contra la corrosión que pueda provocar el terreno donde se instalen o la producida por corrientes erráticas, y tendrán resistencia mecánica suficiente para soportar las acciones de instalación y tendido y las habituales después de la instalación. Se exceptúan las agresiones mecánicas procedentes de maquinaria de obra pública como excavadoras, perforadoras o incluso picos. Podrán ser unipolares o tripolares.

3.3. *Accesorios*

Los accesorios serán adecuados a la naturaleza, composición y sección de los cables, y no deberán aumentar la resistencia eléctrica de éstos. Los accesorios deberán ser asimismo adecuados a las características ambientales (interior, exterior, contaminación, etc.).

4. Instalación de cables aislados

Lo indicado en este apartado es válido para instalaciones cuya tensión nominal de la red no sea superior a 30 kV. Para tensiones mayores, el proyectista determinará y justificará en cada caso las condiciones de instalación y distancias.

Las canalizaciones se dispondrán, en general, por terrenos de dominio público en suelo urbano o en curso de urbanización que tenga las cotas de nivel previstas en el proyecto de urbanización (alineaciones y rasantes), preferentemente bajo las aceras y se evitarán los ángulos pronunciados. El trazado será lo más rectilíneo posible, a poder ser paralelo en toda su longitud a las fachadas de los edificios principales o, en su defecto, a los bordillos. Así mismo, deberá tenerse en cuenta los radios de curvatura mínimos que pueden soportar los cables sin deteriorarse, a respetar en los cambios de dirección.

En la etapa de proyecto deberá contactarse con las empresas de servicio público y con las posibles propietarias de servicios para conocer la posición de sus instalaciones en la zona afectada. Una vez conocidas, antes de proceder a la apertura de las zanjas, la empresa instaladora abrirá calas de reconocimiento para confirmar o rectificar el trazado previsto en el proyecto. La apertura de calas de reconocimiento se podrá sustituir por el empleo de equipos de detección, como el georradar, que permitan contrastar los planos aportados por las compañías de servicio y al mismo tiempo prevenir situaciones de riesgo.

Los cables podrán instalarse en las formas que se indican a continuación.

4.1. Directamente enterrados

La profundidad, hasta la parte superior del cable más próximo a la superficie, no será menor de 0,6 m en acera o tierra, ni de 0,8 m en calzada.

Cuando existan impedimentos que no permitan lograr las mencionadas profundidades, éstas podrán reducirse, disponiendo protecciones mecánicas suficientes. Por el contrario, deberán aumentarse cuando las condiciones que se establecen en el capítulo 5 así lo exijan.

La zanja ha de ser de la anchura suficiente para permitir el trabajo de un hombre, salvo que el tendido del cable se haga por medios mecánicos. Sobre el fondo de la zanja se colocará una capa de arena o material de características equivalentes de espesor mínimo 5 cm y exenta de cuerpos extraños. Los laterales de la zanja han de ser compactos y no deben desprender piedras o tierra. La zanja se protegerá con estribas u otros medios para asegurar su estabilidad, conforme a la normativa de riesgos laborales. Por encima del cable se dispondrá otra capa de 10 cm de espesor, como mínimo, que podrá ser de arena o material con características equivalentes.

Para proteger el cable frente a excavaciones hechas por terceros, los cables deberán tener una protección mecánica que en las condiciones de instalación soporte un impacto puntual de una energía de 20 J y que cubra la proyección en planta de los cables, así como una cinta de señalización que advierta la existencia del cable eléctrico de A.T. Se admitirá también la colocación de placas con doble misión de protección mecánica y de señalización.

4.2. *En canalización entubada*

La profundidad, hasta la parte superior del tubo más próximo a la superficie, no será menor de 0,6 metros en acera o tierra, ni de 0,8 metros en calzada.

Estarán construidas por tubos de material sintético, de cemento y derivados, o metálicos, hormigonadas en la zanja o no, con tal que presenten suficiente resistencia mecánica. El diámetro interior de los tubos no será inferior a vez y media el diámetro exterior del cable o del diámetro aparente del circuito en el caso de varios cables instalados en el mismo tubo. El interior de los tubos será liso para facilitar la instalación o sustitución del cable o circuito averiado. No se instalará más de un circuito por tubo. Si se instala un solo cable unipolar por tubo, los tubos deberán ser de material no ferromagnético.

Antes del tendido se eliminará de su interior la suciedad o tierra garantizándose el paso de los cables mediante mandrilado acorde a la sección interior del tubo o sistema equivalente. Durante el tendido se deberán embocar correctamente para evitar la entrada de tierra o de hormigón.

Se evitará, en lo posible, los cambios de dirección de las canalizaciones entubadas respetando los cambios de curvatura indicados por el fabricante de los cables. En los puntos donde se produzcan, para facilitar la manipulación de los cables podrán disponerse arquetas con tapas registrables o no. Con objeto de no sobrepasar las tensiones de tiro indicadas en las normas aplicables a cada tipo de cable, en los tramos rectos se instalarán arquetas intermedias, registrables, ciegas o simplemente calas de tiro en aquellos casos que lo requieran. A la entrada de las arquetas, las canalizaciones entubadas deberán quedar debidamente selladas en sus extremos.

La canalización deberá tener una señalización colocada de la misma forma que la indicada en el apartado anterior, para advertir de la presencia de cables de alta tensión.

4.3. *En galerías*

Pueden diferenciarse dos tipos de galería, la galería visitable, de dimensiones interiores suficientes para la circulación de personal, y la galería o zanja registrable, en la que no está prevista la circulación de personal y las tapas de registro precisan medios mecánicos para su manipulación.

Las galerías serán de hormigón armado o de otros materiales de rigidez, estanqueidad y duración equivalentes. Se dimensionarán para soportar la carga de tierras y pavimentos situados por encima y las cargas del tráfico que corresponda.

Las paredes han de permitir una sujeción segura de las estructuras soportes de los cables, así como permitir en caso necesario la fijación de los medios de tendido del cable.

4.3.1 *Galerías visitables*

Limitación de servicios existentes

Las galerías visitables se usarán preferentemente sólo para instalaciones eléctricas de potencia y cables de control y comunicaciones. En ningún caso podrán coexistir en la misma galería instalaciones eléctricas e instalaciones de gas o líquidos inflamables.

En caso de existir, las canalizaciones de agua se situarán preferentemente en un nivel inferior que el resto de las instalaciones, siendo condición indispensable que la galería tenga un desagüe situado por encima de la cota de alcantarillado o de la canalización de saneamiento en que evacua.

Condiciones generales

Las galerías visitables dispondrán de pasillos de circulación de 0,90 metros de anchura mínima y 2 metros de altura mínima, debiéndose justificar las excepciones puntuales. En los puntos singulares, entronques, pasos especiales, accesos de personal, etc., se estudiarán tanto el correcto paso de las canalizaciones, como la seguridad de circulación del personal.

Los accesos a la galería deben quedar cerrados de forma que se impida la entrada de personas ajenas al servicio, pero que permita la salida al personal que esté en su interior. Para evitar la existencia de tramos de galería con una sola salida, deben disponerse de accesos en las zonas extremas de las galerías.

La ventilación de las galerías será suficiente para asegurar que el aire se renueva, a fin de evitar acumulaciones de gas y condensaciones de humedad y contribuir a que la temperatura máxima de la galería sea compatible con los servicios que contenga. Esta temperatura no sobrepasará los 40 °C. Cuando la temperatura ambiente no permita cumplir este requisito, la temperatura en el interior de la galería no será superior a 50 °C, lo cual se tendrá en cuenta para determinar la intensidad admisible en servicio permanente del cable.

Los suelos de las galerías deberán tener la pendiente adecuada y un sistema de drenaje eficaz, que evite la formación de charcos.

Las empresas utilizadoras tomarán las medidas oportunas para evitar la presencia de roedores en las galerías.

Galerías de longitud superior a 400 metros

Las galerías de longitud superior a 400 metros, además de las disposiciones anteriores dispondrán de iluminación fija, de instalaciones fijas de detección de gas (con sensibilidad mínima de 300 ppm), de accesos de personal cada 400 metros como máximo, alumbrado de señalización interior para informar de las salidas y referencias exteriores, tabiques de sectorización contra incendios (RF120) con puertas cortafuegos (RF 90) cada 1.000 metros como máximo y las medidas oportunas para la prevención contra incendios.

Disposición e identificación de los cables

Es aconsejable disponer los cables de distintos servicios y de distintos propietarios sobre soportes diferentes y mantener entre ellos unas distancias que permitan su correcta instalación y mantenimiento. Dentro de un mismo servicio debe procurarse agruparlos por tensiones (por ejemplo, todos los cables de A.T. en uno de los laterales, reservando el otro para B.T., control, señalización, etc.).

Los cables se dispondrán de forma que su trazado sea recto y procurando conservar su posición relativa con los demás. Las entradas y salidas de los cables en las galerías se harán de forma que no dificulten ni el mantenimiento de los cables existentes ni la instalación de nuevos cables.

Todos los cables deberán estar debidamente señalizados e identificados, de forma que se indique la empresa a quien pertenecen, la designación del circuito, la tensión y la sección de los cables.

Sujeción de los cables

Los cables deberán estar fijados a las paredes o a estructuras de la galería mediante elementos de sujeción (regletas, ménsulas, bandejas, bridas, etc.) para evitar que los esfuerzos térmicos, electrodinámicos debidos a las distintas condiciones que pueden presentarse durante la explotación de las redes de A.T. puedan moverlos o deformarlos.

Estos esfuerzos, en las condiciones más desfavorables previsibles, servirán para dimensionar los elementos de sujeción así como su separación.

En el caso de tres cables unipolares dispuestos en terna al tresbolillo, los mayores esfuerzos electrodinámicos aparecen entre fases de una misma línea, como fuerza de repulsión de una fase respecto a las otras dos. En este caso, pueden complementarse las sujeciones de los cables con otras que mantengan juntas entre sí las tres fases.

En el caso de cables unipolares, si se quiere sujetar cada cable por separado, las sujeciones deberán disponerse de manera que no se formen circuitos ferromagnéticos cerrados alrededor del cable.

Equipotencialidad de masas metálicas accesibles

Todos los elementos metálicos para sujeción de los cables (bandejas, soportes, bridas, etc.) u otros elementos metálicos accesibles al personal que circula por las galerías (pavimentos, barandillas, estructuras o tuberías metálicas, etc.) se conectarán eléctricamente a la red de tierra de la galería.

Aislamiento de pantalla y armadura de un cable respecto a su soporte metálico

El proyectista debe calcular el valor máximo de la tensión a que puede quedar sometida la pantalla y armadura de un cable dentro de la galería respecto a su red de tierras en las condiciones más desfavorables previsibles. Se dimensionará el aislamiento entre la pantalla y la armadura del cable respecto al elemento metálico de soporte para evitar una perforación que establezca un camino conductor, ya que esto podría dar origen a un defecto local en el cable.

Previsión de defectos conducidos por la tierra de la galería

En el caso que aparezca un defecto iniciado en un cable dentro de la galería, si el proyectista no prevé medidas especiales, considerará que las tierras de la galería deben poder evacuar las corrientes de defecto de dicho cable (defecto fase-tierra). Por consiguiente, dichas corrientes no deberán superar la máxima corriente de defecto para la cual se ha dimensionado la red de tierras de la galería.

Previsión de defectos en cables no evacuados a la tierra de la galería

El proyectista puede prever la instalación de cables cuya corriente de defecto fase - tierra supere la máxima corriente de defecto para la cual se ha dimensionado la red de tierra de la galería. En ese caso, las pantallas y armaduras de tales cables deberán estar aisladas, protegidas y separadas respecto a los elementos metálicos de soporte, de forma que se asegure razonablemente la imposibilidad de que esos defectos puedan drenar a la red de tierra de la galería, incluso en el caso de defecto en un punto del cable cercano a un elemento de sujeción.

4.3.2. *Galerías o zanjas registrables*

En tales galerías se admite la instalación de cables eléctricos de alta tensión, de baja tensión y de alumbrado, control y comunicación. No se admite la existencia de canalizaciones de gas. Sólo se admite la existencia de canalizaciones de agua si se puede asegurar que en caso de fuga el agua no afecte a los demás servicios (por ejemplo, en un diseño de doble cuerpo, en el que en un cuerpo se dispone una canalización de agua y tubos hormigonados para cables de comunicación; y en el otro cuerpo, estanco respecto al anterior cuando tiene colocada la tapa registrable, se disponen los cables de A.T., de B.T., de alumbrado público, semáforos, control y comunicación).

Las condiciones de seguridad más destacables que deben cumplir este tipo de instalación son:

a) estanqueidad de los cierres, y

b) buena renovación de aire en el cuerpo ocupado por los cables eléctricos, para evitar acumulaciones de gas y condensación de humedades, y mejorar la disipación de calor.

4.4. *En atarjeas o canales revisables*

En ciertas ubicaciones con acceso restringido al personal autorizado, como puede ser en el interior de industrias o de recintos destinados exclusivamente a contener instalaciones eléctricas, podrán utilizarse canales de obra con tapas prefabricadas de hormigón o de cualquier otro material sintético de elevada resistencia mecánica (que normalmente enrasan con el nivel del suelo) manipulables a mano.

Es aconsejable separar los cables de distintas tensiones (aprovechando el fondo y las dos paredes). Incluso, puede ser preferible destinar canales distintos.

El canal debe permitir la renovación del aire. En cualquier caso, el proyectista debe estudiar las características particulares del entorno y justificar la solución adoptada.

4.5. *En bandejas, soportes, palomillas o directamente sujetos a la pared*

Normalmente, este tipo de instalación sólo se empleará en subestaciones u otras instalaciones eléctricas de alta tensión (de interior o exterior) en las que el acceso quede restringido al personal autorizado. Cuando las zonas por las que discurre el cable sean accesibles a personas o vehículos, deberán disponerse protecciones mecánicas que dificulten su accesibilidad.

En instalaciones frecuentadas por personal no autorizado se podrá utilizar como sistema de instalación bandejas, tubos o canales protectoras, cuya tapa solo se pueda retirar con la ayuda de un útil. Las bandejas se dispondrán adosadas a la pared o en montaje aéreo, siempre a una altura mayor de 4 m para garantizar su inaccesibilidad. Para montajes situados a una altura inferior a 4 m se utilizarán tubos o canales protectoras, cuya tapa solo se pueda retirar con la ayuda de un útil.

En el caso de instalaciones a la intemperie, los cables serán adecuados a las condiciones ambientales a las que estén sometidos (acción solar, frío, lluvia, etc.), y las protecciones mecánicas y sujeciones del cable evitarán la acumulación de agua en contacto con los cables.

Se deberán colocar, asimismo, las correspondientes señalizaciones e identificaciones.

Todos los elementos metálicos para sujeción de los cables (bandejas, soportes, palomillas, bridas, etc.) u otros elementos metálicos accesibles al personal (pavimentos, barandillas, estructuras o tuberías metálicas, etc.) se conectarán eléctricamente a la red de tierra de la instalación. Las canalizaciones conductoras se conectarán a tierra cada 10 metros como máximo y siempre al principio y al final de la canalización.

4.6. *En los fondos acuáticos*

Cuando el trazado de un cable deba discurrir por fondos acuáticos (marinos, lacustres, fluviales, etc.), se realizará un proyecto técnico completo de la instalación y del tendido, considerando todas las acciones que el cable pueda sufrir (esfuerzos por mareas o corrientes, presión, esfuerzos durante el tendido y en el cable instalado, empuje hidráulico, etc.).

Se deberán tomar las medidas preventivas para que el cable no pueda ser afectado por ningún dispositivo arrastrado por cualquier embarcación (ancla, red de arrastre, etc.).

La zona de transición del cable, de agua a tierra, puede estar especialmente sometida a corrientes, oleajes y mareas. El proyectista deberá estudiar, para dicha zona, la manera de instalar el cable de forma que se evite su movimiento.

4.7. *Conversiones aéreo-subterráneas*

Tanto en el caso de un cable subterráneo intercalado en una línea aérea, como de un cable subterráneo de unión entre una línea aérea y una instalación transformadora se tendrán en cuenta las siguientes consideraciones:

a) Cuando el cable subterráneo esté destinado a alimentar un centro de transformación de cliente se instalará un seccionador ubicado en el propio poste de la conversión aéreo subterránea, en uno próximo o en el centro de transformación siempre que el seccionador sea una unidad funcional y de transporte separada del transformador. En cualquier caso el seccionador quedará a menos de 50 m de la conexión aéreo subterránea.

b) Cuando el cable esté intercalado en una línea aérea, no será necesario instalar un seccionador.

c) El cable subterráneo en el tramo aéreo de subida hasta la línea aérea irá protegido con un tubo o canal cerrado de material sintético, de cemento y derivados, o metálicos con la suficiente resistencia mecánica. El interior de los tubos o canales será liso para facilitar la instalación o sustitución del cable o circuito averiado. El tubo o canal se obturará por la parte superior para evitar la entrada de agua, y se empotrará en la cimentación del apoyo, sobresaliendo 2,5 m por encima del nivel del terreno.

El diámetro del tubo será como mínimo de 1,5 veces el diámetro del cable o el de la terna de cables si son unipolares y, en el caso de canal cerrado su anchura mínima será de 1,8 veces el diámetro del cable.

d) Si se instala un solo cable unipolar por tubo o canal, éstos deberán ser de plástico o metálico de material no ferromagnético, a fin de evitar el calentamiento producido por las corrientes inducidas.

e) Cuando deban instalarse protecciones contra sobretensiones mediante pararrayos autoválvulas o descargadores, la conexión será lo más corta posible y sin curvas pronunciadas, garantizándose el nivel de aislamiento del elemento a proteger.

4.8. *Ensayos eléctricos después de la instalación*

Una vez que la instalación ha sido concluida, es necesario comprobar que el tendido del cable y el montaje de los accesorios (empalmes, terminales, etc.) se ha realizado correctamente, para lo cual serán de aplicación los ensayos especificados al efecto en las normas correspondientes y según se establece en la ITC-LAT 05.

4.9. *Sistema de puesta a tierra*

Las pantallas metálicas de los cables se conectarán a tierra, por lo menos en una de sus cajas terminales extremas. Cuando no se conecten ambos extremos a tierra, el proyectista deberá justificar en el extremo no conectado que las tensiones provocadas por el efecto de las faltas a tierra o por inducción de tensión entre la tierra y pantalla, no producen una tensión de contacto aplicada superiores al valor indicado en la ITC-LAT 07, salvo que en este extremo la pantalla esté protegida por envolvente metálica puesta a tierra o sea inaccesible. Asimismo, también deberá justificar que el aislamiento de la cubierta es suficiente para soportar las tensiones que pueden aparecer en servicio o en caso de defecto.

Condiciones especiales de la instalación de puesta a tierra en galerías visitables

Se dispondrá una instalación de puesta a tierra única, accesible a lo largo de toda la galería, formada por el tipo y número de electrodos que el proyectista de la galería juzgue necesarios. Se dimensionará para la máxima corriente de defecto (defecto fase-tierra) que se prevea poder evacuar. El valor de la resistencia global de puesta a tierra de la galería debe ser tal que, durante la evacuación de un defecto, no se supere un cierto valor de tensión de defecto establecido por el proyectista. Además, las tensiones de contacto que puedan aparecer tanto en el interior de la galería como en el exterior (si hay transferencia de potencial debido a tubos u otros elementos metálicos que salgan al exterior), no deben superar los valores admisibles de tensión de contacto aplicada según la ITC-LAT 07.

4.10. *Planos de situación*

Las empresas propietarias de los cables, una vez canalizados éstos, deberán disponer de planos de situación de los mismos en los que figuren las cotas y referencias suficientes para su posterior identificación. Estos planos deben servir tanto para la identificación de posibles averías en los cables, como para poder señalizarlos frente a obras de terceros.

4.11. *Petición de información sobre los servicios eléctricos*

Cualquier contratista de obras que tenga que realizar trabajos de proyecto o construcción en vías públicas (calles, carreteras, etc.) estará obligado a solicitar a la empresa eléctrica (o empresas) que distribuya en aquella zona, así como a los posibles propietarios de servicios, la situación de sus instalaciones enterradas, con una antelación de 30 días antes de iniciar sus trabajos. Asimismo, la empresa eléctrica (o empresas) y los demás propietarios de servicios facilitarán estos datos en un plazo de 20 días. En aquellas zonas donde existan empresas dedicadas a la recogida de datos información y coordinación de servicios, serán estas las encargadas de aportar estos datos.

El contratista deberá comunicar el inicio de las obras a las empresas afectadas con una antelación mínima de 24 h.

En el caso de que las obras afecten, por proximidad o por incidencia directa, a canalizaciones eléctricas, el contratista de obras notificará a la empresa eléctrica afectada o al propietario de los servicios el inicio de las obras, con objeto de poder comprobar sobre el terreno las posibles incidencias. Se realizará conjuntamente el replanteo, para evitar posibles accidentes y desperfectos.

5. Cruzamientos, proximidades y paralelismos

5.1. Condiciones generales

Los cables subterráneos enterrados directamente en el terreno deberán cumplir los requisitos señalados en el presente apartado y las condiciones que pudieran imponer otros órganos competentes de la Administración, como consecuencia de disposiciones legales, cuando sus instalaciones fueran afectadas por tendidos de cables subterráneos de A.T.

Conforme a lo establecido en el artículo 162 del RD 1955/2000, de 1 de diciembre, para las líneas subterráneas se prohíbe la plantación de árboles y construcción de edificios e instalaciones industriales en la franja definida por la zanja donde van alojados los conductores, incrementada a cada lado en una distancia mínima de seguridad igual a la mitad de la anchura de la canalización. Estos requisitos no serán de aplicación a cables dispuestos en galerías. En dichos casos, la disposición de los cables se hará a criterio de la empresa que los explote; sin embargo, para establecer las intensidades admisibles en dichos cables, deberán aplicarse, cuando corresponda, los factores de corrección definidos en el capítulo 6 de la presente instrucción.

Para cruzar zonas en las que no sea posible o suponga graves inconvenientes y dificultades la apertura de zanjas (cruces de ferrocarriles, carreteras con gran densidad de circulación, etc.), pueden utilizarse máquinas perforadoras «topo» de tipo impacto, hincadora de tuberías o taladradora de barrena. En estos casos se prescindirá del diseño de zanja prescrito puesto que se utiliza el proceso de perforación que se considere más adecuado. La adopción de este sistema precisa, para la ubicación de la maquinaria, zonas amplias despejadas a ambos lados del obstáculo a atravesar.

5.2. *Cruzamientos*

A continuación se fijan, para cada uno de los casos indicados, las condiciones a que deben responder los cruzamientos de cables subterráneos de A.T.

5.2.1. *Calles y carreteras*

Los cables se colocarán en canalizaciones entubadas hormigonadas en toda su longitud. La profundidad hasta la parte superior del tubo más próximo a la superficie no será inferior a 0,6 metros. Siempre que sea posible, el cruce se hará perpendicular al eje del vial.

5.2.2. *Ferrocarriles*

Los cables se colocarán en canalizaciones entubadas hormigonadas, perpendiculares a la vía siempre que sea posible. La parte superior del tubo más próximo a la superficie quedará a una profundidad mínima de 1,1 metros respecto de la cara inferior de la traviesa. Dichas canalizaciones entubadas rebasarán las vías férreas en 1,5 metros por cada extremo.

5.2.3. *Otros cables de energía eléctrica*

Siempre que sea posible, se procurará que los cables de alta tensión discurran por debajo de los de baja tensión.

La distancia mínima entre un cable de energía eléctrica de A.T. y otros cables de energía eléctrica será de 0,25 metros. La distancia del punto de cruce a los empalmes será superior a 1 metro. Cuando no puedan respetarse estas distancias, el cable instalado más recientemente se dispondrá separado mediante tubos, conductos o divisorias constituidos por materiales de adecuada resistencia mecánica, con una resistencia a la compresión de 450 N y que soporten un impacto de energía de 20 J si el diámetro exterior del tubo no es superior a 90 mm, 28 J si es superior a 90 mm y menor o igual 140 mm y de 40 J cuando es superior a 140 mm.

5.2.4. *Cables de telecomunicación*

La separación mínima entre los cables de energía eléctrica y los de telecomunicación será de 0,20 metros. La distancia del punto de cruce a los empalmes, tanto del cable de energía como del cable de telecomunicación, será superior a 1 metro. Cuando no puedan respetarse estas distancias, el cable instalado más recientemente se dispondrá separado mediante tubos, conductos o divisorias constituidos por materiales de adecuada resistencia mecánica, con una resistencia a la compresión de 450 N y que soporten un impacto de energía de 20 J si el diámetro exterior del tubo no es superior a 90 mm, 28 J si es superior a 90 mm y menor o igual 140 mm y de 40 J cuando es superior a 140 mm.

5.2.5. *Canalizaciones de agua*

La distancia mínima entre los cables de energía eléctrica y canalizaciones de agua será de 0,2 metros. Se evitará el cruce por la vertical de las juntas de las canalizaciones de agua, o de los empalmes de la canalización eléctrica, situando unas y otros a una distancia superior a 1 metro del cruce. Cuando no puedan mantenerse estas distancias, la canalización más reciente se dispondrá separada mediante tubos, conductos o divisorias constituidos por materiales de adecuada resistencia mecánica, con una resistencia a la compresión de 450 N y que soporten un impacto de energía de 20 J si el diámetro exterior del tubo no es superior a 90 mm, 28 J si es superior a 90 mm y menor o igual 140 mm y de 40 J cuando es superior a 140 mm.

5.2.6. *Canalizaciones de gas*

En los cruces de líneas subterráneas de A.T. con canalizaciones de gas deberán mantenerse las distancias mínimas que se establecen en la tabla 3. Cuando por causas justificadas no puedan mantenerse estas distancias, podrá reducirse mediante colocación de una protección suplementaria, hasta los mínimos establecidos en dicha tabla 3. Esta protección suplementaria, a colocar entre servicios, estará constituida por materiales preferentemente cerámicos (baldosas, rasillas, ladrillos, etc.).

En los casos en que no se pueda cumplir con la distancia mínima establecida con protección suplementaria y se considerase necesario reducir esta distancia, se pondrá en conocimiento de la empresa propietaria de la conducción de gas, para que indique las medidas a aplicar en cada caso.

La protección suplementaria garantizará una mínima cobertura longitudinal de 0,45 metros a ambos lados del cruce y 0,30 metros de anchura centrada con la instalación que se pretende proteger, de acuerdo con la figura adjunta.

Tabla 3. Distancias en cruzamientos con canalizaciones de gas.

	Presión de la instalación de gas	Distancia mínima (d) sin protección suplementaria	Distancia mínima (d) con protección suplementaria
Canalizaciones y acometidas	En alta presión > 4 bar	0,40 m	0,25 m
	En media y baja presión 5,4 bar	0,40 m	0,25 m
Acometida interior*	En alta presión > 4 bar	0,40 m	0,25 m
	En media y baja presión 5,4 bar	0,20 m	0,10 m

* Acometida interior: Es el con unto de conducciones y accesorios comprendidos entre la llave general de acometida de la compañía suministradora (sin incluir ésta) y la válvula de seccionamiento existente en la estación de regulación y medida. Es la parte de acometida propiedad del cliente.

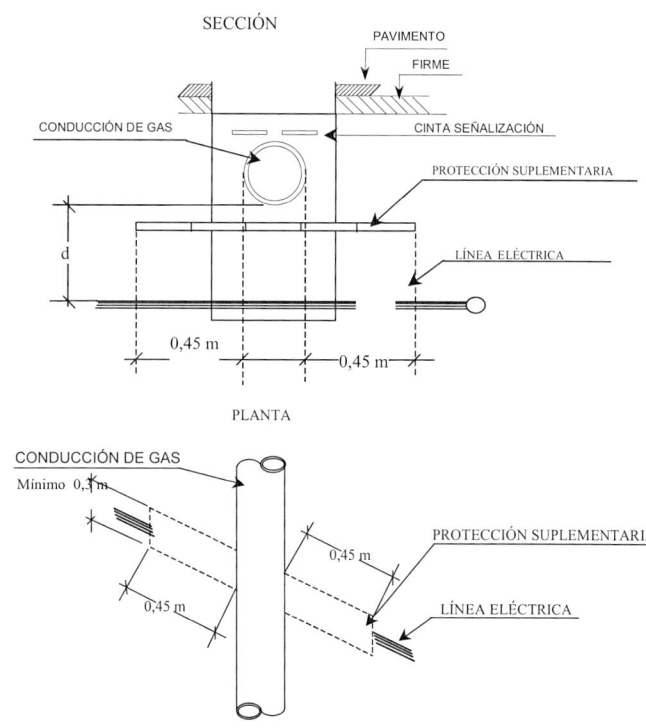

En el caso de línea subterránea de alta tensión con canalización entubada, se considerará como protección suplementaria el propio tubo, no siendo de aplicación las coberturas mínimas indicadas anteriormente. Los tubos estarán constituidos por materiales con adecuada resistencia mecánica, una resistencia a la compresión de 450 N y que soporten un impacto de energía de 20 J si el diámetro exterior del tubo no es superior a 90 mm, 28 J si es superior a 90 mm y menor o igual 140 mm y de 40 J cuando es superior a 140 mm.

5.2.7. *Conducciones de alcantarillado*

Se procurará pasar los cables por encima de las conducciones de alcantarillado. No se admitirá incidir en su interior. Se admitirá incidir en su pared (por ejemplo, instalando tubos), siempre que se asegure que ésta no ha quedado debilitada. Si no es posible, se pasará por debajo, y los cables se dispondrán separados mediante tubos, conductos o divisorias constituidos por materiales de adecuada resistencia mecánica, con una resistencia a la compresión de 450 N y que soporten un impacto de energía de 20 J si el diámetro exterior del tubo no es superior a 90 mm, 28 J si es superior a 90 mm y menor o igual 140 mm y de 40 J cuando es superior a 140 mm.

5.2.8. *Depósitos de carburante*

Los cables se dispondrán separados mediante tubos, conductos o divisorias constituidos por materiales de adecuada resistencia mecánica, con una resistencia a la compresión de 450 N y que soporten un impacto de energía de 20 J si el diámetro exterior del tubo no es superior a 90 mm, 28 J si es superior a 90 mm y menor o igual 140 mm y de 40 J cuando es superior a 140 mm. Los tubos distarán, como mínimo, 1,20 metros del depósito. Los extremos de los tubos rebasarán al depósito, como mínimo, 2 metros por cada extremo.

5.3. *Proximidades y paralelismos*

Los cables subterráneos de A.T. deberán cumplir las condiciones y distancias de proximidad que se indican a continuación, procurando evitar que queden en el mismo plano vertical que las demás conducciones.

5.3.1. *Otros cables de energía eléctrica*

Los cables de alta tensión podrán instalarse paralelamente a otros de baja o alta tensión, manteniendo entre ellos una distancia mínima de 0,25 metros. Cuando no pueda respetarse esta distancia la conducción más reciente se dispondrá separada mediante tubos, conductos o divisorias constituidos por materiales de adecuada resistencia mecánica, con una resistencia a la compresión de 450 N y que soporten un impacto de energía de 20 J si el diámetro exterior del tubo no es superior a 90 mm, 28 J si es superior a 90 mm y menor o igual 140 mm y de 40 J cuando es superior a 140 mm.

En el caso que un mismo propietario canalice a la vez varios cables de A.T. del mismo nivel de tensiones, podrá instalarlos a menor distancia.

5.3.2. Cables de telecomunicación

La distancia mínima entre los cables de energía eléctrica y los de telecomunicación será de 0,20 metros. Cuando no pueda mantenerse esta distancia, la canalización más reciente instalada se dispondrá separada mediante tubos, conductos o divisorias constituidos por materiales de adecuada resistencia mecánica, con una resistencia a la compresión de 450 N y que soporten un impacto de energía de 20 J si el diámetro exterior del tubo no es superior a 90 mm, 28 J si es superior a 90 mm y menor o igual 140 mm y de 40 J cuando es superior a 140 mm.

5.3.3. Canalizaciones de agua

La distancia mínima entre los cables de energía eléctrica y las canalizaciones de agua será de 0,20 metros. La distancia mínima entre los empalmes de los cables de energía eléctrica y las juntas de las canalizaciones de agua será de 1 metro. Cuando no puedan mantenerse estas distancias, la canalización más reciente se dispondrá separada mediante tubos, conductos o divisorias constituidos por materiales de adecuada resistencia mecánica, con una resistencia a la compresión de 450 N y que soporten un impacto de energía de 20 J si el diámetro exterior del tubo no es superior a 90 mm, 28 J si es superior a 90 mm y menor o igual 140 mm y de 40 J cuando es superior a 140 mm.

Se procurará mantener una distancia mínima de 0,20 metros en proyección horizontal y, también, que la canalización de agua quede por debajo del nivel del cable eléctrico.

Por otro lado, las arterias importantes de agua se dispondrán alejadas de forma que se aseguren distancias superiores a 1 metro respecto a los cables eléctricos de alta tensión.

5.3.4. Canalizaciones de gas

En los paralelismos de líneas subterráneas de A.T. con canalizaciones de gas deberán mantenerse las distancias mínimas que se establecen en la tabla 4. Cuando por causas justificadas no puedan mantenerse estas distancias, podrán reducirse mediante la colocación de una protección suplementaria hasta las distancias mínimas establecidas en dicha tabla 4. Esta protección suplementaria a colocar entre servicios estará constituida por materiales preferentemente cerámicos (baldosas, rasillas, ladrillo, etc.) o por tubos de adecuada resistencia mecánica, con una resistencia a la compresión de 450 N y que soporten un impacto de energía de 20 J si el diámetro exterior del tubo no es superior a 90 mm, 28 J

Tabla 4. Distancias en paralelismos con canalizaciones de gas.

	Presión de la instalación de gas	Distancia mínima (d) sin protección suplementaria	Distancia mínima (d') con protección suplementaria
Canalizaciones y acometidas	En alta presión > 4 bar	0,40 m	0,25 m
	En media y baja presión 54 bar	0,25 m	0,15 m
Acometida interior*	En alta presión > 4 bar	0,40 m	0,25 m
	En media y baja presión 54 bar	0,20 m	0,10 m

* Acometida interior: Es el conjunto de conducciones y accesorios comprendidos entre la llave general de acometida de la compañía suministradora (sin incluir ésta), y la válvula de seccionamiento existente en la estación de regulación y medida. Es la parte de acometida propiedad del cliente.

SECCIÓN
(Zona de ocupación de canalizaciones)

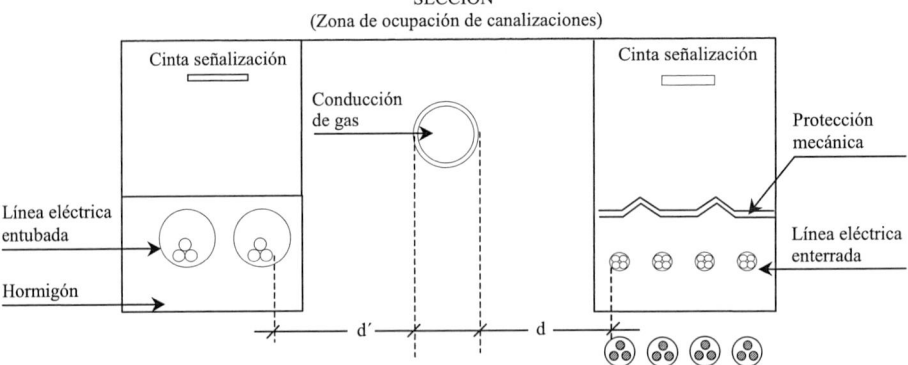

si es superior a 90 mm y menor o igual 140 mm y de 40 *J* cuando es superior a 140 mm.

La distancia mínima entre los empalmes de los cables de energía eléctrica y las juntas de las canalizaciones de gas será de 1 metro.

5.4. *Acometidas (conexiones de servicio)*

En el caso de que alguno de los dos servicios que se cruzan o discurren paralelos sea una acometida o conexión de servicio a un edificio, deberá mantenerse entre ambos una distancia mínima de 0,30 metros. Cuando no pueda respetarse esta distancia, la conducción más reciente se dispondrá separada mediante tubos, conductos o divisorias constituidos por materiales de adecuada resistencia mecánica, con una resistencia a la compresión de 450 N y que soporten un impacto de energía de 20 J si el diámetro exterior del tubo no es superior a 90 mm, 28 J si es superior a 90 mm y menor o igual 140 mm y de 40 *J* cuando es superior a 140 mm.

La entrada de las acometidas o conexiones de servicio a los edificios, tanto cables de B.T. como de A.T. en el caso de acometidas eléctricas, deberá taponarse hasta conseguir su estanqueidad.

6. Intensidades admisibles

6.1. *Intensidades máximas permanentes en los conductores*

Para cada instalación, dependiendo de sus características, configuración, condiciones de funcionamiento, tipo de aislamiento, etc., el proyectista justificará y calculará según la Norma UNE 21144 la intensidad máxima permanente admisible del conductor, con el fin de no superar su temperatura máxima asignada. Se permitirán otros valores de intensidad máxima permanentes admisibles siempre que correspondan con valores actualizados y publicados en las normas EN y CEI aplicables. En su defecto se aplicarán las tablas de intensidades máximas admisibles recogidas en este apartado.

Si se prevén condiciones de instalación o tipo de cables distintos a los indicados en este capítulo, éstas deberán estar justificadas por el proyectista con el fin de no superar la temperatura máxima asignada al conductor.

En este capítulo no se contemplan las tensiones asignadas superiores a 18/30 kV ni los cables submarinos, ya que su diseño puede ser muy específico y para un proyecto concreto.

En la tabla 5 se dan las temperaturas máximas admisibles en el conductor según los tipos de aislamiento.

En la tabla 6 se indican las intensidades máximas permanentes admisibles en los diferentes tipos de cables en las condiciones tipo de instalación enterrada indicadas en el apartado 6.1.2.1. En las condiciones especiales de instalación enterradas indicadas en el apartado 6.1.2.2., se aplicarán los coeficientes de corrección o valores que correspondan, según las tablas 7 a 12 Dichos coeficientes se indican para cada condición que pueda diferenciar la instalación considerada de la instalación tipo.

En la tabla 13 se indican las intensidades máximas permanentes admisibles en los diferentes tipos de cables con aislamiento seco en las condiciones tipo de instalación al aire indicadas en el apartado 6.1.3.1. En las condiciones especiales de instalación indicadas en el apartado 6.1.3.2. se aplicarán los coeficientes de corrección que correspondan, tablas 14 a 24 Dichos coeficientes se indican para cada condición que pueda diferenciar la instalación considerada de la instalación tipo.

Para cualquier otro tipo de cable u otro sistema no contemplado en este capítulo, así como para cables que no figuran en las tablas anteriores, deberá consultarse la Norma UNE 211435 o calcularse según la Norma UNE 21144.

6.1.1. *Temperatura máxima admisible*

Las intensidades máximas admisibles en servicio permanente dependen en cada caso de la temperatura máxima que el aislante pueda soportar, sin alteraciones de sus propiedades eléctricas, mecánicas o químicas. Esta temperatura es función del tipo de aislamiento y del régimen de carga. En cables con aislamiento de papel impregnado, depende también de la tensión.

Para cables sometidos a ciclos de carga, las intensidades máximas admisibles podrán ser superiores a las correspondientes en servicio permanente.

Las temperaturas máximas admisibles de los conductores, en servicio permanente y en cortocircuito, para cada tipo de aislamiento se especifican en la tabla 5.

Tabla 5. Cables aislados con aislamiento seco Temperatura máxima, en °C, asignada al conductor.

Tipo de aislamiento seco	Condiciones	
	Servicio permanente θ_s	Cortocircuito θ_{cc} (t ≤ 5 s)
Policloruro de vinilo (PVC)* S ≤ 300 mm² S > 300 mm²	70 70	160 140
Polietileno reticulado (XLPE)	90	250
Etileno-Propileno (EPR)	90	250
Etileno-Propileno de alto módulo (HEPR)	105 para U_o/U ≤ 18/30 kV 90 para U_o/U > 18/30 kV	250

* Solo para instalaciones de tensión asignada hasta 6 kV.

6.1.2. *Condiciones de instalación enterrada*

6.1.2.1. Condiciones tipo de instalación directamente enterrada

A los efectos de determinar la intensidad máxima admisible, se considerará una instalación tipo con cables de aislamiento seco hasta 18/30 kV formada por un terno de cables unipolares directamente enterrado en toda su longitud a 1 metro de profundidad (medido hasta la parte superior del cable), en un terreno de resistividad térmica media de 1,5 K.m/W, con una temperatura ambiente del terreno a dicha profundidad de 25 °C y con una temperatura del aire ambiente de 40 °C.

6.1.2.2. Condiciones especiales de instalación enterrada y coeficientes de corrección de la intensidad admisible

La intensidad admisible de un cable, determinada por las condiciones de instalación enterrada cuyas características se han especificado en el apartado 6.1.2.1, deberá corregirse teniendo en cuenta cada una de las magnitudes de la instalación real que difieran de aquéllas, de forma que el aumento de temperatura provocado por la circulación de la intensidad calculada no dé lugar a una temperatura, en el conductor, superior a la prescrita en la tabla 5. A continuación, se exponen algunos casos particulares de instalación, cuyas características afectan al valor máximo de la intensidad admisible, indicando los coeficientes de corrección a aplicar.

Tabla 6. Intensidades máximas admisibles (A) en servicio permanente y con corriente alterna. Cables unipolares aislados de hasta 18/30 kV directamente enterrados.

Sección (mm²)	EPR		XLPE		HEPR	
	Cu	Al	Cu	Al	Cu	Al
25	125	96	130	100	135	105
35	145	115	155	120	160	125
50	175	135	180	140	190	145
70	215	165	225	170	235	180
95	255	200	265	205	280	215
120	290	225	300	235	320	245
150	325	255	340	260	360	275
185	370	285	380	295	405	315
240	425	335	440	345	470	365
300	480	375	490	390	530	410
400	540	430	560	445	600	470

6.1.2.2.1. Cables enterrados directamente en terrenos cuya temperatura sea distinta de 25 °C

En la tabla 7 se indican los factores de corrección F, de la intensidad admisible para temperaturas del terreno θ_t, distintas de 25 °C, en función de la temperatura máxima asignada al conductor θ_s (tabla 5).

El factor de corrección para otras temperaturas del terreno distintas de las de la tabla, será:

$$F = \sqrt{\frac{\theta_s - \theta_t}{\theta_s - 25}}$$

Tabla 7. Factor de corrección, F, para temperatura del terreno distinta de 25 °C

Temperatura °C Servicio permanente θ_s	Temperatura del terreno, θ_t, en °C								
	10	15	20	25	30	35	40	45	50
105	1,09	1,06	1,03	1,00	0,97	0,94	0,90	0,87	0,83
90	1,11	1,07	1,04	1,00	0,96	0,92	0,88	0,83	0,78
70	1,15	1,11	1,05	1,00	0,94	0,88	0,82	0,75	0,67
65	1,17	1,12	1,06	1,00	0,94	0,87	0,79	0,71	0,61

6.1.2.2.2. Cables enterrados directamente en terreno de resistividad térmica distinta de 1,5 K.m/W

En la tabla 8 se indican, para distintas resistividades térmicas del terreno, los correspondientes factores de corrección de la intensidad admisible.

La resistividad térmica del terreno depende del tipo de terreno y de su humedad, aumentando cuando el terreno está más seco. La tabla 9 muestra valores de resistividades térmicas del terreno en función de su naturaleza y grado de humedad.

Tabla 8. Factor de corrección para resistividad térmica del terreno distinta de 1,5 K.m/W

Tipo de instalación	Sección del conductor mm^2	Resistividad térmica del terreno, K.m/W						
		0,8	0,9	1,0	1,5	2,0	2,5	3
Cables directamente enterrados	25	1,25	1,20	1,16	1,00	0,89	0,81	0,75
	35	1,25	1,21	1,16	1,00	0,89	0,81	0,75
	50	1,26	1,21	1,16	1,00	0,89	0,81	0,74
	70	1,27	1,22	1,17	1,00	0,89	0,81	0,74
	95	1,28	1,22	1,18	1,00	0,89	0,80	0,74
	120	1,28	1,22	1,18	1,00	0,88	0,80	0,74
	150	1,28	1,23	1,18	1,00	0,88	0,80	0,74
	185	1,29	1,23	1,18	1,00	0,88	0,80	0,74
	240	1,29	1,23	1,18	1,00	0,88	0,80	0,73
	300	1,30	1,24	1,19	1,00	0,88	0,80	0,73
	400	1,30	1,24	1,19	1,00	0,88	0,79	0,73
Cables en interior de tubos enterrados	25	1,12	1,10	1,08	1,00	0,93	0,88	0,83
	35	1,13	1,11	1,09	1,00	0,93	0,88	0,83
	50	1,13	1,11	1,09	1,00	0,93	0,87	0,83
	70	1,13	1,11	1,09	1,00	0,93	0,87	0,82
	95	1,14	1,12	1,09	1,00	0,93	0,87	0,82
	120	1,14	1,12	1,10	1,00	0,93	0,87	0,82
	150	1,14	1,12	1,10	1,00	0,93	0,87	0,82
	185	1,14	1,12	1,10	1,00	0,93	0,87	0,82
	240	1,15	1,12	1,10	1,00	0,92	0,86	0,81
	300	1,15	1,13	1,10	1,00	0,92	0,86	0,81
	400	1,16	1,13	1,10	1,00	0,92	0,86	0,81

Tabla 9. Resistividad térmica del terreno en función de su naturaleza y humedad

Resistividad térmica del terreno (K.m/W)	Naturaleza del terreno y grado de humedad
0,40	Inundado
0,50	Muy húmedo
0,70	Húmedo
0,85	Poco húmedo
1,00	Seco
1,20	Arcilloso muy seco
1,50	Arenoso muy seco
2,00	De piedra arenisca
2,50	De piedra caliza
3,00	De piedra granítica

6.1.2.2.3. Cables tripolares o ternos de cables unipolares agrupados bajo tierra

En la tabla 10 se indican los factores de corrección que se deben aplicar, según el número de cables tripolares o de ternos de cables unipolares y la distancia entre ternos o cables tripolares.

6.1.2.2.4. Cables directamente enterrados en zanja a diferentes profundidades

En la tabla 11 se indican los factores de corrección que deben aplicarse para profundidades de instalación distintas de 1 metro (cables con aislamiento seco hasta 18/30 kV).

6.1.2.2.5. Cables enterrados en zanja en el interior de tubos o similares

No deberá instalarse más de un cable tripolar por tubo o más de un sistema de tres unipolares por tubo. La relación de diámetros entre tubo y cable o conjunto de tres unipolares no será inferior a 1,5. En el caso de instalar un cable unipolar por tubo, el tubo deberá ser de material amagnético.

Tubos de corta longitud: Se entiende por corta longitud, canalizaciones tubulares que no superen longitudes de 15 m (cruzamientos de caminos, carreteras, etc.). En este caso, si el tubo se rellena con aglomerados especiales, no será necesario aplicar coeficiente de corrección de intensidad alguno.

Tabla 10. Factor de corrección por distancia entre ternos o cables tripolares

Factor de corrección										
Tipo de instalación	Separación de los ternos	Número de ternos de la zanja								
		2	3	4	5	6	7	8	9	10
Cables directamente enterrados	En contacto (d = 0 cm)	0,76	0,65	0,58	0,53	0,50	0,47	0,45	0,43	0,42
	d = 0,2 m	0,82	0,73	0,68	0,64	0,61	0,59	0,57	0,56	0,55
	d = 0,4 m	0,86	0,78	0,75	0,72	0,70	0,68	0,67	0,66	0,65
	d = 0,6 m	0,88	0,82	0,79	0,77	0,76	0,74	0,74	0,73	—
	d = 0,8 m	0,90	0,85	0,83	0,81	0,80	0,79	—	—	—
Cables bajo tubo	En contacto (d = 0 cm)	0,80	0,70	0,64	0,60	0,57	0,54	0,52	0,50	0,49
	d = 0,2 m	0,83	0,75	0,70	0,67	0,64	0,62	0,60	0,59	0,58
	d = 0,4 m	0,87	0,80	0,77	0,74	0,72	0,71	0,70	0,69	0,68
	d = 0,6 m	0,89	0,83	0,81	0,79	0,78	0,77	0,76	0,75	—
	d = 0,8 m	0,90	0,86	0,84	0,82	0,81	—	—	—	—

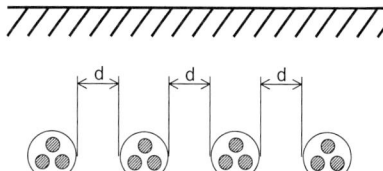

Tabla 11. Factores de corrección para profundidades de la instalación distintas de 1 m

Profundidad (m)	Cables enterrados de sección		Cables bajo tubo de sección	
	185 mm^2	>185 mm^2	185 mm^2	>185 mm^2
0,50	1,06	1,09	1,06	1,08
0,60	1,04	1,07	1,04	1,06
0,80	1,02	1,03	1,02	1,03
1,00	1,00	1,00	1,00	1,00
1,25	0,98	0,98	0,98	0,98
1,50	0,97	0,96	0,97	0,96
1,75	0,96	0,94	0,96	0,95
2,00	0,95	0,93	0,95	0,94
2,50	0,93	0,91	0,93	0,92
3,00	0,92	0,89	0,92	0,91

Tubos de gran longitud: En el caso de una línea con un terno de cables unipolares por el mismo tubo, se utilizarán los valores de intensidades indicados en la tabla 12, calculados para una resistividad térmica del tubo de 3,5 K.m/W y para un diámetro interior del tubo superior a 1,5 veces del diámetro equivalente de la terna de cables unipolares.

Tabla 12. Intensidades máximas admisibles (A) en servicio permanente y con comente alterna. Cables unipolares aislados de hasta 18/30 kV bajo tubo

Sección (mm²)	EPR		XLPE		HEPR	
	Cu	Al	Cu	Al	Cu	Al
25	115	90	120	90	125	95
35	135	105	145	110	150	115
50	160	125	170	130	180	135
70	200	155	205	160	220	170
95	235	185	245	190	260	200
120	270	210	280	215	295	230
150	305	235	315	245	330	255
185	345	270	355	280	375	290
240	400	310	415	320	440	345
300	450	355	460	365	500	390
400	510	405	520	415	565	450

Si se trata de una agrupación de tubos, la intensidad admisible dependerá del tipo de agrupación empleado y variará para cada cable o terno según esté colocado en un tubo central o periférico. Cada caso deberá estudiarse individualmente por el proyectista. Además se tendrán en cuenta los coeficientes aplicables en función de la temperatura y resistividad térmica del terreno y profundidad de la instalación.

6.1.3. Condiciones de instalación al aire

6.1.3.1. Condiciones tipo de instalación al aire

A los efectos de determinar la intensidad máxima admisible, se considerará una instalación tipo con cables de aislamiento seco hasta 18/30 kV, formada por un terno de cables unipolares, agrupados en contacto, con una colocación tal que permita una eficaz renovación de aire, protegidos del sol, siendo la temperatura del medio ambiente de 40 °C.

Tabla 13. Intensidades máximas admisibles (A) en servicio permanente y con corriente alterna. Cables unipolares aislados de hasta 18/30 kV instalados al aire

Sección (mm²)	EPR		XLPE		HEPR	
	Cu	Al	Cu	Al	Cu	Al
25	140	110	155	120	160	125
35	170	130	185	145	195	150
50	205	155	220	170	230	180
70	255	195	275	210	295	225
95	310	240	335	255	355	275
120	355	275	385	295	410	320
150	405	315	435	335	465	360
185	465	360	500	385	535	415
240	550	425	590	455	630	495
300	630	490	680	520	725	565
400	740	570	790	610	840	660

Por ejemplo, con el cable colocado sobre bandejas o fijado a una pared, etc.

6.1.3.2. Condiciones especiales de instalación al aire y coeficientes de corrección de la intensidad admisible

La intensidad admisible de un cable, determinada por las condiciones de instalación al aire cuyas características se han especificado en el apartado 6.1.3.1, deberá corregirse teniendo en cuenta cada de las magnitudes de la instalación real que difieran de aquellas, de forma que el aumento de temperatura provocado por la circulación de la intensidad calculada no dé lugar a una temperatura, en el conductor, superior a la prescrita en la tabla 5. A continuación, se exponen algunos casos particulares de instalación, cuyas características afectan al valor máximo de la intensidad admisible, indicando los coeficientes de corrección a aplicar.

6.1.3.2.1. Cables instalados al aire en ambientes de temperatura distinta de 40 °C

En la tabla 14 se indican los factores de corrección, F, de la intensidad admisible para temperaturas del aire ambiente, θ_a, distintas de 40 °C, en función de la temperatura máxima de servicio, θ_a (tabla 5).

Tabla 14. Factor de corrección, F, para temperatura del aire distinta de 40 °C

Temperatura de servicio, θ_s, en °C	Temperatura ambiente, 0., en °C										
	10	15	20	25	30	35	40	45	50	55	60
105	1,21	1,18	1,14	1,11	1,07	1,04	1	0,96	0,92	0,88	0,83
90	1,27	1,23	1,18	1,14	1,10	1,05	1	0,95	0,89	0,84	0,78
70	1,41	1,35	1,29	1,23	1,16	1,08	1	0,91	0,82	0,71	0,58
65	1,48	1,41	1,34	1,27	1,18	1,10	1	0,89	0,78	0,63	0,45

El factor de corrección para otras temperaturas del aire distintas de la tabla, será:

$$F = \sqrt{\frac{\theta_s - \theta_a}{\theta_s - 40}}$$

6.1.3.2.2. Cables instalados al aire en canales o galerías

Se observa que, en ciertas condiciones de instalación (en canales, galerías, etc.), el calor disipado por los cables no puede difundirse libremente y provoca un aumento de la temperatura del aire.

La magnitud de este aumento depende de muchos factores y debe ser determinado en cada caso como estimación aproximada. Debe tenerse en cuenta que la sobreelevación de temperatura es del orden de 15 K. La intensidad admisible en las condiciones de régimen deberá, por tanto, reducirse con los coeficientes de la tabla 14.

6.1.3.2.3. Cables tripolares o ternos de cables unipolares instalados al aire y agrupados

En las tablas 15 a 20, los ternos de cables unipolares se refieren a tres cables juntos. En las tablas 21 a 24, los ternos de cables unipolares se refieren a tres cables separados un diámetro entre sí.

6.1.3.2.4. Cables expuestos directamente al sol

El coeficiente de corrección que deberá aplicarse en un cable expuesto al sol es muy variable. Se recomienda 0,9.

Tabla 15. Cables tripolares o ternos de cables unipolares tendidos sobre bandejas continuas (la circulación del aire es restringida), con separación entre cables igual a un diámetro d

Factor de corrección					
Número de Bandejas	Número de cables tripolares o ternos unipolares				
	1	2	3	6	9
1	0,95	0,90	0,88	0,85	0,84
2	0,90	0,85	0,83	0,81	0,80
3	0,88	0,83	0,81	0,79	0,78
6	0,86	0,81	0,79	0,77	0,76

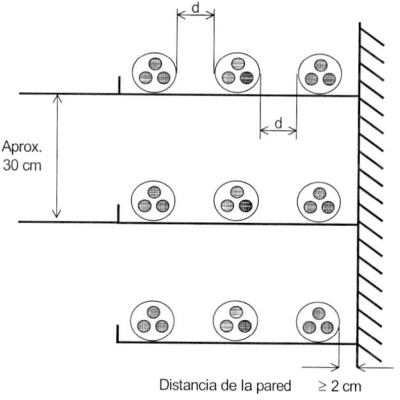

Tabla 16. Cables tripolares o ternos de cables unipolares tendidos sobre bandejas perforadas, con separación entre cables igual a un diámetro d

Factor de corrección					
Número de Bandejas	Número de cables tripolares o ternos unipolares				
	1	2	3	6	9
1	1	0,98	0,96	0,93	0,92
2	1	0,95	0,93	0,90	0,73
3	1	0,94	0,92	0,89	0,69
6	1	0,93	0,90	0,87	0,86

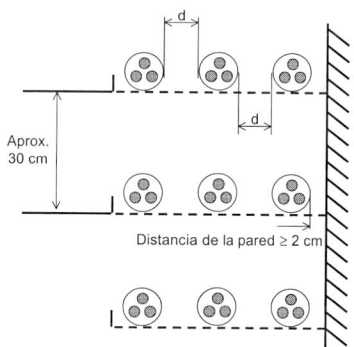

Tabla 17. Cables tripolares o ternos de cables unipolares tendidos sobre estructuras o sobre la pared, con separación entre cables igual a un diámetro d

N.° de cables o ternos	Factor de corrección
1	1
2	0,93
3	0,90
6	0,87
9	0,86

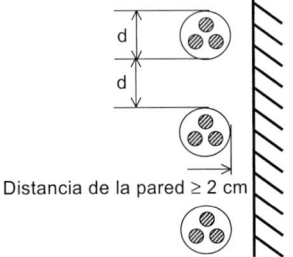

Distancia de la pared ≥ 2 cm

Tabla 18. Cables tripolares o ternos de cables unipolares en contacto entre sí y con la pared, tendido sobre bandejas continuas o perforadas (la circulación de aire es restringida)

	Factor de corrección			
Número de bandejas	Numero de cables o ternos			
	2	3	6	9
1	0,84	0,80	0,75	0,73
2	0,80	0,76	0,71	0,69
3	0,78	0,74	0,70	0,68
6	0,76	0,72	0,68	0,66

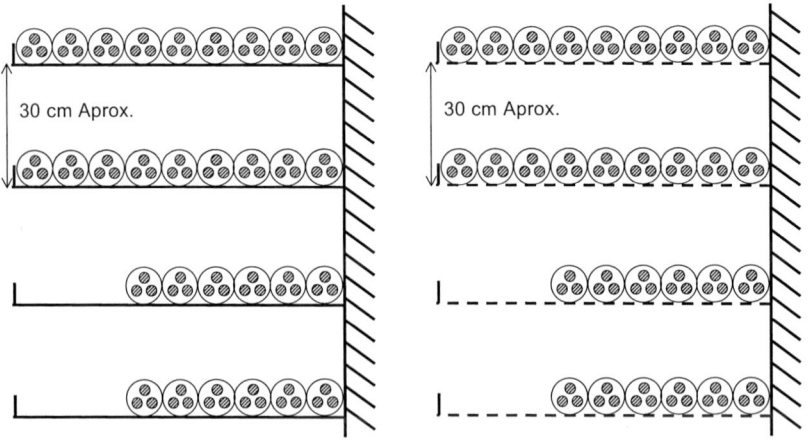

30 cm Aprox.

30 cm Aprox.

Tabla 19. Cables secos, tripolares o ternos de cables unipolares, en contacto entre sí, dispuestos sobre estructura o sobre pared

N.° de cables o ternos	Factor de corrección
1	0,95
2	0,78
3	0,73
6	0,68
9	0,66

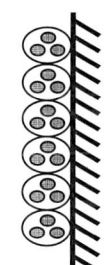

Tabla 20. Agrupación de cables tripolares o ternos de cables unipolares, con una separación inferior a un diámetro y superior a un cuarto de diámetro, suponiendo su instalación sobre bandeja perforada (el aire puede circular libremente entre los cables)

Factor de corrección				
Número de bandejas	Número de cables colocados en horizontal			
	1	2	3	>3
1	1,00	0,93	0,87	0,83
2	0,89	0,83	0,79	0,75
3	0,80	0,76	0,72	0,69
>3	0,75	0,70	0,66	0,64

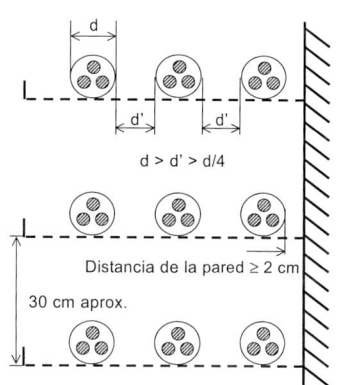

Tabla 21. Cables unipolares, tendidos sobre bandejas continuas (la circulación de aire es restringida) con separación entre cables igual a un diámetro d

Factor de corrección		
Número de bandejas	Número de ternos	
	1	2	3
1	0,92	0,89	0,88
2	0,87	0,84	0,83
3	0,84	0,82	0,81
6	0,82	0,80	0,79

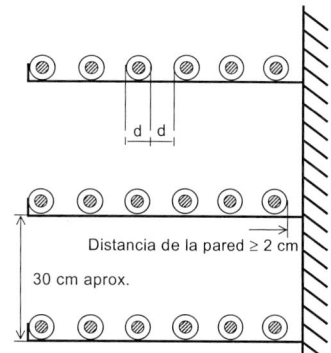

Tabla 22. Cables unipolares tendidos sobre bandejas perforadas con separación entre cables igual a un diámetro d

Factor de corrección			
Número de bandejas	Número de ternos		
	1	2	3
1	1	0,97	0,96
2	0,97	0,94	0,93
3	0,96	0,93	0,92
6	0,94	0,91	0,90

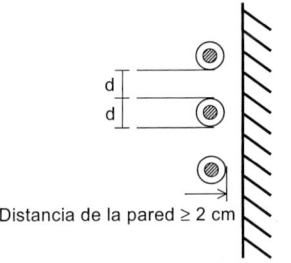

Tabla 23. Cables unipolares tendidos sobre estructura o sobre pared, unos sobre otros, con separación entre cables igual a un diámetro d

N.° de ternos	Factor de corrección
2	0,91
3	0,89

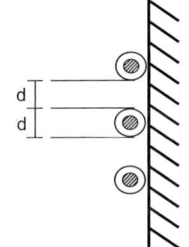

Tabla 24. Cables unipolares tendidos sobre estructura o sobre pared, unos sobre otros, con separación entre cables igual a un diámetro d

N.° de ternos	Factor de corrección
2	0,86
3	0,84

6.2. Intensidades de cortocircuito máximas admisibles en los conductores

Las intensidades máximas de cortocircuito admisibles en los conductores se calcularán de acuerdo con la Norma UNE 21192, siendo válido el cálculo aproximado de las densidades de corriente que se indica a continuación.

Estas densidades de corriente se calculan de acuerdo con las temperaturas especificadas en la tabla 5, considerando como temperatura inicial, θ_i, la máxima asignada al conductor para servicio permanente, θ_s, y como temperatura final la máxima asignada al conductor para cortocircuitos de duración inferior a 5 segundos, θ_{cc}. En el cálculo se considera que todo el calor desprendido durante el proceso es absorbido por los conductores, ya que su masa es muy grande en comparación con la superficie de disipación de calor y la duración del proceso es relativamente corta (proceso adiabático).

En estas condiciones:

$$\frac{I_{cc}}{S} = \frac{K}{\sqrt{t_{cc}}}$$

en donde,

I_{cc}: corriente de cortocircuito, en amperios.

 S: sección del conductor, en mm^2.

 K: coeficiente que depende de la naturaleza del conductor y de las temperaturas al inicio y final del cortocircuito.

t_{ss}: duración del cortocircuito, en segundos.

Si se desea conocer la intensidad de corriente de cortocircuito para un valor de t_{ss}, distinto de los tabulados, se aplica la fórmula anterior. K coincide con el valor de densidad de corriente tabulado para $t_{ss} = 1$ s, para los distintos tipos de aislamiento.

Si, por otro lado, interesa conocer la densidad de corriente de cortocircuito correspondiente a una temperatura inicial θ_i, diferente a la máxima asignada al conductor para servicio permanente θ_{st}, basta multiplicar el correspondiente valor de la tabla por el factor de corrección,

$$\sqrt{\frac{Ln\left(\frac{(\theta_{cc} + \beta)}{(\theta_i + \beta)}\right)}{Ln\left(\frac{(\theta_{cc} + \beta)}{(\theta_s + \beta)}\right)}}$$

donde $\beta = 235$ para el cobre y $\beta = 228$ para el aluminio.

En las tablas 25 y 26 se indican las densidades máximas admisibles de la corriente de cortocircuito en los conductores,

Tabla 25. Densidad máxima admisible de comente de cortocircuito, en A/mm², para conductores de cobre

Tipo de aislamiento	$\Delta\theta^*$ (K)	Duración del cortocircuito, t_{cc}, en segundos									
		0,1	0,2	0,3	0,5	0,6	1,0	1,5	2,0	2,5	3,0
PVC: sección 300 mrn² sección > 300 mm²	90 70	363 325	257 229	210 187	162 145	148 132	115 102	93 83	81 72	72 65	66 59
XLPE, EPR y HEPR Uo/U > 18/30 kV	160	452	319	261	202	184	143	116	101	90	82
HEPR Uo/US 18/30 kV	145	426	301	246	190	174	135	110	95	85	78

* $\Delta\theta$ es la diferencia entre la temperatura de servicio permanente y la temperatura de cortocircuito.

Tabla 26. Densidad máxima admisible de comente de cortocircuito, en A/mm², para conductores de aluminio

Tipo de aislamiento	$\Delta\theta^*$ (K)	Duración del cortocircuito, t_{cc}, en segundos									
		0,1	0,2	0,3	0,5	0,6	1,0	1,5	2,0	2,5	3,0
PVC: sección 300 mm² sección > 300 mm²	90 70	240 215	170 152	138 124	107 96	98 87	76 68	62 55	53 48	48 43	43 39
XLPE, EPR y HEPR	160	298	211	172	133	122	94	77	66	59	54
HEPR Uo/U 18/30 kV	145	281	199	162	126	115	89	73	63	56	51

* $\Delta\theta$ es la diferencia entre la temperatura de servicio permanente y la temperatura de cortocircuito.

de cobre y de aluminio respectivamente, de los cables aislados con diferentes materiales, en función de los tiempos de duración del cortocircuito.

6.3. Intensidades de cortocircuito máximas admisibles en las pantallas de cables de aislamiento seco

Las intensidades de cortocircuito máximas admisible en las pantallas de los cables de aislamiento seco varían de forma notable con el diseño del cable. Esta variación depende del tipo de cubierta, del diámetro de los hilos de pantalla, de la colocación de estos hilos, etc. Por este motivo no puede usarse una tabla general única.

El cálculo será realizado siguiendo la norma UNE 211003 y aplicando el método indicado en la Norma UNE 21192. Los valores obtenidos no dependerán del tipo de aislamiento, ya que en el cálculo intervienen sólo las capas exteriores de la pantalla. La norma UNE 211435 no será de aplicación para estos cálculos. El dimensionamiento mínimo de la pantalla será tal que permita el paso de una intensidad mínima de 1000 A durante 1 segundo.

7. Protecciones

7.1. *Protección contra sobreintensidades*

Las líneas deberán estar debidamente protegidas contra los efectos peligrosos, térmicos y dinámicos que puedan originar las sobreintensidades susceptibles de producirse en la instalación, cuando éstas puedan dar lugar a averías y daños en las citadas instalaciones.

Las salidas de línea deberán estar protegidas contra cortocircuitos y, cuando proceda, contra sobrecargas. Para ello se colocarán cortacircuitos fusibles o interruptores automáticos, con emplazamiento en el inicio de las líneas. Las características de funcionamiento de dichos elementos corresponderán a las exigencias del conjunto de la instalación de la que el cable forme parte integrante, considerando las limitaciones propias de éste.

En cuanto a la ubicación y agrupación de los elementos de protección de los transformadores, así como los sistemas de protección de las líneas, se aplicará lo establecido en la ITC MIE-RAT 09 del Reglamento sobre condiciones técnicas y garantías de seguridad en centrales eléctricas, subestaciones y centros de transformación.

Los dispositivos de protección utilizados no deberán producir, durante su actuación, proyecciones peligrosas de materiales ni explosiones que puedan ocasionar daños a personas o cosas.

Entre los diferentes dispositivos de protección contra las sobreintensidades pertenecientes a la misma instalación, o en relación con otros exteriores a ésta, se establecerá una adecuada coordinación de actuación para que la parte desconectada en caso de cortocircuito o sobrecarga sea la menor posible.

El proyectista analizará la existencia de fenómenos de ferrorresonancias por combinación de las intensidades capacitivas con las magnetizantes de transformadores durante el seccionamiento unipolar de líneas sin carga, en cuyo caso

se utilizará de seccionamiento tripolar en lugar de seccionamiento unipolar.

**7.1.1. *Protección
contra cortocircuitos***

La protección contra cortocircuito por medio de fusibles o
interruptores automáticos se establecerá de forma que la falta sea despejada en un tiempo tal que la temperatura alcanzada por el conductor durante el cortocircuito no exceda de
la máxima admisible asignada en cortocircuito.

Las intensidades máximas admisibles de cortocircuito en los
conductores y pantallas, correspondientes a tiempos de desconexión comprendidos entre 0,1 y 3 segundos, serán las indicadas en el capítulo 6 de la presente instrucción. Podrán
admitirse intensidades de cortocircuito mayores a las indicadas, y a estos efectos el fabricante del cable deberá aportar
la documentación justificativa correspondiente.

**7.1.2. *Protecciones
contra sobrecargas***

En general, no será obligatorio establecer protecciones contra sobrecargas, si bien es necesario, controlar la carga en el
origen de la línea o del cable mediante el empleo de aparatos de medida, mediciones periódicas o bien por estimacio-
nes estadísticas a partir de las cargas conectadas al mismo,
con objeto de asegurar que la temperatura del cable so supere la máxima admisible en servicio permanente.

**7.2. *Protección contra
sobretensiones***

Los cables deberán protegerse contra las sobretensiones peligrosas, tanto de origen interno como de origen atmosférico,
cuando la importancia de la instalación, el valor de las sobretensiones y su frecuencia de ocurrencia así lo aconsejen.

Para ello se utilizarán pararrayos de resistencia variable o
pararrayos de óxidos metálicos, cuyas características estarán
en función de las probables intensidades de corriente a tierra
que puedan preverse en caso de sobretensión o se observará
el cumplimiento de las reglas de coordinación de aislamiento correspondientes. Deberá cumplirse también, en lo referente a coordinación de aislamiento y puesta a tierra de los
pararrayos, lo indicado en las instrucciones MIERAT 12 y
MIE-RAT 13, respectivamente, Reglamento sobre condiciones técnicas y garantías de seguridad en centrales eléctricas,
subestaciones y centros de transformación, aprobado por
Real Decreto 3275/1982, de 12 de noviembre.

En lo referente a protecciones contra sobretensiones serán de consideración igualmente las especificaciones establecidas por las Normas UNE-EN 60071-1, UNE-EN 60071-2 y UNE-EN 60099-5.

8. Aseguramiento de la calidad

Durante el diseño y la ejecución de la línea, las disposiciones de aseguramiento de la calidad, deben seguir los principios descritos en la norma UNE-EN ISO 9001. Los sistemas y procedimientos, que el proyectista y/o contratista de la instalación utilizarán, para garantizar que los trabajos del proyecto cumplan con los requisitos del mismo, deben ser definidos en el plan de calidad del proyectista y/o del contratista de la instalación para los trabajos del proyecto.

Cada plan de calidad debe presentar las actividades en una secuencia lógica, teniendo en cuenta lo siguiente:

a) Una descripción del trabajo propuesto y del orden del programa.

b) La estructura de la organización para el contrato, así como la oficina principal y cualquier otro centro responsables de una parte del trabajo.

c) Las obligaciones y responsabilidades asignadas al personal de control de calidad del trabajo.

d) Puntos de control de la ejecución y notificación.

e) Presentación de los documentos de ingeniería requeridos por las especificaciones del proyecto.

f) La inspección de los materiales y sus componentes a su recepción.

g) La referencia a los procedimientos de aseguramiento de la calidad para cada actividad.

h) Inspección durante la fabricación/construcción.

i) Inspección final y ensayos.

El plan de garantía de aseguramiento de la calidad, es parte del plan de ejecución de un proyecto o una fase del mismo.

LÍNEAS AÉREAS
CON CONDUCTORES DESNUDOS

Instrucción ITC-LAT 07 y
Guía técnica de aplicación GUÍA-LAT 07

Edición: Abril 2019. Revisión: 2

Índice

Nota. El **texto de la ITC-LAT 07** aparece en formato normal, mientras que el **texto de la Guía Técnica de Aplicación GUÍA-LAT 07** aparece en recuadros sombreados.

1. PRESCRIPCIONES GENERALES

1.1. Campo de aplicación

Las disposiciones contenidas en la presente instrucción se refieren a las prescripciones técnicas que deberán cumplir las líneas eléctricas aéreas de alta tensión con conductores desnudos, entendiéndose como tales las de corriente alterna trifásica a 50 Hz de frecuencia, cuya tensión nominal eficaz entre fases sea superior a 1 kV. Aquellas líneas en las que se prevea utilizar otros sistemas de transmisión de energía —corriente continua, corriente alterna monofásica o polifásica, etc.— deberán ser objeto de una justificación especial por parte del proyectista, el cual deberá adaptar las prescripciones y principios básicos de la presente instrucción a las peculiaridades del sistema propuesto.

Quedan excluidas de la aplicación de las presentes normas, únicamente las líneas eléctricas que constituyen el tendido de tracción propiamente dicho —línea de contacto— de los ferrocarriles u otros medios de transporte electrificados.

En aquellos casos especiales en los que la aplicación estricta de las presentes normas no conduzca a la solución óptima, y previa la debida justificación, podrá el órgano competente de la Administración autorizar valores o condiciones distintos de los establecidos con carácter general en la presente instrucción.

Para las líneas nuevas que constituyen el segundo circuito de una línea proyectada y autorizada como de doble circuito pero construida y puesta en servicio inicialmente como de simple circuito, se mantendrán las condiciones técnicas del proyecto original y de la reglamentación aplicada en el dicho proyecto.

En caso de producirse repotenciación de líneas aéreas existentes que no supongan un cambio de traza ni de servidumbre, se tendrán en cuenta las prescripciones del reglamento referido en la última acta de puesta en servicio de dicha línea. En estos casos, si fuese necesaria la sustitución de apoyos por otros de diferentes características o la modificación de los existentes, se deberá cumplir lo establecido en la presente ITC.

1.2. Tensiones nominales normalizadas

Las tensiones nominales normalizadas de la red, así como los valores correspondientes de las tensiones más elevadas se incluyen en la tabla 1.

Tabla 1. Tensiones nominales y tensiones más elevadas de la red

Tensión nominal de la red (U_n) kV	Tensión mas elevada de la red (U_s) kV
3	3,6
6	7,2
10	12
15	17,5
20*	24
25	30
30	36
45	52
66*	72,5
110	123
132	145
150	170
220*	245
400*	420

(*) Tensiones de uso preferente en redes eléctricas de compañía.

Únicamente en el caso de que la línea objeto del proyecto sea extensión de una red ya existente, podrá admitirse la utilización de una tensión nominal diferente de las anteriormente señaladas.

De entre ellas se recomienda la utilización de las tensiones siguientes:

20 kV, 66 kV, 132 kV, 220 kV y 400 kV.

Si durante la vigencia de la presente instrucción, y en ausencia de disposiciones oficiales sobre la materia, se considerase conveniente la adopción de una tensión nominal superior a 400 kV, deberá justificarse de modo adecuado la elección del nuevo escalón de tensión propuesto, de acuerdo con las recomendaciones de organismos técnicos internacionales y con el criterio existente en los países limítrofes.

La tensión de la línea, expresada en kV, se designará en lo sucesivo por la letra U_n para la tensión nominal y U_s para la tensión más elevada.

1.3. Tensiones nominales no normalizadas

Existiendo en el territorio español redes a tensiones nominales diferentes de las que como normalizadas figuran en el apartado anterior, se admite su utilización dentro de los sistemas a que correspondan.

1.4. Sistemas de instalación

El sistema de instalación de las líneas eléctricas aéreas de la presente instrucción será mediante red tensada sobre apoyo.

1.5. Requisitos

Los requisitos expuestos a continuación están basados en las consideraciones al respecto que se indican en la Norma UNE-EN 50341-1 (norma básica aplicable a líneas eléctricas aéreas de tensiones superiores a 45 kV) y en la Norma UNE-EN 50423-1 (norma básica aplicable a líneas eléctricas aéreas de tensiones superiores a 1 kV y hasta 45 kV inclusive).

1.5.1. Requisitos básicos

Una línea eléctrica aérea deberá ser diseñada y construida de forma tal que durante su vida prevista:

a) Desempeñe su propósito bajo un conjunto de condiciones definidas, con niveles aceptables de fiabilidad y de manera económica. Esto se refiere a aspectos de requisitos de fiabilidad;

b) No sea susceptible de un colapso progresivo (en cascada) si sucede un fallo en un componente específico. Esto se refiere a aspectos de requisitos de seguridad de lo construido;

c) No sea susceptible de causar daños humanos o pérdida de vidas durante su construcción, explotación y mantenimiento. Esto se refiere a aspectos de requisitos de seguridad de las personas.

Una línea eléctrica aérea deberá también ser diseñada, construida y mantenida de forma tal que sea considerada la seguridad del público, duración, robustez, mantenimiento y el respeto a las condiciones medioambientales y al paisaje.

Los requisitos arriba indicados deben estar en concordancia con la elección de materiales, un diseño apropiado y detallado, y un proceso de control específico para el diseño, producción y suministro de materiales, construcción y explotación del proyecto en cuestión.

El diseño seleccionado deberá ser, teniendo en cuenta las distintas hipótesis de carga representativas, suficientemente riguroso y variado para abarcar todas las condiciones que pueden preverse durante la construcción y vida útil estimada de la línea aérea.

Las líneas eléctricas aéreas se estudiarán siguiendo el trazado que considere más conveniente el autor del proyecto, en su intento de lograr la solución óptima para el conjunto de la instalación, ajustándose en todo caso a las prescripciones que en esta instrucción se establecen. Se evitarán, en lo posible, los ángulos pronunciados, tanto en planta como en alzado, y se reducirán al mínimo indispensable el número de situaciones reguladas por las prescripciones especiales del apartado 5.3.

1.5.2. Requisitos de seguridad de la obra construida

Los requisitos de seguridad de la obra construida considerarán la existencia de cargas especiales y el proyecto incluirá las medidas necesarias para prevenir fallos en cascada.

Un fallo en una línea puede producirse debido a defectos en los materiales, contingencias desfavorables como, por ejemplo, el impacto de un objeto, deslizamientos de tierra, etc. o condiciones climáticas extremas. El fallo debe quedar limitado al lugar donde se produjo la sobrecarga excediéndose la resistencia mecánica de los componentes, no propagándose a los cantones adyacentes.

En el capítulo 3 de esta instrucción se indican las cargas y sobre cargas a considerar para prevenir fallos en cascada.

En algunas líneas aéreas, debido tanto a la importancia de la red como su exposición a cargas climáticas severas, se puede justificar proyectar y ejecutar la obra con un alto nivel de seguridad.

En tales casos se pueden aplicar medidas adicionales para incrementar la seguridad, de acuerdo con la experiencia y el tipo de línea a diseñar. La inserción de apoyos de anclaje a intervalos específicos puede adoptarse como medida para limitar un colapso progresivo.

1.5.3. Requisitos de seguridad de las personas durante la construcción y mantenimiento

Se tendrán en cuenta los requisitos de seguridad de las personas durante la construcción y las operaciones de mantenimiento. Los requisitos de seguridad de las personas están cubiertos mediante la consideración de cargas especiales para las cuales se deben diseñar los componentes de la línea (especialmente los apoyos).

En relación con la seguridad y salud de los trabajadores, los requisitos de seguridad y las disposiciones aplicables serán los contenidos en la normativa laboral en materia de prevención de riesgos laborales.

1.5.4. Consideraciones adicionales

Al diseñarse una línea eléctrica aérea debe limitarse su impacto sobre el medio ambiente.

Igualmente se considerarán las disposiciones legales que le afecten en cada Comunidad Autónoma. Asimismo, debe considerarse la seguridad de las personas y de los animales, tanto de la avifauna como del ganado.

1.5.5. Vida útil

La vida útil es el periodo de funcionamiento previsto de la línea para su propósito prefijado con las operaciones normales de mantenimiento, pero sin que sean necesarias reparaciones substanciales.

La vida útil de las líneas aéreas se considera que es, generalmente, de 40 años, a menos que se defina otra cosa en las especificaciones del proyecto.

1.5.6. Durabilidad

La durabilidad de un apoyo o de una parte de éste en su entorno debe ser tal que, con un mantenimiento apropiado, permanezca apto para su uso dentro de la vida útil prevista.

Las condiciones medioambientales, climáticas y atmosféricas deben ser evaluadas en el periodo de diseño, para ver su influencia en relación con la durabilidad y posibilitar las disposiciones adecuadas para la protección de los materiales.

2. MATERIALES: CONDUCTORES Y CABLES DE TIERRA, HERRAJES Y ACCESORIOS, AISLADORES Y APOYOS

2.1. Conductores y cables de tierra

2.1.1. Generalidades

En este apartado se dan los requisitos que deben cumplir los conductores y cables de tierra con o sin circuitos de telecomunicaciones.

Los conductores y cables de tierra deberán ser diseñados, seleccionados y ensayados para cumplir con los requisitos eléctricos, mecánicos y de telecomunicaciones que se definen según los parámetros de diseño de la línea. Se deberá considerar la necesaria protección contra la fatiga debida a las vibraciones.

En los siguientes apartados el término "conductor" incluye también a los "cables de tierra" y donde sea apropiado a los conductores y cables de tierra con circuitos de telecomunicación.

Este apartado no es de aplicación a cables recubiertos o a todos los cables dieléctricos autosoportados de telecomunicaciones (ADSS) o dieléctricos de fibra óptica (CADFO). De igual modo, no incluye cables de telecomunicación recubiertos de metal que no sean utilizados como cables de tierra.

No obstante; los cables dieléctricos autosoportados de telecomunicaciones (ADSS) o los dieléctricos adosados de fibra óptica (CADFO) podrán utilizar como soporte las líneas eléctricas aéreas de alta tensión conforme a lo establecido en la disposición adicional decimocuarta de la Ley 54/1997 del Sector Eléctrico. Por tanto, estos cables dieléctricos, en lo que les corresponda, cumplirán con las condiciones y requisitos en lo concerniente al montaje y al tendido de acuerdo con sus características, impuestos en este reglamento como un elemento más de la línea.

> La presencia de cables de fibra autosoportados se debe tener en cuenta en el cálculo de los esfuerzos de los apoyos y en las distancias a tierra

La sección nominal mínima admisible de los conductores de cobre y sus aleaciones será de 10 milímetros cuadrados. En el caso de los conductores de acero galvanizado, la sección mínima admisible será de 12,5 milímetros cuadrados.

Para otros tipos de materiales no se emplearán conductores de menos de 350 daN de carga de rotura.

En el caso en que se utilicen conductores usados, procedentes de otras líneas desmontadas, las características que afectan básicamente a la seguridad deberán establecerse razonadamente, de acuerdo con los ensayos que preceptivamente habrán de realizarse.

Cuando en los cálculos mecánicos se tengan en cuenta el proceso de fluencia o de deformaciones lentas, las características que se adopten para estos cálculos deberán justificarse mediante ensayos o utilizando valores comprobados en otras líneas.

2.1.2. Conductores de aluminio

2.1.2.1. Características y dimensiones

Los conductores pueden estar constituidos por hilos redondos o con forma trapezoidal de aluminio o aleación de aluminio y pueden contener, para reforzarlos, hilos de acero galvanizados o de acero recubiertos de aluminio. Los cables de tierra se diseñarán según las mismas normas que los conductores de fase.

Los conductores deben cumplir la Norma UNE-EN 50182 y serán de uno de los siguientes tipos:

a) Conductores homogéneos de aluminio (AL1).

b) Conductores homogéneos de aleación de aluminio (ALx).

c) Conductores compuestos (bimetálicos) de aluminio o aleación de aluminio reforzados con acero galvanizado (AL1/STyz o ALx/STyz).

d) Conductores compuestos (bimetálicos) de aluminio o aleación de aluminio reforzado con acero recubierto de aluminio (AL1/SAyz o ALx/SAyz).

e) Conductores compuestos (bimetálicos) de aluminio reforzados con aleación de aluminio (AL1/ALx).

Para las características de los conductores descritos en a), b) y c) se tomarán como referencia las tablas de la Norma UNE-EN 50182, para los descritos en d) la UNE 21018, mientras que no estén incluidas en la norma UNE-EN 50182 y para los descritos en e) la norma IEC 61089. Cuando los hilos constituyentes de aluminio o de aleación de aluminio sean de forma trapezoidal la norma aplicable será la UNE-EN 62219.

Cuando sean utilizados materiales diferentes de aquéllos, sus características y su conveniencia para cada aplicación individual deben ser verificadas como se indique en las especificaciones del proyecto.

2.1.2.2. Requisitos eléctricos

Las resistencias eléctricas de la gama preferente de conductores con alambres circulares se dan en la norma UNE-EN 50182.

Para conductores con secciones de alambres diferentes, la resistencia del conductor deberá calcularse utilizando la resistividad del alambre, la sección transversal y los parámetros del cableado del conductor.

Debe verificarse que la intensidad admisible y la capacidad de cortocircuito de los conductores cumplen los requisitos de las especificaciones del proyecto. También debe considerarse la predicción del nivel de perturbación radioeléctrica y el nivel del ruido audible de los conductores según la norma UNE-EN 50341-1.

2.1.2.3. Temperaturas de servicio del conductor

La máxima temperatura de servicio de conductores de aluminio bajo diferentes condiciones operativas deberá ser indicada en las especificaciones del proyecto. Estas especificaciones darán algunos o todos los requisitos, bajo las siguientes condiciones:

a) La temperatura máxima de servicio bajo carga normal en la línea, que no sobrepasará los 85 °C.

b) a temperatura máxima de corta duración para momentos especificados, bajo diferentes cargas en la línea, superiores al nivel normal, que no sobrepasará los 100 °C.

c) La temperatura máxima debida a un fallo especificado del sistema eléctrico, que no sobrepasará los 100 °C.

El uso de conductores de alta temperatura, tales como los compuestos por aleaciones especiales de Aluminio-Zirconio, definidos en la norma IEC 62004, permite trabajar con temperaturas de servicio superiores.

Los conductores de aluminio-Zirconio definidos en la norma UNE-EN 62004 son solo un ejemplo de conductores de altas prestaciones dado que también pueden utilizarse otros, tales como conductores ACSS según la Norma UNE-EN 50540 o conductores tipo GAP según la norma UNE-EN 62420.

La información sobre el cálculo del incremento de temperatura, debido a las corrientes de cortocircuito, se indica en la norma UNE-EN 60865-1. Alternativamente, y con las precauciones adecuadas, el incremento real de temperatura debido a las corrientes de cortocircuito puede determinarse mediante un ensayo.

2.1.2.4. Requisitos mecánicos

La carga de rotura de los conductores de aluminio, calculada de acuerdo con la norma UNE-EN 50182, debe ser suficiente para cumplir con los requisitos de carga determinados en el apartado 3.2.

La tensión máxima admisible en el conductor debe indicarse en las especificaciones del proyecto.

La carga de rotura de los conductores de altas prestaciones tipo ACSS se calculará según la UNE-EN 50540 y la de los tipo GAP según UNE-EN 62420.

2.1.2.5. Protección contra la corrosión

Los requisitos para el recubrimiento o el revestimiento de los hilos de acero con zinc o aluminio deben ser indicados en las especificaciones del proyecto, con referencia a la norma UNE-EN 50189 o la norma UNE-EN 61232, según sea aplicable, por la naturaleza del revestimiento. Se permite el uso de grasas de protección contra la corrosión.

Como para el resto de conductores o cables de tierra expuestos a la corrosión, las grasas seguirán norma UNE-EN 50326. La grasa debe proteger de la corrosión atmosférica a los conductores de las líneas eléctricas aéreas tanto en servicio como durante su almacenamiento. La grasa debe permanecer sobre el conductor durante la vida de servicio prevista en las condiciones de funcionamiento especificadas. Para demostrarlo la norma UNE-EN 50326 establece los ensayos aplicables.

2.1.3. Conductores de acero

2.1.3.1. Características y dimensiones

Los conductores de acero cumplirán con la norma UNE-EN 50182. Las especificaciones del material se dan en la norma UNE-EN 50189, para los hilos de acero galvanizado y en la norma UNE-EN 61232, para los hilos de acero recubiertos de aluminio.

2.1.3.2. Requisitos eléctricos

La resistividad de los hilos de acero galvanizados se da, a efectos de cálculo, en la norma UNE-EN 50189 y en la norma UNE-EN 61232 para los hilos de acero revestidos de aluminio. La resistencia del conductor en corriente continua a 20 °C se calculará de acuerdo con los principios de la norma UNE-EN 50182.

La intensidad admisible y la capacidad de cortocircuito, particularmente el efecto sobre la tensión mecánica, debe verificarse con los requisitos de las Especificaciones del Proyecto.

2.1.3.3. Temperaturas de servicio del conductor

Es aplicable lo indicado en el apartado 2.1.2.3.

2.1.3.4. Requisitos mecánicos

La carga de rotura de conductores de acero, calculada de acuerdo con la norma UNE-EN 50182, debe ser suficiente para cumplir con los requisitos de carga determinados en el apartado 3.2.

La tensión máxima admisible en el conductor debe indicarse en las especificaciones del proyecto.

2.1.3.5. Protección contra la corrosión

Los requisitos para recubrimiento o revestimiento de hilos de acero deben concretarse en las especificaciones del proyecto, mediante referencia a la norma UNE-EN 50189 o en la norma UNE-EN 61232, según sea aplicable por la naturaleza del revestimiento.

Como para el resto de conductores o cables de tierra expuestos a la corrosión, las grasas seguirán norma UNE-EN 50326. La grasa debe proteger de la corrosión atmosférica a los conductores de las líneas eléctricas aéreas tanto en servicio como durante su almacenamiento. La grasa debe permanecer sobre el conductor durante la vida de servicio prevista en las condiciones de funcionamiento especificadas. Para demostrarlo la norma UNE-EN 50326 establece los ensayos aplicables.

2.1.4. Conductores de cobre

Los conductores podrán estar constituidos por hilos redondos de cobre o aleación de cobre, de acuerdo con la norma UNE 207015. Cuando no se ajusten a la norma, los requisitos se indicarán en las especificaciones del proyecto.

2.1.5. Conductores (OPPC´s) y cables de tierra (OPGW´s) que contienen circuito de telecomunicaciones de fibra óptica

2.1.5.1. Características y dimensiones

Las características del diseño de los OPPC´s y de los OPGW´s con fibras ópticas de telecomunicación, deben ser indicadas en las especificaciones del proyecto.

Las características físicas, mecánicas y eléctricas y los métodos de ensayo para el OPGW se dan en la UNE-EN 60794-4.

2.1.5.2. Requisitos eléctricos

La resistencia en corriente continua a 20 °C de un OPPC o OPGW, debe calcularse utilizando la resistividad del aluminio duro, aleación de aluminio, acero galvanizado o hilos de acero revestidos de aluminio, junto con las constantes de cableado y la resistividad de otros componentes de aluminio del conductor, de acuerdo a los requisitos de la norma UNE-EN 60794-4 o los principios de la norma UNE-EN 50182.

Se debe hacer referencia en las especificaciones del proyecto a la capacidad de transporte o intensidad admisible y a las condiciones de cortocircuito y, en su caso, al nivel de perturbaciones radioeléctricas.

2.1.5.3. Temperatura de servicio del conductor

Las temperaturas máximas de servicio de los OPPC´s y OPGW´s deben indicarse en las especificaciones del proyecto. Estas especificaciones darán la temperatura máxima continua y la temperatura máxima de corta duración para tiempos especificados. Para la determinación del incremento de temperatura debido a la corriente de cortocircuito es aplicable la nota 2 del apartado 2.1.2.3.

2.1.5.4. Requisitos mecánicos

La carga de rotura de los OPPC´s y OPGW´s, calculada de acuerdo a las especificaciones del proyecto, debe ser suficiente para cumplir con los requisitos de carga mecánica determinados en el apartado 3.2.

La tensión máxima admisible en el conductor debe indicarse en las especificaciones del proyecto.

2.1.5.5. Protección contra la corrosión

Los requisitos para la protección contra la corrosión de los OPPC´s puede realizarse usando hilos de acero galvanizado o acero recubierto de aluminio, cumpliendo con las normas UNE-EN 50189 o UNE-EN 61232, cuando sea aplicable. Se permite el uso de grasas de protección anticorrosiva, según norma UNE-EN 50326.

La grasa debe proteger de la corrosión atmosférica a los conductores de las líneas eléctricas aéreas tanto en servicio como durante su almacenamiento. La grasa debe permanecer sobre el conductor durante la vida de servicio prevista en las condiciones de funcionamiento especificadas.

2.1.6. Empalmes y conexiones

Se denomina *"empalme"* a la unión de conductores que asegura su continuidad eléctrica y mecánica.

Se denomina "conexión" a la unión de conductores que asegura la continuidad eléctrica de los mismos, con una resistencia mecánica reducida.

Los empalmes de los conductores se realizarán mediante piezas adecuadas a la naturaleza composición y sección de los conductores. Lo mismo el empalme que la conexión no deben aumentar la resistencia eléctrica del conductor. Los empalmes deberán soportar sin rotura ni deslizamiento del cable el 95% de la carga de rotura del cable empalmado.

La conexión de conductores, tal y como ha sido definida en el presente apartado, sólo podrá ser realizada en conductores sin tensión mecánica o en las uniones de conductores realizadas en el puente de conexión de las cadenas de amarre, pero en este caso deberá tener una resistencia al deslizamiento de al menos el 20% de la carga de rotura del conductor.

Queda prohibida la ejecución de empalmes en conductores por la soldadura de los mismos.

Con carácter general los empalmes no se realizarán en los vanos sino en los puentes flojos entre las cadenas de amarre. En cualquier caso, se prohíbe colocar en la instalación de una línea más de un empalme por vano y conductor. Solamente en la explotación, en concepto de reparación de una avería, podrá consentirse la colocación de dos empalmes.

Cuando se trate de la unión de conductores de distinta sección o naturaleza, es preciso que dicha unión se efectúe en el puente de conexión de las cadenas de amarre.

Las piezas de empalme y conexión serán de diseño y naturaleza tal que eviten los efectos electrolíticos, si éstos fueran de temer, y deberán tomarse las precauciones necesarias para que las superficies en contacto no sufran oxidación.

2.1.7. Consideraciones en la instalación de los cables de tierra

Cuando se empleen cables de tierra para la protección de la línea, se recomienda que el ángulo que forma la vertical que pasa por el punto de fijación del cable de tierra con la línea determinada por este punto y cualquier conductor de fase no exceda de 35º.

Asimismo, los empalmes de los cables de tierra reunirán las mismas condiciones de seguridad e inalterabilidad exigidas en el correspondiente apartado para los empalmes de los conductores.

Cuando para el cable de tierra se utilice cable de acero galvanizado, la sección nominal mínima que deberá emplearse será de 50 milímetros cuadrados para las líneas de tensión nominal superior a 66 kV, y de 22 milímetros cuadrados para las demás.

Cuando se tome en consideración la cooperación de los cables de tierra en la resistencia de los apoyos, se incluirán en el proyecto los cálculos justificativos de que el conjunto apoyo-cables de tierra en las condiciones más desfavorables no tiene coeficientes de seguridad inferiores a los correspondientes a los distintos elementos.

Los cables de tierra deberán estar conectados a tierra en cada apoyo directamente al mismo, si se trata de apoyos metálicos, o a las armaduras metálicas de la fijación de los aisladores, en el caso de apoyos de madera u hormigón. Además, deberán quedar conectados a tierra de acuerdo con las normas que se indican en el apartado 7 de esta ITC.

Los herrajes del cable de tierra deberán unirse al cable de conexión a tierra, pudiendo dejarse aislados en aquellos casos en que el autor del proyecto considere conveniente utilizar el aislamiento que le proporcionen los elementos del apoyo (crucetas de madera, etc.).

2.2. Herrajes y accesorios

2.2.1. Generalidades

Se consideran herrajes todos los elementos utilizados para la fijación de los aisladores al apoyo y al conductor, los elementos de fijación del cable de tierra al apoyo y los elementos de protección eléctrica de los aisladores.

Se consideran accesorios del conductor elementos tales como separadores, antivibradores, etc.

Los herrajes y accesorios de las líneas aéreas deben cumplir los requisitos de las normas UNEEN 61284, UNE-EN 61854 o UNE-EN 61897. Cualquier otra alternativa o parámetro adicional se definirá en las especificaciones del proyecto.

2.2.2. Requisitos eléctricos

2.2.2.1. Requisitos aplicables a todos los herrajes y accesorios

El diseño de todos los herrajes y accesorios deberá ser tal que sean compatibles con los requisitos eléctricos especificados para la línea aérea.

2.2.2.2. Requisitos aplicables a los herrajes y accesorios que transporten corriente

Los herrajes y accesorios de los conductores, destinados a transportar la corriente de operación del conductor, no deben, cuando estén sometidos a la corriente máxima autorizada en régimen permanente o a las corrientes de cortocircuito, manifestar aumentos de temperatura mayores que los del conductor asociado. De la misma forma, la caída de tensión en los extremos de los herrajes que transportan corriente, no debe ser superior a la caída de tensión en los extremos de una longitud equivalente de conductor.

2.2.3. Efecto corona y nivel de perturbaciones radioeléctricas

En el diseño de los herrajes se tendrá presente su comportamiento en el fenómeno de efecto corona. Los herrajes y accesorios para líneas aéreas incluyendo separadores y amortiguadores de vibraciones, deben ser diseñados de forma tal que, bajo condiciones de ensayo, los niveles de perturbaciones radioeléctricas sean conformes con el nivel total especificado para la instalación.

2.2.4. Requisitos mecánicos

El diseño de los herrajes y accesorios de una línea aérea deberá ser tal, que satisfagan los requisitos de carga mínima de rotura determinados en el apartado 3.3 de esta ITC.

Todos los herrajes que puedan estar sometidos al peso de una persona, deben resistir una carga característica concentrada de 1,5 kN.

2.2.5. Requisitos de durabilidad

Todos los materiales utilizados en la construcción de herrajes y accesorios de líneas aéreas deben ser inherentemente resistentes a la corrosión atmosférica, la cual puede afectar a su funcionamiento. La elección de materiales o el diseño de herrajes y accesorios deberá ser tal, que la corrosión galvánica de herrajes o conductores sea mínima.

Todos los materiales férreos, que no sean de acero inoxidable, utilizados en la construcción de herrajes, deben ser protegidos contra la corrosión atmosférica mediante galvanizado en caliente u otros métodos indicados en las especificaciones del proyecto.

Los herrajes y accesorios sujetos a articulaciones o desgaste deben ser diseñados y fabricados, incluyendo la selección del material, para asegurar las máximas propiedades de resistencia al rozamiento y al desgaste.

2.2.6. Características y dimensiones de los herrajes

Las características mecánicas de los herrajes de las cadenas de aisladores deben cumplir con los requisitos de resistencia mecánica dados en las normas UNE-EN 60305 y UNE-EN 60433 o UNE-EN 61466-1.

Las dimensiones de acoplamiento de los herrajes a los aisladores deberán cumplir con la Norma UNE 21009 o la Norma UNE 21128.

Los dispositivos de cierre y bloqueo utilizados en el montaje de herrajes con uniones tipo rótula, deben cumplir con los requisitos de la norma UNE-EN 60372.

Cuando se elijan metales o aleaciones para herrajes de líneas, debe considerarse el posible efecto de bajas temperaturas, cuando proceda. Cuando se elijan materiales no metálicos, debe considerarse su posible reacción a temperaturas extremas, radiación UV, ozono y polución atmosférica.

2.3. Aisladores

2.3.1. Generalidades

Los aisladores normalmente comprenden cadenas de unidades de aisladores del tipo caperuza y vástago o del tipo bastón, y aisladores rígidos de columna o peana. Pueden ser fabricados usando materiales cerámicos (porcelana), vidrio, aislamiento compuesto de goma de silicona, poliméricos u otro material de características adecuadas a su función. Se pueden utilizar combinaciones de estos aisladores sobre algunas líneas aéreas.

Los aisladores deben ser diseñados, seleccionados y ensayados para que cumplan los requisitos eléctricos y mecánicos determinados en los parámetros de diseño de las líneas aéreas.

Los aisladores deben resistir la influencia de todas las condiciones climáticas, incluyendo las radiaciones solares. Deben resistir la polución atmosférica y ser capaces de funcionar satisfactoriamente cuando estén sujetos a las condiciones de polución.

2.3.2. Requisitos eléctricos normalizados

El diseño de aisladores deberá ser tal que se respeten las tensiones soportadas según el apartado 4.4 de esta ITC.

2.3.3. Requisitos para el comportamiento bajo polución

Los aisladores deberán cumplir con los requisitos especificados para su comportamiento bajo polución.

En el apartado 4.4.1 se dan indicaciones sobre la selección de aisladores para su uso en condiciones de polución.

2.3.4. Requisitos mecánicos

El diseño de los aisladores de una línea aérea deberá ser tal que satisfagan los requisitos mecánicos determinados en el apartado 3.4 de esta ITC.

2.3.5. Requisitos de durabilidad

La durabilidad de un aislador está influenciada por el diseño, la elección de los materiales y los procedimientos de fabricación. Todos los materiales usados en la construcción de aisladores para líneas aéreas, deberán ser inherentemente resistentes a la corrosión atmosférica, que puede afectar a su funcionamiento.

Puede obtenerse un indicador de la durabilidad de las cadenas de aisladores de material cerámico o vidrio, a partir de los ensayos termo-mecánicos especificados en la norma UNE-EN 60383-1. En casos especiales, puede ser necesario considerar las características de fatiga, mediante los ensayos apropiados indicados en las Especificaciones del Proyecto.

Todos los materiales férreos, distintos del acero inoxidable, usados en aisladores de líneas aéreas deberán ser protegidos contra la corrosión debida a las condiciones atmosféricas. La forma habitual de protección deberá ser un galvanizado en caliente, que deberá cumplir los requisitos de ensayo indicados en la norma UNE-EN 60383-1.

Para instalaciones en condiciones especialmente severas, puede indicarse un aumento del espesor de zinc en las especificaciones del proyecto.

2.3.6. Características y dimensiones de los aisladores

Las características y dimensiones de los aisladores utilizados para la construcción de líneas aéreas deben cumplir, siempre que sea posible, con los requisitos dimensionales de las siguientes normas:

a) UNE-EN 60305 y UNE-EN 60433, para elementos de cadenas de aisladores de vidrio o cerámicos.

b) UNE-EN 61466-1 y UNE-EN 61466-2, para aisladores de aislamiento compuesto de goma de silicona;

c) CEI 60720, para aisladores rígidos de columna o peana.

Se pueden incluir en las especificaciones del proyecto tipos de aisladores aprobados, con dimensiones diferentes de las especificadas por las normas anteriormente indicadas. El resto de las características deberán ser conformes con las normas aplicables según el tipo de aislador.

2.4. Apoyos

Los conductores de la línea se fijarán mediante aisladores y los cables de tierra de modo directo a las estructuras de apoyo. Estas estructuras, que en todo lo que sigue se denominan "apoyos", podrán ser metálicas, de hormigón, madera u otros materiales apropiados, bien de material homogéneo o combinación de varios de los citados anteriormente.

Los materiales empleados deberán presentar una resistencia elevada a la acción de los agentes atmosféricos, y en el caso de no presentarla por sí mismos, deberán recibir los tratamientos protectores adecuados para tal fin.

La estructura de los apoyos podrá ser de cualquier tipo adecuado a su función. Se tendrá en cuenta su diseño constructivo, la accesibilidad a todas sus partes por el personal especializado, de modo que pueda ser realizada fácilmente la inspección y conservación de la estructura. Se evitará la existencia de todo tipo de cavidades sin drenaje, en las que pueda acumularse el agua de lluvia.

2.4.1. Clasificación según su función

2.4.1.1. Atendiendo al tipo de cadena de aislamiento y a su función en la línea, los apoyos se clasifican en:

a) Apoyo de suspensión: Apoyo con cadenas de aislamiento de suspensión.

b) Apoyo de amarre: Apoyo con cadenas de aislamiento de amarre.

c) Apoyo de anclaje: Apoyo con cadenas de aislamiento de amarre destinado a proporcionar un punto firme en la línea. Limitará, en ese punto, la propagación de esfuerzos longitudinales de carácter excepcional. Todos los apoyos de la línea cuya función sea de anclaje tendrán identificación propia en el plano de detalle del proyecto de la línea.

d) Apoyo de principio o fin de línea: Son los apoyos primero y último de la línea, con cadenas de aislamiento de amarre, destinados a soportar, en sentido longitudinal, las solicitaciones del haz completo de conductores en un solo sentido.

Generalmente los apoyos fin de línea son el primer y último apoyo de la línea. Sin embargo, cuando una línea aérea llega al pórtico de una subestación mediante uno o varios vanos destensados, el apoyo fin de línea, a efectos de cálculo, sería aquel del que parten los vanos destensados.

---

e) Apoyos especiales: Son aquellos que tienen una función diferente a las definidas en la clasificación anterior.

Los apoyos de los tipos enumerados pueden aplicarse a diferentes fines de los indicados, siempre que cumplan las condiciones de resistencia y estabilidad necesarias al empleo a que se destinen.

2.4.1.2. Atendiendo a su posición relativa respecto al trazado de la línea, los apoyos se clasifican en:

a) Apoyo de alineación: Apoyo de suspensión, amarre o anclaje usado en un tramo rectilíneo de la línea.

b) Apoyo de ángulo: Apoyo de suspensión, amarre o anclaje colocado en un ángulo del trazado de una línea.

2.4.2. Apoyos metálicos

Los apoyos metálicos serán de características adecuadas a la función a desempeñar. Las características técnicas de sus componentes (perfiles, chapas, tornillería, galvanizado, etc.) responderán a lo indicado en las normas UNE aplicables o, en su defecto, en otras normas o especificaciones técnicas reconocidas.

En los apoyos de acero, así como en los elementos metálicos de los apoyos de otra naturaleza; no se emplearán perfiles abiertos de espesor inferior a cuatro milímetros. Cuando los perfiles fueran galvanizados por inmersión en caliente, el límite anterior podrá reducirse a tres milímetros. Análogamente, en construcción atornillada no podrán realizarse taladros sobre flancos de perfiles de una anchura inferior a 35 milímetros.

En el caso de que los perfiles de la base del apoyo se prolonguen dentro del terreno sin recubrimiento de hormigón —caso de cimentaciones metálicas—, el espesor de los perfiles enterrados no será menor de seis milímetros.

No se emplearán tornillos de un diámetro inferior a 12 milímetros.

La utilización de perfiles cerrados, se hará siempre de forma que se evite la acumulación de agua en su interior. En estas condiciones, el espesor mínimo de la pared no será inferior a tres milímetros, límite que podrá reducirse a dos y medio milímetros cuando estuvieran galvanizados por inmersión en caliente.

En los perfiles metálicos enterrados sin recubrimiento de hormigón se cuidará especialmente su protección contra la oxidación, empleando agentes protectores adecuados, como galvanizado, soluciones bituminosas, brea de alquitrán, etc.

Se recomienda la adopción de protecciones anticorrosivas de la máxima duración, en atención a las dificultades de los tratamientos posteriores de conservación necesarios.

Los apoyos situados en lugares de acceso público y donde la presencia de personas ajenas a la instalación eléctrica es frecuente (apoyos frecuentados según 7.3.4.2), dispondrán de las medidas oportunas para dificultar su escalamiento hasta una altura mínima de 2,5 m.

2.4.3. Apoyos de hormigón

Serán, preferentemente, del tipo armado vibrado, fabricados con materiales de primera calidad, respondiendo los tipos y características a lo expuesto en las normas UNE aplicables según la ITC-LAT 02.

No obstante, podrán utilizarse, previa aprobación por parte de los órganos competentes de la Administración Pública, apoyos fabricados de conformidad a otras normas y que sean de similares características.

Se debe prestar también particular atención a todas las fases de manipulación en el transporte y montaje, empleando los medios apropiados para evitar el deterioro del poste.

Cuando se empleen apoyos de hormigón, en suelos o aguas que sean agresivos al mismo, deberán tomarse las medidas necesarias para su protección.

2.4.4. Apoyos de madera

Se emplearán principalmente los de madera de pino de las especies silvestre, laricio y negro, respondiendo sus características técnicas a las expuestas en las normas UNE aplicables según ITC-LAT02.

No obstante, podrán utilizarse, previa aprobación por parte de los órganos competentes de la Administración Pública, apoyos fabricados de conformidad a otras normas y que sean de similares características.

En todos los casos deberán recibir un tratamiento preservante eficaz contra la putrefacción. El producto preservante, el sistema de impregnación profunda empleado, la dosificación y las penetraciones a obtener, cumplirán las normas UNE 21094 y UNE 21097, o las normas UNE 21151 y UNE 21152, según que aquél sea por creosotado o por sales minerales de disolución acuosa, respectivamente.

2.4.5. Apoyos de otros materiales

Al objeto de poder incorporar en la ejecución de líneas aéreas nuevos apoyos que puedan desarrollarse, podrán admitirse apoyos de materiales y composiciones distintas a los indicados en los apartados precedentes. En todo caso, estos tipos de apoyos deberán estar recogidos en normas o especificaciones técnicas de reconocido prestigio en la materia, y su utilización deberá ser aprobada por parte de los órganos competentes de la Administración.

Como desarrollo de la posibilidad que ofrece este apartado para utilizar otros materiales no contemplados de forma expresa, y permitir así, el uso de otros apoyos fruto de la evolución tecnológica de los materiales, diseños y procesos productivos, se consideran también adecuados para la ejecución de líneas aéreas los apoyos de poliéster reforzados con fibra de vidrio (PRFV) que respondan a los tipos y características expuestos en la Especificación UNE 0059, siendo considerados a todos los efectos como apoyos de material no conductor:

- Especificación UNE 0059. Postes de poliéster reforzado con fibra de vidrio (PRFV) para líneas eléctricas aéreas de distribución y líneas de telefonía.

2.4.6. Tirantes

Las líneas de nueva construcción se diseñarán sin que sea necesario el empleo de tirantes para la sujeción de los apoyos.

Los tirantes se podrán utilizar en caso de avería, sustitución de apoyos o desvíos provisionales de líneas.

Los tirantes o vientos deberán ser varillas o cables metálicos que, en el caso de ser de acero, deberán estar galvanizados en caliente.

No se utilizarán tirantes cuya carga de rotura sea inferior a 1750 daN ni cables formados por alambres de menos de dos milímetros de diámetro. En la parte enterrada en el suelo se recomienda emplear varillas galvanizadas de no menos de 12 milímetros de diámetro.

La separación de los conductores a los tirantes deberá cumplir las prescripciones del apartado 5.4.2.

Se prohíbe la fijación de los tirantes a los soportes de aisladores rígidos o a los herrajes de las cadenas de aisladores.

En la fijación del tirante al apoyo se emplearán las piezas adecuadas para que no resulten perjudicadas las características mecánicas del apoyo ni las del tirante.

Los tirantes estarán provistos de las mordazas o tensores adecuados para poder regular su tensión, sin recurrir a la torsión de los alambres, lo que queda prohibido.

Si el tirante no estuviese conectado a tierra a través del apoyo, o directamente en la forma que se señala en el apartado 7, estará provisto de aisladores. Estos aisladores se dimensionarán eléctrica y mecánicamente de forma análoga a los aisladores de la línea, de acuerdo con lo que se establece en los apartados 3.4 y 4.4.

Estos aisladores estarán a una distancia mínima de $2 \times D_{el}$ metros del conductor más próximo, estando éste en la posición que proporcione la distancia mínima al aislador. D_{el} es la distancia mínima aérea especificada, de acuerdo con la definición del apartado 5.2. Los aisladores no se encontrarán situados a una distancia inferior a tres metros del suelo.

En los lugares frecuentados, los tirantes deben estar convenientemente protegidos hasta una altura de dos metros sobre el terreno.

2.4.7. Numeración, marcado y avisos de riesgo eléctrico

Cada apoyo se identificará individualmente mediante un número, código o marca alternativa (como por ejemplo coordenadas geográficas), de tal manera que la identificación sea legible desde el suelo.

En todos los apoyos, cualesquiera que sea su naturaleza, deberán estar claramente identificados el fabricante y tipo.

También se recomienda colocar indicaciones de existencia de riesgo de peligro eléctrico en todos los apoyos. Esta indicación será preceptiva para líneas de tensión nominal superior a 66 kV y, en general, para todos los apoyos situados en zonas frecuentadas.

Estas indicaciones cumplirán la normativa existente sobre señalizaciones de seguridad.

2.4.8. Cimentaciones

Las cimentaciones de los apoyos podrán ser realizadas en hormigón, hormigón armado o acero.

En las cimentaciones de hormigón se cuidará de su protección en el caso de suelos o aguas que sean agresivos para el mismo.

En las de acero se prestará especial atención a su protección, de forma que quede garantizada su duración.

Las cimentaciones o partes enterradas de los apoyos y tirantes deberán ser proyectadas y construidas para resistir las acciones y combinaciones de las mismas señaladas en el apartado 3.6.

3. CÁLCULOS MECÁNICOS

La filosofía de diseño que refleja este apartado para las líneas de alta tensión en general, está basada en el método empírico indicado en las normas UNE-EN 50341-1 y UNE-EN 50423-1. De acuerdo con ello, se utilizarán para las aplicaciones de las posibles solicitudes de cargas, fórmulas empíricas avaladas por la práctica que responderán a la duración, fiabilidad y garantía establecida en esta instrucción, equiparables con lo recomendado en la norma aludida.

En este reglamento se parte de unos valores mínimos generalizados para el cálculo de las solicitaciones sobre los apoyos y los componentes de la línea. Se exponen fórmulas empíricas en función de variables y posibilidades de aplicación de distintas hipótesis, que puedan contemplar la diferencia geográfica de las distintas áreas en que puede dividirse el Estado, en cuanto a concepción orográfica y climatológica se refiere. De esta forma, se establece una metodología de cálculo basada en la experiencia que las empresas distribuidoras y de transporte tienen en el diseño de líneas eléctricas aéreas.

Debido a la inexistencia, en general, de datos oficiales estadísticos, la metodología de cálculo que se describe en esta ITC supone una solución alternativa al procedimiento estadístico establecido por las normas UNE-EN 50341-1 y UNE-EN 50423-1.

3.1. Cargas y sobrecargas a considerar

El cálculo mecánico de los elementos constituyentes de la línea, cualquiera que sea la naturaleza de éstos, se efectuará bajo la acción de las cargas y sobrecargas que a continuación se indican, combinadas en la forma y en las condiciones que se fijan en los apartados siguientes.

En el caso de que puedan preverse acciones de todo tipo más desfavorables que las que a continuación se prescriben, deberá el proyectista adoptar de modo justificativo valores distintos a los establecidos.

3.1.1. Cargas permanentes

conductores, aisladores, herrajes, cables de tierra —si los hubiere— apoyos y cimentaciones.

3.1.2. Fuerzas del viento sobre los componentes de las líneas aéreas

Se considerará un viento mínimo de referencia de 120 km/h (33,3 m/s) de velocidad, excepto en las líneas de categoría especial, donde se considerará un viento mínimo de 140 km/h (38,89 m/s) de velocidad. Se supondrá el viento horizontal, actuando perpendicularmente a las superficies sobre las que incide.

La acción del viento, en función de su velocidad V_v en km/h, da lugar a las fuerzas que a continuación se indican sobre los distintos elementos de la línea.

3.1.2.1. Fuerzas del viento sobre los conductores

La presión del viento en los conductores causa fuerzas transversales a la dirección de la línea, al igual que aumenta las tensiones sobre los conductores.

Considerando los vanos adyacentes, la fuerza del viento sobre un apoyo de alineación será, para cada conductor del haz:

$$F_c = q \times d \times \frac{a_1 + a_2}{2} \ \text{daN}$$

siendo:

d, diámetro del conductor, en metros.

a_1, a_2, longitudes de los vanos adyacentes, en metros. La semisuma de a_1 y a_2 es el vano de viento o eolovano, a_v.

q, presión del viento:

$$q = 60 \times \left(\frac{V_v}{120}\right)^2 \ \text{daN/m}^2 \ \text{para conductores de } d \leq 16 \ \text{mm}$$

$$q = 50 \times \left(\frac{V_v}{120}\right)^2 \ \text{daN/m}^2 \ \text{para conductores de } d > 16 \ \text{mm}$$

En el caso de sobrecargas combinadas de hielo y de viento, se deberá considerar el diámetro incluido el espesor del manguito de hielo, para lo cual se aconseja considerar un peso volumétrico específico del hielo de valor 750 daN/m^3.

La fuerza total del viento sobre los conductores en haz estará definida como la suma de las fuerzas sobre cada uno de los conductores, sin tener en cuenta posibles efectos de pantalla entre conductores, ni aún en el caso de haces de conductores de fase.

En las fuerzas del viento sobre apoyos en ángulo, ha de tenerse en cuenta la influencia del cambio en la dirección de la línea, así como las longitudes de los vanos adyacentes.

3.1.2.2. Fuerzas del viento sobre las cadenas de aisladores

La fuerza del viento sobre cada cadena de aisladores será:

$$F_c = q \times A_i \ \text{daN}$$

siendo:

A_i, área de la cadena de aisladores proyectada horizontalmente en un plano vertical paralelo al eje de la cadena de aisladores, m^2.

q, presión del viento: $q = 70 \times \left(\frac{V_v}{120}\right)^2 \ \text{daN/m}^2$

3.1.2.3. Fuerza del viento sobre los apoyos de celosía

La fuerza del viento sobre los apoyos de celosía será:

$$F_c = q \times A_T \ \text{daN}$$

siendo:

A_T, área del apoyo expuesta al viento proyectada en el plano normal a la dirección del viento, en m².

q, presión del viento: $q = 170 \times \left(\dfrac{V_v}{120} \right)^2 \ \text{daN/m}^2$

La fuerza del viento sobre los apoyos es la presión de viento multiplicada por el área del apoyo expuesta al viento. Se considerará como área de apoyo expuesta al viento la superficie real de la cara de barlovento del apoyo proyectada en el plano normal a la dirección del viento.

3.1.2.4. Fuerzas del viento sobre las superficies planas

Las fuerzas del viento sobre las superficies planas será:

$$F_c = q \times A_p \ \text{daN}$$

siendo:

A_p, área proyectada en el plano normal a la dirección del viento, en m².

q, presión del viento: $q = 100 \times \left(\dfrac{V_v}{120} \right)^2 \ \text{daN/m}^2$

3.1.2.5. Fuerzas del viento sobre las superficies cilíndricas

La fuerza del viento sobre las superficies cilíndricas será:

$$F_c = q \times A_{Pol} \ \text{daN}$$

siendo:

A_{Pol}, área proyectada en el plano normal a la dirección del viento, en m².

q, presión del viento: $q = 70 \times \left(\dfrac{V_v}{120} \right)^2 \ \text{daN/m}^2$

3.1.3. Sobrecargas motivadas por el hielo

A estos efectos, el país se clasifica en tres zonas:

- Zona A: La situada a menos de 500 metros de altitud sobre el nivel del mar.
- Zona B: La situada a una altitud entre 500 y 1.000 metros sobre el nivel del mar.
- Zona C: La situada a una altitud superior a 1.000 sobre el nivel del mar.

Las sobrecargas serán las siguientes:

- Zona A: No se tendrá en cuenta sobrecarga alguna motivada por el hielo.

- Zona B: Se considerarán sometidos los conductores y cables de tierra a la sobrecarga de un manguito de hielo de valor: 0,18 × d daN por metro lineal, siendo d el diámetro del conductor o cable de tierra en milímetros.

- Zona C: Se considerarán sometidos los conductores y cables de tierra a la sobrecarga de un manguito de hielo de valor: 0,36 × d daN por metro lineal, siendo d el diámetro del conductor o cable de tierra en milímetros. Para altitudes superiores a 1500 metros, el proyectista deberá establecer las sobrecargas de hielo mediante estudios pertinentes, no pudiéndose considerar sobrecarga de hielo inferior a la indicada anteriormente.

Los valores de las sobrecargas a considerar para cada zona podrán ser aumentados, si las especificaciones particulares de las empresas distribuidoras o de transporte responsables del servicio así lo estableciesen.

3.1.4. Desequilibrio de tracciones

3.1.4.1. Desequilibrio en apoyos de alineación y de ángulo con cadenas de aislamiento de suspensión

Para líneas de tensión nominal superior a 66 kV se considerará; por este concepto, un esfuerzo longitudinal equivalente al 15% de las tracciones unilaterales de todos los conductores y cables de tierra. Este esfuerzo se aplicará en el punto de fijación de los conductores y cables de tierra en el apoyo. Se deberá tener en cuenta, por consiguiente, la torsión a que estos esfuerzos pudieran dar lugar. En los apoyos de ángulo con cadena de aislamiento de suspensión se valorará el esfuerzo de ángulo creado por esta circunstancia.

Para líneas de tensión nominal igual o inferior a 66 kV se considerará; por este concepto; un esfuerzo longitudinal equivalente al 8% de las tracciones unilaterales de todos los conductores y cables de tierra. Este esfuerzo se podrá considerar distribuido en el eje del apoyo a la altura de los puntos de fijación de los conductores y cables de tierra. En los apoyos de ángulo con cadena de aislamiento de suspensión se valorará el esfuerzo de ángulo creado por esta circunstancia.

3.1.4.2. Desequilibrio en apoyos de alineación y de ángulo con cadenas de aislamiento de amarre

Para líneas de tensión nominal superior a 66 kV se considerará, por este concepto, un esfuerzo equivalente al 25% de las tracciones unilaterales de los conductores y cables de tierra. Este esfuerzo se aplicará en el punto de fijación de los conductores y cables de tierra en el apoyo. Se deberá tener en cuenta, por consiguiente, la torsión a que estos esfuerzos pudieran dar lugar. En los apoyos de ángulo con cadena de aislamiento de amarre se valorará el esfuerzo de ángulo creado por esta circunstancia.

Para líneas de tensión nominal igual o inferior a 66 kV se considerará; por este concepto, un esfuerzo equivalente al 15% de las tracciones unilaterales de todos los conductores y cables de tierra. Este esfuerzo se podrá considerar distribuido en el eje del apoyo a la altura de los puntos de fijación de los conductores y cables de tierra. En los apoyos de ángulo con cadena de aislamiento de amarre se valorará el esfuerzo de ángulo creado por esta circunstancia.

3.1.4.3. Desequilibrio en apoyos de anclaje

Se considerará por este concepto un esfuerzo equivalente al 50% de las tracciones unilaterales de los conductores y cables de tierra.

Para líneas de tensión nominal superior a 66 kV este esfuerzo se aplicará en el punto de fijación de los conductores y cables de tierra en el apoyo. Se deberá tener en cuenta, por consiguiente, la torsión a que estos esfuerzos pudieran dar lugar. En los apoyos de anclaje con ángulo se valorará el esfuerzo de ángulo creado por esta circunstancia.

Para líneas de tensión nominal igual o inferior a 66 kV este esfuerzo se podrá considerar aplicado en el eje del apoyo a la altura de los puntos de fijación de los conductores y cables de tierra. En los apoyos de anclaje con ángulo se valorará el esfuerzo de ángulo creado por esta circunstancia.

3.1.4.4. Desequilibrio en apoyos de fin de línea

Se considerará por el mismo concepto un esfuerzo igual al 100% de las tracciones unilaterales de todos los conductores y cables de tierra, considerándose aplicado cada esfuerzo en el punto de fijación del correspondiente conductor o cable de tierra al apoyo. Se deberá tener en cuenta, por consiguiente, la torsión a que estos esfuerzos pudieran dar lugar.

3.1.4.5. Desequilibrios muy pronunciados en apoyos

En los apoyos de cualquier tipo que tengan un fuerte desequilibrio de los vanos contiguos, deberá analizarse el desequilibrio de tensiones de los conductores en las condiciones más desfavorables de los mismos. Si el resultado de este análisis fuera más desfavorable que los valores fijados anteriormente, se aplicarán los valores resultantes de dichos análisis.

3.1.4.6. Desequilibrio en apoyos especiales

En el caso de apoyos especiales, el proyectista deberá valorar el desequilibrio más desfavorable que puedan ejercer los conductores y cables de tierra sobre el apoyo, teniendo en cuenta la función que tenga cada uno de los circuitos instalados en él.

El esfuerzo se aplicará en el punto de fijación de los conductores y cables de tierra en el apoyo.

Se deberá tener en cuenta, por consiguiente, la torsión a que estos esfuerzos puedan dar lugar.

3.1.5 Esfuerzos longitudinales por rotura de conductores

Se considerará la rotura de los conductores (uno o varios) de una sola fase o cable de tierra por apoyo, independientemente del número de circuitos o cables de tierra instalados en él. Este esfuerzo se considerará aplicado en el punto que produzca la solicitación más desfavorable para cualquier elemento del apoyo, teniendo en cuenta la torsión producida en el caso de que aquel esfuerzo sea excéntrico.

3.1.5.1. Rotura de conductores en apoyos de alineación y de ángulo con cadenas de aislamiento de suspensión

Se considerará el esfuerzo unilateral, correspondiente a la rotura de un solo conductor o cable de tierra.

En los apoyos de ángulo con cadena de aislamiento de suspensión se valorará, además del esfuerzo de torsión que se produce según lo indicado, el esfuerzo de ángulo creado por esta circunstancia en su punto de aplicación.

Previas las justificaciones pertinentes, podrá tenerse en cuenta la reducción de este esfuerzo, mediante dispositivos especiales adoptados para este fin; así como la que pueda originar la desviación de la cadena de aisladores de suspensión.

Teniendo en cuenta este último concepto, el valor mínimo admisible del esfuerzo de rotura que deberá considerarse será: el 50% de la tensión del cable roto en las líneas con uno o dos conductores por fase, y el 75% de la tensión del cable roto en las líneas con tres conductores por fase, no pudiéndose considerar reducción alguna por desviación de la cadena en las líneas con cuatro o más conductores por fase.

Tabla 2. Esfuerzo de rotura aplicable (% de la tensión del cable roto)

Número de conductores por fase	%
1	50
2	50
3	75
≥ 4	100

3.1.5.2. Rotura de conductores en apoyos de alineación y ángulo con cadenas de amarre

Se considerará el esfuerzo correspondiente a la rotura de un solo conductor por fase o cable de tierra, sin reducción alguna de su tensión.

3.1.5.3. Rotura de conductores en apoyos de anclaje

Se considerará el esfuerzo correspondiente a la rotura de un cable de tierra o de un conductor en las líneas con un solo conductor por fase, sin reducción alguna de su tensión y, en las líneas con conductores en haces múltiples se considerará la rotura de un cable de tierra o la rotura total de los conductores de un haz de fase, pero supuestos aquellos con una tensión mecánica igual al 50% de la que les corresponde en la hipótesis que se considere, no admitiéndose sobre los anteriores esfuerzos reducción alguna.

En los apoyos de anclaje con ángulo se valorará, además del esfuerzo de torsión que se produce según lo indicado, el esfuerzo de ángulo creado por esta circunstancia en su punto de aplicación.

Tabla 3. Esfuerzo de rotura aplicable (% de la tensión total del haz de fase)

Número de conductores por fase	%
1	100
22	50

3.1.5.4. Rotura de conductores en apoyos de fin de línea

Se considerará este esfuerzo como en los apoyos del apartado 3.1.5.3, pero suponiendo, en el caso de las líneas con haces múltiples, los conductores sometidos a la tensión mecánica que les corresponda, de acuerdo con la hipótesis de carga.

3.1.5.5. Rotura de conductores en apoyos especiales

Se considerará según la función que tenga cada circuito instalado en el apoyo, considerándose el esfuerzo que produzca la solicitación más desfavorable para cualquier elemento del apoyo, teniéndose en cuenta la torsión producida en el caso de que el esfuerzo sea excéntrico.

3.1.6. Esfuerzos resultantes de ángulo

En los apoyos situados en un punto en el que el trazado de la línea ofrezca un cambio de dirección se tendrá en cuenta, además, el esfuerzo resultante de ángulo de las tracciones de los conductores y cables de tierra.

3.2. Conductores

3.2.1. Tracción máxima admisible

La tracción máxima de los conductores y cables de tierra no resultará superior a su carga de rotura, mínima dividida por 2,5, si se trata de conductores cableados, o dividida por 3, si se trata de conductores de un alambre, considerándoles sometidos a la hipótesis de sobrecarga de la tabla 4 en función de que la zona sea A, B ó C.

Tabla 4. Condiciones de las hipótesis que limitan la tracción máxima admisible

ZONA A			
Hipótesis	**Temperatura (ºC)**	**Sobrecarga Viento**	**Sobrecarga hielo**
Tracción máxima viento	– 5	Según el apartado 3.1.2. Mínimo 120 ó 140 km/h según la tensión de línea	No se aplica
ZONA B			
Hipótesis	**Temperatura (ºC)**	**Sobrecarga Viento**	**Sobrecarga hielo**
Tracción máxima viento	– 10	Según el apartado 3.1.2. Mínimo 120 o 140 km/h según la tensión de línea	No se aplica
Tracción máxima de hielo	– 15	No se aplica	Según el apartado 3.1.3
Tracción máxima hielo + viento (1)	– 15	Según el apartado 3.1.2. Mínimo 60 km/h	Según el apartado 3.1.3
ZONA C			
Hipótesis	**Temperatura (ºC)**	**Sobrecarga Viento**	**Sobrecarga hielo**
Tracción máxima viento	– 15	Según el apartado 3.1.2. Mínimo 120 o 140 km/h según la tensión de línea	No se aplica
Tracción máxima de hielo	– 15	No se aplica	Según el apartado 3.1.3.
Tracción máxima hielo + viento (1)	– 20	Según el apartado 3.1.2. Mínimo 60 km/h	Según el apartado 3.1.3.

(1) La hipótesis de tracción máxima de hielo + viento se aplica a las líneas de categoría especial y a todas aquellas líneas que la norma particular de la empresa eléctrica así lo establezca o cuando el proyectista considere que la línea pueda encontrarse sometida a la citada carga combinada.

En el caso en que en la zona atravesada por la línea sea de temer aparición de velocidades de viento excepcionales, se considerarán los conductores y cables de tierra, a la temperatura de – 5 ºC en zona A, – 10 ºC en zona B y – 15 ºC en zona C, sometidos a su propio peso y a una sobrecarga de viento correspondiente a una velocidad superior a 120 km/h o 140 km/h, según el apartado 3.1.2. El valor de la velocidad de viento excepcional será fijado por el proyectista o de acuerdo con las especificaciones particulares de la empresa eléctrica, en función de las velocidades registradas en las estaciones meteorológicas más próximas a la zona por donde transcurre la línea.

En la hipótesis de tracción máxima de viento se considerará una velocidad del viento de 140 km/h para todas las líneas de categoría especial, aunque sean de tensiones inferiores a 220 kV.

3.2.2. Comprobación de fenómenos vibratorios

A la hora de determinar las tracciones mecánicas de los conductores y cables de tierra deberá tenerse en cuenta la incidencia de posibles fenómenos vibratorios que pueden, no sólo acortar la vida útil de los mismos, sino también dar lugar a desgaste y fallos en herrajes, aisladores y accesorios, e incluso en elementos de los apoyos. Estos fenómenos son producidos por la vibración eólica y en el caso de conductores en haz, además, la vibración del subvano (entre separadores).

La elección de una tracción adecuada a la temperatura ambiente y el uso de amortiguadores y separadores debidamente posicionados ayudan a prevenir estos fenómenos.

En general, se recomienda que la tracción a temperatura de 15 °C no supere el 22% de la carga de rotura, si se realiza el estudio de amortiguamiento y se instalan dichos dispositivos, o que bien no supere el 15% de la carga de rotura si no se instalan.

También se recomienda la instalación de grapas de suspensión con varillas de protección.

3.2.3. Flechas máximas de los conductores y cables de tierra

De acuerdo con la clasificación de las zonas de sobrecarga definidas en el apartado 3.1.3, se determinará la flecha máxima de los conductores y cables de tierra en las hipótesis siguientes:

En zonas A, B y C:

a) Hipótesis de viento. Sometidos a la acción de su peso propio y a una sobrecarga de viento, según el apartado 3.1.2, para una velocidad de viento de 120 km/h a la temperatura de + 15 °C.

La aplicación de los parámetros de referencia en la hipótesis de viento es independiente de la categoría de la línea, siendo, para todas las líneas 120 km/h de velocidad de viento y 15°C de temperatura.

b) Hipótesis de temperatura. Sometidos a la acción de su peso propio, a la temperatura máxima previsible, teniendo en cuenta las condiciones climatológicas y de servicio de la línea. Para las líneas de categoría especial, esta temperatura no será en ningún caso inferior a + 85 °C para los conductores de fase ni inferior a

+ 50 °C para los cables de tierra. Para el resto de líneas, tanto para los conductores de fase como para los cables de tierra, esta temperatura no será en ningún caso inferior a + 50 °C.

c) Hipótesis de hielo. Sometidos a la acción de su peso propio y a la sobrecarga de hielo correspondiente a la zona, según el apartado 3.1.3, a la temperatura de 0 °C.

En las líneas de categoría especial y de primera categoría, cuando por la naturaleza de los conductores y condiciones del tendido sea preciso prever un importante proceso de fluencia durante la vida de los conductores, será preciso tenerlo en cuenta en el cálculo de las flechas, justificando los datos que sirvan de base para el planteamiento de los cálculos correspondientes.

3.3. Herrajes

Los herrajes sometidos a tensión mecánica por los conductores y cables de tierra o por los aisladores, deberán tener un coeficiente de seguridad mecánica no inferior a 3 respecto a su carga mínima de rotura. Cuando la carga mínima de rotura se comprobase sistemáticamente mediante ensayos, el coeficiente de seguridad podrá reducirse a 2,5.

Dicha carga de rotura mínima será aquella cuya probabilidad de que aparezcan cargas de rotura menores es inferior al 2%. La carga de rotura mínima puede estimarse como el valor medio de la distribución de las cargas de rotura menos 2,06 veces la desviación típica.

Las grapas de amarre del conductor deben soportar una tensión mecánica en el amarre igual o superior al 95% de la carga de rotura del mismo, sin que se produzca su deslizamiento.

En el caso de herrajes especiales, como los que pueden emplearse para limitar los esfuerzos transmitidos a los apoyos, deberán justificarse plenamente sus características, así como la permanencia de las mismas.

3.4. Aisladores

El criterio de fallo será la rotura o pérdida de sus cualidades aislantes, al ser sometidos simultáneamente a tensión eléctrica y solicitación mecánica del tipo al que realmente vayan a encontrase sometidos.

La característica resistente básica de los aisladores será la carga electromecánica mínima garantizada, cuya probabilidad de que aparezcan casos menores es inferior al 2%, valor medio de la distribución menos 2,06 veces la desviación típica.

La resistencia mecánica correspondiente a una cadena múltiple, puede tomarse igual al producto del número de cadenas que la formen por la resistencia de cada cadena simple, siempre que, tanto en estado normal como con alguna cadena rota, la carga se reparta por igual entre todas las cadenas intactas.

El coeficiente de seguridad mecánica no será inferior a 3.

Si la carga de rotura electromecánica mínima garantizada se obtuviese mediante control estadístico en la recepción, el coeficiente de seguridad podrá reducirse a 2,5.

3.5. Apoyos

3.5.1. Criterios de agotamiento

El cálculo de la resistencia mecánica y estabilidad de los apoyos, cualquiera que sea su naturaleza y la de los elementos de que estén constituidos, se efectuará suponiendo aquellos sometidos a los esfuerzos que se fijan en los párrafos siguientes y con los coeficientes de seguridad señalados para cada caso en el apartado 3.5.4.

Los criterios de agotamiento, a considerar en el cálculo mecánico de los apoyos, serán según los casos:

a) Rotura (descohesión).

b) Fluencia (deformaciones permanentes).

c) Inestabilidad (pandeo o inestabilidad general).

d) Resiliencia (resistencia a bajas temperaturas)

3.5.2. Características resistentes de los diferentes materiales

La característica básica de los materiales será la carga de rotura o el límite de fluencia, según los casos, con su valor mínimo garantizado.

Para la madera, en el caso de no disponer de sus características exactas, puede adoptarse como base del cálculo una carga de rotura de 500 daN/cm^2, para las coníferas, y de 400 daN/cm^2, para el castaño debiendo tenerse presente la reducción con el tiempo de la sección de la madera en el empotramiento.

El límite de fluencia de los aceros se considerará igual al límite elástico convencional.

Los perfiles utilizados serán de acero cuyo límite elástico sea igual o superior a 275 N/mm^2, según norma UNE-EN 10025.

Para el cálculo de los elementos metálicos de los apoyos, el proyectista podrá emplear cualquier método sancionado por la técnica, siempre que cuente con una amplia experiencia de su aplicación, confirmada además por ensayos.

La esbeltez máxima permitida será:

a) Montantes: 150

b) Celosías: 200

c) Rellenos: 250

En las uniones de los elementos metálicos, los límites de agotamiento de los elementos de las uniones serán los siguientes, expresados en función del límite de fluencia del material:

a) Tornillos calibrados a cortadura   1,0

b) Perfiles al aplastamiento con tornillos calibrados   2,5

c) Tornillos a tracción   0,8

La calidad mínima de los tornillos será calidad 5.6 según las normas UNE-EN ISO 898-1 y UNE-EN 20.898-2, de 300 N/mm^2 de límite de fluencia.

En las uniones por soldadura, se adoptará como límite de agotamiento del material que las constituye el establecido para cada tipo de soldadura en la correspondiente norma UNE 14035, "Cálculo de los cordones de soldadura solicitados por cargas estáticas".

3.5.3. Hipótesis de cálculo

Las diferentes hipótesis que se tendrán en cuenta en el cálculo de los apoyos serán las que se especifican en las tablas adjuntas, 5, 6, 7 y 8 según el tipo de apoyo.

En el caso de los apoyos especiales, se considerarán las distintas acciones definidas en el apartado 3.1, que pueden corresponderles de acuerdo con su función, combinadas en unas hipótesis definidas con los mismos criterios utilizados en las hipótesis de los apoyos normales.

En las líneas de tensión nominal hasta 66 kV, en los apoyos de alineación y de ángulo con cadenas de aislamiento de suspensión y amarre con conductores de carga mínima de rotura inferior a 6600 daN, se puede prescindir de la consideración de la cuarta hipótesis, cuando en la línea se verifiquen simultáneamente las siguientes condiciones:

a) Que los conductores y cables de tierra tengan un coeficiente de seguridad de 3 como mínimo.

b) Que el coeficiente de seguridad de los apoyos y cimentaciones en la hipótesis tercera sea el correspondiente a las hipótesis normales.

c) Que se instalen apoyos de anclaje cada 3 kilómetros como máximo.

Tabla 5. Apoyos de líneas situadas en zona A (I)

Tipo de apoyo	Tipo de esfuerzo	1ª hipótesis (viento)	3ª hipótesis (desequilibrio de tracciones)
Suspensión de alineación o suspensión de ángulo	V	Cargas permanentes (apdo 3.1.1) considerando los conductores y cables de carga de viento (apdo. 3.1.2) correspondiente a una velocidad mínima de 120 ó de la línea.	
	T	Esfuerzo del viento (apdo. 3.1.2) correspondiente a una velocidad mínima de 120 ó 140 km/h según la categoría de la línea, sobre: − Conductores y cables de tierra. − Apoyo. SÓLO ÁNGULO: Resultante de ángulo (apdo. 3.1.6.)	ALINEA ÁNGULO: Resulta
	L	No aplica.	Desequilibrio de trac-ciones (apdo. 3.1.4.1)
Amarre de alineación o amarre de ángulo	V	Cargas permanentes (apdo 3.1.1) considerando los conductores y cables de carga de viento (apdo. 3.1.2) correspondiente a una velocidad mínima de 120 ó de la línea.	
	T	Esfuerzo del viento (apdo. 3.1.2) para una velocidad mínima de 120 ó 140 km/h según la categoría de la línea, sobre: − Conductores y cables de tierra. − Apoyo. SÓLO ÁNGULO: Resultante de ángulo (apdo. 3.1.6.)	ALINEA ÁNGULO: Resulta
	L	No aplica	Desequilibrio de trac-ciones (apdo. 3.1.4.2)

Para la determinación de las tensiones de los conductores y cables de tierra se considerarán sometidos a una sob correspondiente a una velocidad mínima de 120 ó 140 km/h según la categoría de la línea y a la temperatu

V = Esfuerzo vertical   L = Esfuerzo longitudinal   T = Esfuerzo transversal

Tabla 6. Apoyos de líneas situadas en zona A (II)

1ª hipótesis (Viento)	3ª hipótesis (Desequilibrio de tracciones)	4ª hipótesis (Rotura de conductores)
as permanentes (apdo 3.1.1) considerando los conductores y cables de tierra sometidos a una sobrecarga de ɔ (apdo. 3.1.2) correspondiente a una velocidad mínima de 120 ó 140 km/h según la categoría de la línea.		
erzo del viento (apdo. 3.1.2) ≀spondiente a una velocidad mínima de 120 ó km/h según la categoría de la línea, sobre: ⁀onductores y cables de tierra. ⲡpoyo. ⲟ ÁNGULO: Resultante de ángulo (apdo. 3.1.6.)	ALINEACIÓN: No aplica. ÁNGULO: Resultante de ángulo (apdo. 3.1.6.)	
No aplica	Desequilibrio de tracciones (apartado 3.1.4.3)	Rotura de conductores y cables de tierra (apdo. 3.1.5.3.)
as permanentes (apdo 3.1.1) considerando los ⲓuctores y cables de tierra sometidos a una so-⪇arga de viento (apdo. 3.1.2) correspondiente a velocidad mínima de 120 ó 140 km/h según la ⲅoría de la línea.	No aplica	Cargas permanentes (apdo. 3.1.1) considerando los conductores y cables de tierra sometidos a una sobrecarga de viento (apdo. 3.1.2) correspondiente a una velocidad mínima de 120 ó 140 km/h según la categoría de la línea.
erzo del viento (apdo. 3.1.2) ≀spondiente a una velocidad mínima de 120 ó km/h según la categoría de la línea, sobre: ⁀onductores y cables de tierra. ⲡpoyo.		No aplica
Desequilibrio de tracciones (apdo. 3.1.4.4).		Rotura de conductores y cables de tierra (apdo. 3.1.5.4)
ones de los conductores y cables de tierra se considerarán sometidos a una sobrecarga de viento (apdo. 3.1.2) ⲓ mínima de 120 ó 140 km/h según la categoría de la línea y a la temperatura de -5 ºC.		

Esfuerzo longitudinal   T = Esfuerzo transversal

Tabla 7. Apoyos de líneas situadas en zonas B y C (I)

Tipo de apoyo	Tipo de esfuerzo	1ª Hipótesis (Viento)	2ª Hipótesis		3ª Hi (Dese de tra
			(Hielo)	(Hielo + Viento)	
Suspensión de alineación o suspensión de ángulo	V	Cargas permanentes (apdo. 3.1.1) considerando los conductores y cables de tierra sometidos a una sobrecarga de viento (apdo. 3.1.2) correspondiente a una velocidad mínima de 120 ó 140 km/h según la categoría de la línea.	Cargas permanentes (apdo. 3.1.1) considerando los conductores y cables de tierra sometidos a la sobrecarga de hielo mínima (apdo. 3.1.3).	Cargas permanentes (apdo. 3.1.1) considerando los conductores y cables de tierra sometidos a la sobrecarga de hielo mínima (apdo. 3.1.3) y a una sobrecarga de viento mínima correspondiente a 60 km/h (apdo. 3.1.2)	Cargas p derando sometidc ma (apdc Para las además considera tierra son viento mí (apdo. 3.
	T	Esfuerzo del viento (apdo. 3.1.2) correspondiente a una velocidad mínima de 120 ó 140 km/h según la categoría de la línea, sobre: −Conductores y cables de tierra. −Apoyo. SÓLO ÁNGULO: Resultante de ángulo (apdo.3.1.6.)	ALINEACIÓN: No se aplica. ÁNGULO: Resultante de ángulo (apdo. 3.1.6.).	Esfuerzo del viento (apdo. 3.1.2) para una velocidad mínima de 60 km/h y sobrecarga de hielo (apdo. 3.1.3) sobre: −Conductores y cables de tierra. −Apoyo. SÓLO ÁNGULO: Resultante de ángulo (apdo. 3.1.6.)	Resul
	L	No aplica.			Desequil traccione 3.1.4.1)

Tabla 7 (*continuación*). Apoyos de líneas situadas en zonas B y C (I)

tesis (Viento)	2ª Hipótesis		3ª Hipótesis (Desequilibrio de tracciones)	4ª Hipótesis (Rotura de conductores)
	(Hielo)	(Hielo + Viento)		
permanentes .1.1) conside- s conductores s de tierra so- a una sobre- e viento (apdo. orrespondiente elocidad míni- 20 ó 140 km/h a categoría de	Cargas permanentes (apdo. 3.1.1) con-siderando los con-ductores y cables de tierra sometidos a la sobrecarga de hielo mínima (ap-do. 3.1.3).	Cargas permanentes (apdo. 3.1.1) considerando los conduc-tores y cables de tierra sometidos a la sobrecar-ga de hielo mínima (ap-do. 3.1.3) y a una sobre-carga de viento mínima correspondiente a 60 km/h (apdo. 3.1.2)	Cargas permanentes (apdo. 3.1.1) con-siderando los conductores y cables de tierra sometidos a la sobrecarga de hielo mínima (apdo. 3.1.3). Para las líneas de categoría especial, además de la sobrecarga de hielo, se considerarán los conductores y cables de tierra sometidos a una sobrecarga de viento mínima correspondiente a 60 km/h (apdo. 3.1.2).	
o del viento .1.2) corres- te a una velo- ínima de 120 ó "h según la ca- de la línea, so- ıctores y cables ra. . NGULO: Resul- ángulo (apdo.	ALINEACIÓN: No se aplica. ÁNGULO: Resul-tante de ángulo (apdo. 3.1.6.).	Esfuerzo del viento (ap-do. 3.1.2) para una velocidad míni-ma de 60 km/h y sobre-carga de hielo (apdo. 3.1.3) sobre: −Conductores y cables de tierra. −Apoyo. SÓLO ÁNGULO: Resultan-te de ángulo (apdo. 3.1.6.)	ALINEACIÓN: No se aplica. ÁNGULO: Resultante de ángulo (apdo. 3.1.6.)	
No aplica.			Desequilibrio de trac-ciones (apdo. 3.1.4.2)	Rotura de con-ductores y cables de tierra (apdo.

es de los conductores y cables de tierra se considerará:
carga de viento (apdo. 3.1.2) correspondiente a una velocidad mínima de 120 ó 140 km/h según la categoría de la línea y a −15ºC en zona C.
sobrecarga de hielo mínima (apdo. 3.1.3) y a la temperatura de -15 ºC en zona B y -20 ºC en zona C. En las líneas de brecarga de hielo, se considerarán los conductores y cables de tierra sometidos a una sobrecarga de viento mínima corres-
2ª Hipótesis (Hielo + Viento) será de aplicación exclusiva para las líneas de categoría especial.

Tabla 8. Apoyos de líneas situadas en zonas B y C (II)

Tipo de apoyo	Tipo de esfuerzo	1ª Hipótesis (Viento)	2ª Hipótesis		3ª Hipótesis (Desequilibrio de tracciones)	4ª
			(Hielo)	(Hielo + Viento)		
Anclaje de Alineación o Anclaje de Ángulo	V	Cargas permanentes (apdo. 3.1.1) considerando los conductores y cables de tierra sometidos a una sobrecarga de viento (apdo. 3.1.2) correspondiente a una velocidad mínima de 120 ó 140 km/h según la categoría de la línea.	Cargas permanentes (apdo. 3.1.1) considerando los conductores y cables de tierra sometidos a la sobrecarga de hielo mínima (apdo. 3.1.3).	Cargas permanentes (apdo. 3.1.1) considerando los conductores y cables de tierra sometidos a la sobrecarga de hielo mínima (apdo. 3.1.3) y a una sobrecarga de viento mínima correspondiente a 60 km/h (apdo. 3.1.2)	Cargas permanente los conductores y c sobrecarga de hiel líneas de categoría carga de hielo, se c cables de tierra son viento mínima corre 3.1.2).	
	T	Esfuerzo del viento (apdo. 3.1.2) correspondiente a una velocidad mínima de 120 ó 140 km/h según la categoría de la línea, sobre: −Conductores y cables de tierra. −Apoyo. SÓLO ÁNGULO: Resultante de ángulo	ALINEACIÓN: No se aplica. ÁNGULO: Resultante de ángulo (apdo. 3.1.6.).	Esfuerzo del viento (apdo. 3.1.2) para una velocidad mínima de 60 km/h y sobrecarga de hielo (apdo. 3.1.3) sobre: −Conductores y cables de tierra. −Apoyo. SÓLO ÁNGULO: Resultante de ángulo (apdo. 3.1.6.)	ALINEA ÁNGULO: Resul	
	L	No aplica.			Desequilibrio de tracciones (apdo. 3.1.4.3)	R

Tabla 8 (*continuación*). Apoyos de líneas situadas en zonas B y C (II)

…sis (Viento)	2ª Hipótesis		3ª Hipótesis (Desequilibrio de tracciones)	4ª Hipótesis (Rotura de conductores)
	(Hielo)	(Hielo + Viento)		
…rmanentes ….1) conside- conductores …e tierra so- una sobre- …viento (apdo. …respondiente …cidad míni- …0 ó 140 km/h …ategoría de	Cargas permanentes (apdo. 3.1.1) considerando los conductores y cables de tierra sometidos a la sobrecarga de hielo mínima (apdo. 3.1.3).	Cargas permanentes (apdo. 3.1.1) considerando los conductores y cables de tierra sometidos a la sobrecarga de hielo mínima (apdo. 3.1.3) y a una sobrecarga de viento mínima correspondiente a 60 km/h (apdo.3.1.2)	No aplica.	Cargas permanentes (apdo. 3.1.1) considerando los conductores y cables de tierra sometidos a la sobrecarga de hielo mínima (apdo. 3.1.3). Para las líneas de categoría especial, además de la sobrecarga de hielo, se considerarán los conductores y cables de tierra sometidos a una sobrecarga de viento mínima correspondiente a 60 km/h (apdo. 3.1.2).
…del viento ….2) …diente a una mínima de … km/h según …ía de la lí- …e: …ctores y ca- …e tierra.	No aplica.	Esfuerzo del viento (apdo. 3.1.2) para una velocidad mínima de 60 km/h y sobrecarga de hielo (apdo. 3.1.3) sobre: − Conductores y cables de tierra. − Apoyo.		No aplica.
…orio de trac- …do. 3.1.4.4).	Desequilibrio de tracciones (apdo. 3.1.4.4).			Rotura de conductores y cables de tierra (apdo. 3.1.5.4.)

…es de los conductores y cables de tierra se considerará:
…ecarga de viento (apdo. 3.1.2) correspondiente a una velocidad mínima de 120 ó 140 km/h según la categoría de la línea y
… y −15ºC en zona C.
…obrecarga de hielo mínima (apdo. 3.1.3) y a la temperatura de -15 ºC en zona B y -20 ºC en zona C. En las líneas de cate-
…arga de hielo, se considerarán los conductores y cables de tierra sometidos a una sobrecarga de viento mínima correspon-
…Hipótesis (Hielo + Viento) será de aplicación exclusiva para las líneas de categoría especial.

Esfuerzo longitudinal   T = Esfuerzo transversal

3.5.4. Coeficientes de Seguridad

Los coeficientes de seguridad de los apoyos serán diferentes según el carácter de la hipótesis de cálculo a que han de ser aplicados. En este sentido, las hipótesis se clasifican de acuerdo con la tabla siguiente.

Tabla 9. Hipótesis de cálculo según el tipo de apoyo

Tipo de apoyo	Hipótesis normales	Hipótesis anormales
Alineación	1ª, 2ª	3ª, 4ª
Angulo	1ª, 2ª	3ª, 4ª
Anclaje	1ª, 2ª	3ª, 4ª
Fin de línea	1ª, 2ª	4ª

Elementos metálicos. El coeficiente de seguridad respecto al límite de fluencia no será inferior a 1,5 para las hipótesis normales y 1,2 para las hipótesis anormales.

Cuando la resistencia mecánica de los apoyos completos se comprobase mediante ensayo en verdadera magnitud, los anteriores valores podrán reducirse a 1,45 y 1,15, respectivamente.

Elementos de hormigón armado. El coeficiente de seguridad a la rotura de los apoyos y elementos de hormigón armado en las hipótesis normales de carga (1ª y 2ª) corresponderá a lo establecido en la norma UNE 207016.

Para las hipótesis anormales (3ª y 4ª) dicho coeficiente de seguridad podrá reducirse en un 20%.

Elementos de madera. Los coeficientes de seguridad a la rotura no serán inferiores a 3,5 para las hipótesis normales y 2,8 para las anormales.

Tirantes o vientos. Los cables o varillas utilizados en los vientos, tendrán un coeficiente de seguridad a la rotura no inferior a 3 en las hipótesis normales y a 2,5 en las anormales.

En el caso de los apoyos de poliéster reforzados con fibra de vidrio (PRFV) acordes a la Especificación UNE 0059, y en conformidad a lo ya expresado en dicha Especificación, el coeficiente de seguridad no será inferior a 2,5 en las hipótesis normales y a 2 en las anormales.

3.6. Cimentaciones

3.6.1 Características generales

Si las cimentaciones están formadas por macizos independientes para cada pata, (cimentaciones de patas separadas), deberán ser diseñadas para absorber las cargas de compresión y arranque que el apoyo transmite al suelo. El cálculo de dichas cargas estará basado en el método del talud natural o ángulo de arrastre de tierras. También deberá ser comprobada la adherencia entre el anclaje y la cimentación de cada pata del apoyo.

Para el método de cálculo basado en el cono de arranque de tierras, se recomienda emplear como valor del ángulo de arrastre, 2/3 del valor del ángulo de fricción interna del terreno.

En las cimentaciones de apoyos cuya estabilidad esté fundamentalmente confiada a las reacciones verticales del terreno, se comprobará el coeficiente de seguridad al vuelco, que es la relación entre el momento estabilizador mínimo (debido a los pesos propios, así como las reacciones y empujes pasivos del terreno), respecto a la arista más cargada de la cimentación y el momento volcador máximo motivado por las acciones externas. El coeficiente de seguridad no será inferior a los siguientes valores:

Hipótesis normales: 1,5

Hipótesis anormales: 1,20

En las cimentaciones de apoyos cuya estabilidad esté fundamentalmente confiada a las reacciones horizontales del terreno, no se admitirá un ángulo de giro de la cimentación cuya tangente sea superior a 0,01 para alcanzar el equilibrio de las acciones volcadoras máximas con las reacciones del terreno.

Las cimentaciones cuya estabilidad se confía a reacciones verticales son las aplicadas en caso de apoyos de cuatro patas. Para el cálculo de las mismas deberán aplicarse los coeficientes de seguridad de 1,5 para hipótesis normales y 1,2 para hipótesis anormales.

Las cimentaciones cuya estabilidad esta confiada a las reacciones horizontales son los apoyos monobloque. Para el cálculo de estas cimentaciones no será necesario utilizar el coeficiente 1,5; pudiendo ser 1,2 para todas las hipótesis, añadiendo el requisito de que el ángulo de giro de la cimentación no tenga una tangente superior a 0,01.

En el caso de que surgiese roca superficialmente o a muy poca profundidad la cimentación; se podrá realizar uniendo el apoyo a la roca mediante pernos anclados a la misma (cimentación en roca). Del mismo modo, en aquellos casos en los que mediante los medios mecánicos habituales no se pueda realizar la cimentación hasta la profundidad necesaria y, por consiguiente, sea preciso reforzarla, se realizará dicho refuerzo uniendo el cimiento a la roca mediante pernos anclados a la misma (cimentación mixta).

3.6.2. Comprobación al arranque

Se considerarán todas las fuerzas que se oponen al arranque del apoyo:

a) Peso del apoyo;

b) Peso propio de la cimentación;

c) Peso de las tierras que arrastraría el macizo de hormigón al ser arrancado;

d) Carga resistente de los pernos, en el caso de realizarse cimentaciones mixtas o en roca.

Se comprobará que el coeficiente de estabilidad de la cimentación, definido como la relación entre las fuerzas que se oponen al arranque del apoyo y la carga nominal de arranque, no sea inferior a 1,5 para las hipótesis normales y 1,2 para las hipótesis anormales.

En el caso de no disponer de las características reales del terreno mediante ensayos realizados en el emplazamiento de la línea, se recomienda utilizar como ángulo de talud natural o de arranque de tierras: 30° para terreno normal y 20° para terreno flojo.

3.6.3. Comprobación a compresión

Se considerarán todas las cargas de compresión que la cimentación transmite al terreno:

a) Peso del apoyo.

b) Peso propio de la cimentación.

c) Peso de las tierras que actúan sobre la solera de la cimentación.

d) Carga de compresión ejercida por el apoyo.

Se comprobará que todas las cargas de compresión anteriores, divididas por la superficie de la solera de la cimentación, no sobrepasa la carga admisible del terreno.

En el caso de no disponer de las características reales del terreno mediante ensayos realizados en el emplazamiento de la línea se recomienda considerar como carga admisible para terreno normal 3 daN/cm^2 y para terreno flojo 2 daN/cm^2. En el caso de cimentaciones mixtas o en roca se recomienda utilizar como carga admisible para la roca 10 daN/cm^2.

3.6.4. Comprobación de la adherencia entre anclaje y cimentación

De la carga mayor que transmite el anclaje a la cimentación, normalmente la carga de compresión, cuando el anclaje y la unión a la estructura estén embebidas en el hormigón, se considerará que la mitad de esta carga la absorbe la adherencia entre el anclaje y la cimentación y la otra mitad los casquillos del anclaje por la cortadura de los tornillos de unión entre casquillos y anclaje. Los coeficientes de seguridad de ambas cargas opuestas a que el anclaje deslice de la cimentación, no deberán ser inferiores a 1,5.

3.6.5. Posibilidad de aplicación de otros valores del terreno

Cuando el desarrollo en la aplicación de las teorías de la mecánica del suelo lo consienta, el proyectista podrá proponer valores diferentes de los mencionados en los anteriores apartados, haciendo intervenir las características reales del terreno, pero limitando las deformaciones de los macizos de cimentación a valores admisibles para las estructuras sustentadas.

En el caso de no disponer de dichas características, se podrán utilizar los valores que se indican en el cuadro adjunto.

Tabla 10. Características orientativas del terreno para el cálculo de cimentaciones

Naturaleza del terreno	Peso específico aparente Tn/m³	Angulo de talud natural Grados sexag.	Carga admisible daN/cm²	Coeficiente de rozamiento entre cimiento y terreno al arranque Grados sexag.	Coeficiente de compresibilidad a 2 m de profundidad daN/cm³ (b)
I. Rocas en buen estado: Isótropas			30-60		
Estratificadas (con algunas grietas)			10-20		
II. Terrenos no coherentes: a) Gravera arenosa (mínimo 1/3 de volumen de grava hasta 70 mm de tamaño)	1,80-1,90		4-8		
b) Arenoso grueso (con diámetros de partículas entre 2 mm y 0,2 mm)	1,60-1,80 1,50-1,60 1,70-1,80	30°	2-4 1, 5-3	20°-22° 20°-25°	8-20
c) Arenoso fino (con diámetros de partículas entre 2 mm y 0,2 mm)	1,60-1,70 1,40-1,50	30°	3-5 2-3		
III. Terrenos no coherentes sueltos: a) Gravera arenosa b) Arenoso grueso c) Arenoso fino	1,80 1,80 1,50-2,00	20°	1-1,1,5 4 2 1	20°-25° 22° 14°-16°	8-12 10 6-8 4-5
IV. Terrenos coherentes (a): a) Arcilloso duro	1,60-1,70		-	0°	2-3
b) Arcilloso semiduro c) Arcilloso blando d) Arcilloso fluido	0,60-1,1 1,40-1,60	30°-40°	(c) (c)	14°-20°	(c) (c)
V. Fangos turbosos y terrenos pantanosos en general					
VI. Terrenos de relleno sin consolidar					

(a) Duro: Los terrenos con su humedad natural rompen difícilmente con la mano. Tonalidad en general clara.

Semiduro: Los terrenos con su humedad natural se amasan difícilmente con la mano. Tonalidad en general oscura.

Blando: Los terrenos con su humedad natural se amasan fácilmente, permitiendo obtener entre las manos cilindros de 3 mm de diámetro. Tonalidad oscura.

Fluido: Los terrenos con su humedad natural presionados en la mano cerrada fluyen entre los dedos. Tonalidad en general oscura.

(b) Puede admitirse que sea proporcional a la profundidad en que se considere la acción.

(c) Se determinará experimentalmente.

3.6.6. Apoyos sin cimentación

En los apoyos de madera u hormigón que no precisen cimentación, la profundidad de empotramiento en el suelo será como mínimo de 1,3 metros para los apoyos de menos de 8 metros de altura, aumentando 0,10 metros por cada metro de exceso en la longitud del apoyo.

Cuando los apoyos de madera y hormigón necesiten cimentación, la resistencia de ésta no será inferior a la del apoyo que soporta.

En terrenos de poca consistencia, se rodeará el poste de un prisma de pedraplén.

Los apoyos de poliéster reforzados con fibra de vidrio (PRFV) acordes a la Especificación UNE 0059, pueden ser utilizados también en condiciones que no requieran de cimentación, en cuyo caso sería de aplicación lo indicado en este apartado para los apoyos de madera u hormigón.

---

4. CÁLCULOS ELÉCTRICOS

4.1. Régimen eléctrico de funcionamiento

Se realizarán los cálculos eléctricos de la línea para los distintos regímenes de funcionamiento previstos, poniéndose claramente de manifiesto los parámetros eléctricos de la línea, las intensidades máximas, caídas de tensión y pérdidas de potencia.

4.2. Capacidad de la corriente en los conductores

Se adoptará el sistema de cálculo conveniente entre los expuestos y se seguirán los condicionamientos exigidos para el mejor funcionamiento de la línea.

4.2.1. Densidad admisible

Las densidades de corriente máximas en régimen permanente no sobrepasarán los valores señalados en la tabla 11.

Tabla 11: Densidad de corriente máxima de los conductores en régimen permanente

Sección nominal mm²	Densidad de corriente A/mm²		
	Cobre	Aluminio	Aleación de aluminio
10	8,75		
15	7,60	6,00	5,60
25	6,35	5,00	4,65
35	5,75	4,55	4,25
50	5,10	4,00	3,70
70	4,50	3,55	3,30
95	4,05	3,20	3,00
125	3,70	2,90	2,70
160	3,40	2,70	2,50
200	3,20	2,50	2,30
250	2,90	2,30	2,15
300	2,75	2,15	2,00
400	2,50	1,95	1,80
500	2,30	1,80	1,70
600	2,10	1,65	1,55

Los valores de la tabla anterior se refieren a materiales cuyas resistividades a 20 °C son las siguientes:

Cobre 0,017241 $\Omega.mm^2/m$.

Aluminio duro 0,028264 $\Omega.mm^2/m$.

Aleación de aluminio 0,03250 $\Omega.mm^2/m$.

Para el acero galvanizado se puede considerar una resistividad de 0,192 $\Omega.mm^2/m$.

Para el acero recubierto de aluminio, de 0,0848 $\Omega.mm^2/m$.

Para cables de aluminio-acero se tomará en la tabla el valor de la densidad de corriente correspondiente a su sección total como si fuera de aluminio y su valor se multiplicará por un coeficiente de reducción que según la composición será: 0,916 para la composición 30+7; 0,937 para las composiciones 6+1 y 26+7; 0,95 para la composición 54+7; y 0,97 para la composición 45+7. El valor resultante se aplicará para la sección total del conductor.

Para los cables de aleación de aluminio-acero se procederá de forma análoga partiendo de la densidad de corriente correspondiente a la aleación de aluminio, empleándose los mismos coeficientes de reducción en función de la composición.

Para conductores de otra naturaleza, la densidad máxima admisible se obtendrá multiplicando la fijada en la tabla para la misma sección de cobre por un coeficiente igual a:

$$\sqrt{\frac{1,724}{\rho}}$$

siendo

ρ, la resistividad a 20°C del conductor de que se trata, expresada en microohmios · centímetro.

NOTA: Se permitirán otros valores de densidad de corriente siempre que correspondan con valores actualizados publicados en las normas EN y CEI aplicables.

4.2.2. Intensidades de los conductores

Se admitirán como alternativa de cálculo, en el caso de realizarse en el proyecto el estudio de la temperatura alcanzada por los conductores, teniendo en cuenta las condiciones climatológicas y de la carga de la línea, valores diferentes a los obtenidos mediante la opción indicada en el apartado 4.2.1.

4.2.2.1. Intensidad máxima admisible

Se realizará, mediante un sistema de cálculo contrastado y conforme a la normativa vigente, el estudio de la intensidad máxima admisible que puede circular por los conductores de la línea. Este estudio se documentará en el proyecto, indicándose, si procede, las condiciones climatológicas consideradas en los cálculos y en el diseño.

La sección de los conductores de fase deberá ser elegida de forma tal, que no se exceda la temperatura máxima para la que se ha calculado el material del conductor, bajo unas condiciones específicas definidas en las especificaciones del proyecto.

4.2.2.2. Intensidad de cortocircuito

La línea aérea deberá ser diseñada y construida, para resistir sin dañarse los efectos mecánicos y térmicos, debidos a las intensidades de cortocircuito recogidas en las especificaciones del proyecto.

El cortocircuito puede ser:

1) Trifásico.

2) fase a fase.

3) fase simple a tierra.

4) fase doble a tierra.

Los valores típicos para la duración de un cortocircuito, a tener en cuenta para el diseño son:

a) conductores de fase y cables de tierra 0,5 s

b) herrajes y accesorios de línea 1,0 s

El proyectista deberá tener en cuenta la duración real, la cual depende del tiempo de respuesta del sistema de protección de la línea aérea, que puede ser más larga o corta que los valores típicos anteriormente indicados.

Los métodos de cálculo de las corrientes de cortocircuito en las redes trifásicas de corriente alterna se dan en la norma UNE-EN 60909 y los métodos de cálculo de los efectos de las corrientes de cortocircuito son dados en la norma UNE-EN 60865-1. Alternativamente, se pueden recoger otros métodos de cálculo en las especificaciones del proyecto.

4.3. Efecto corona y perturbaciones radioeléctricas

Será preceptiva la comprobación del comportamiento de los conductores al efecto corona en las líneas de tensión nominal superior a 66 kV. Asimismo, en aquellas líneas de tensión nominal entre 30 kV y 66 kV, ambas inclusive, que puedan estar próximas al límite inferior de dicho efecto, deberá realizarse la citada comprobación.

El proyectista justificará, con arreglo a los conocimientos de la técnica, los límites de los valores de la intensidad del campo en conductores, así como en sus accesorios, herrajes y aisladores que puedan ser admitidos en función de la densidad y proximidad de los servicios que puedan ser perturbados en la zona atravesada por la línea.

4.4. Coordinación de aislamiento

La coordinación de aislamiento comprende la selección de la rigidez dieléctrica de los materiales, en función de las tensiones que pueden aparecer en la red a la cual estos materiales están destinados y teniendo en cuenta las condiciones ambientales y las características de los dispositivos de protección disponibles.

La rigidez dieléctrica de los materiales se considera aquí en el sentido de nivel de aislamiento normalizado.

Los principios y reglas de la coordinación de aislamiento son descritos en las normas UNE-EN 60071-1 y UNE-EN 60071-2. El procedimiento para la coordinación de aislamiento consiste en la selección de un conjunto de tensiones soportadas normalizadas, las cuales caracterizan el nivel aislamiento.

Los niveles de aislamiento normalizados mínimos correspondientes a la tensión más elevada de la línea, tal como ésta ha sido definida en el apartado 1.2 de esta instrucción, serán los reflejados en las tablas 12 y 13.

Estas tablas especifican las tensiones soportadas normalizadas U_w para las gamas I y II. En ambas tablas, las tensiones soportadas normalizadas están agrupadas en niveles de aislamiento normalizados asociados a los valores de la tensión más elevada del material U_m.

En la gama I, las tensiones soportadas normalizadas incluyen la tensión soportada de corta duración a frecuencia industrial y la tensión soportada a impulso tipo rayo. En la gama II, las tensiones soportadas normalizadas incluyen la tensión soportada a impulso tipo maniobra y la tensión soportada a impulso tipo rayo.

Para otros valores de la tensión más elevada que no coincidan con los reflejados en la tabla se seguirá lo indicado en las Normas UNE-EN 60071-1 y UNE-EN 60071-2.

En el caso de proyectarse líneas a una tensión superior a las incluidas en esta tabla, para la fijación de los niveles de aislamiento se deberá seguir lo indicado en las normas UNE-EN 60071-1 y UNE-EN 60071-2.

Tabla 12. Niveles de aislamiento normalizados para la gama I (1 kV < U_m ≤ 245 kV)

Tensión más elevada para el material U_m (kV) (valor eficaz)	Tensión soportada normalizada de corta duración a frecuencia industrial kV (valor eficaz)	Tensión soportada normalizada a los impulsos tipo rayo (kV) (valor de cresta)
3,6	10	20 40
7,2	20	40 60
12	28	60 75 95
17,5	38	75 95
24	50	95 125 145
36	70	145 170
52	95	250
72,5	140	325
123	(185)	450
	230	550
145	(185)	(450)
	230	550
	275	650
170	(230)	(550)
	275	650
	325	750
245	(275)	(650)
	(325)	(750)
	360	850
	395	950
	460	1 050

NOTA: Si los valores entre paréntesis son insuficientes para probar que las tensiones soportadas especificadas entre fases se cumplen, se requieren ensayos complementarios de tensiones soportadas entre fases.

Tabla 13: Niveles de aislamiento normalizados para la gama II

Tensión más elevada para el material U_m (kV) (valor eficaz)	Tensión soportada normalizada a los impulsos tipo maniobra			Tensión soportada normalizada a los impulsos tipo rayo (Nota 2) kV (valor de cresta
	Aislamiento longitudinal (Nota 1) kV (valor de cresta)	Fase-tierra (kV) (valor de cresta)	Entre fases (relación al valor de cresta fase-tierra)	
	850	850	1,60	1 050
	850	850	1,60	1 175
420	950	950	1,50	1 175
	950	950	1,50	1 300
	950	1 050	1,50	1 300
	950	1 050	1,50	1 425

(a) Nota 1: Valor de la componente de impulso del ensayo combinado aplicable mientras que la componente de frecuencia industrial en el borne opuesto alcanza el valor U_m de $\sqrt{2}/\sqrt{3}$.

Nota 2: Para los ensayos del aislamiento longitudinal con impulsos tipo rayo sígase lo indicado en la UNE-EN 60071-1.

La tensión permanente a frecuencia industrial y las sobretensiones temporales determinan la longitud mínima necesaria de la cadena de aisladores. La forma de los aisladores se seleccionará en función del grado de polución en la zona por donde discurre la línea.

En redes con neutro puesto directamente a tierra, con factores de defecto a tierra de 1,3 y menores, es normalmente suficiente diseñar los aisladores para que resistan la tensión fase a tierra más elevada de la red. Para coeficientes de falta a tierra más altos, y especialmente en redes con neutro aislado o puestos a tierra mediante bobina de compensación, puede ser necesario considerar las sobretensiones temporales.

La tensión soportada de coordinación para las tensiones permanentes a frecuencia industrial es igual a la tensión más elevada de la red para aislamiento entre fases e igual a esa misma tensión dividida por para el aislamiento fase a tierra.

La tensión soportada de coordinación de corta duración a frecuencia industrial es igual a la sobretensión temporal representativa, siempre que se utilice un método determinista para el estudio de coordinación de aislamiento según norma UNE-EN 60071-2.

La tensión soportada especificada U_{rw} se determinará a partir de la tensión soportada de coordinación, teniendo en cuenta un factor de corrección asociado con las condiciones atmosféricas de la instalación según se indica en la norma UNE-EN 50341-1.

Cuando el aislador está en un ambiente contaminado, la respuesta del aislamiento externo a tensiones a frecuencia industrial puede variar de forma importante. Los aisladores deberán resistir la tensión más elevada de la red con unas condiciones de polución permanentes con un riesgo aceptable de descargas. Por tanto, la selección del tipo de aislador y la longitud de la cadena de aisladores debe realizarse teniendo en cuenta el nivel de contaminación de la zona que atraviesa la línea.

El nivel de contaminación de la zona se elegirá de acuerdo a la tabla 14, donde se especifican cuatro niveles. Para cada nivel de contaminación se da una descripción aproximada de algunas zonas con sus medio ambientes típicos correspondientes y la línea de fuga mínima requerida.

Tabla 14: Líneas de fuga recomendadas

Nivel de contaminación	Ejemplos de entornos típicos	Línea de fuga específica nominal mínima mm/kV[1]
I Ligero	– Zonas sin industrias y con baja densidad de viviendas equipadas con calefacción. – Zonas con baja densidad de industrias o viviendas, pero sometidas a viento o lluvias frecuentes. – Zonas agrícolas [2] – Zonas montañosas – - Todas estas zonas están situadas al menos de 10 km a 20 km del mar y no están expuestas a vientos directos desde el mar [3]	16,0
II Medio	– Zona con industrias que no producen humo especialmente contaminante y/o con densidad media de viviendas equipadas con calefacción. – Zonas con elevada densidad de viviendas y/o industrias, pero sujetas a vientos frecuentes y/o lluvia. – - Zonas expuestas a vientos desde el mar, pero no muy próximas a la costa (al menos distantes bastantes kilómetros)[3].	20,0
III Fuerte	– Zonas con elevada densidad de industrias y suburbios de grandes ciudades con elevada densidad de calefacción generando contaminación. – Zonas cercanas al mar o en cualquier caso, expuestas a vientos relativamente fuertes provenientes del mar [3].	25,0
IV Muy fuerte	– Zonas, generalmente de extensión moderada, sometidas a polvos conductores y a humo industrial que produce depósitos conductores particularmente espesos. – Zonas, generalmente de extensión moderada, muy próximas a la costa y expuestas a pulverización salina o a vientos muy fuertes y contaminados desde el mar. – Zonas desérticas, caracterizadas por no tener lluvia durante largos periodos, expuestos a fuertes vientos que transportan arena y sal, y sometidas a condensación regular.	31,0

> 1) Línea de fuga mínima de aisladores entre fase y tierra relativas a la tensión más elevada de la red (fase-fase).
>
> 2) Empleo de fertilizantes por aspiración o quemado de residuos, puede dar lugar a un mayor nivel de contaminación por dispersión en el viento.
>
> 3) Las distancias desde la costa marina dependen de la topografía costera y de las extremas condiciones del viento.
>
> Líneas de fuga según la norma UNE-EN 60071-2 para aislamiento cerámico o de vidrio y según UNE-IEC/TS 60815-3 para aislamiento polimérico.

> Líneas de fuga según la norma UNE-EN 60071-2 para aislamiento cerámico o de vidrio y según UNE-IEC/TS 60815-3 para aislamiento polimérico.

5. DISTANCIAS MÍNIMAS DE SEGURIDAD. CRUZAMIENTOS Y PARALELISMOS

5.1. Introducción

En las líneas aéreas es necesario distinguir entre distancias internas y externas.

Las distancias internas son dadas únicamente para diseñar una línea con una aceptable capacidad de resistir las sobretensiones.

Las distancias externas son utilizadas para determinar las distancias de seguridad entre los conductores en tensión y los objetos debajo o en las proximidades de la línea.

El objetivo de las distancias externas es evitar el daño de las descargas eléctricas al público en general, a las personas que trabajan en las cercanías de la línea eléctrica y a las personas que trabajan en su mantenimiento.

Las distancias dadas en los siguientes apartados no son aplicables cuando se realicen trabajos de mantenimiento de la línea aérea, con métodos de trabajo en tensión, para los cuales se deberán aplicar el R.D. 614/2001, de 8 de junio, sobre disposiciones mínimas para la protección de la salud y la seguridad de los trabajadores frente al riesgo eléctrico.

Las distancias se refieren a las líneas de transmisión que usan conductores desnudos. Las líneas que usan conductores aislados, con una capa de aislamiento sólido alrededor del mismo para prevenir un fallo causado por un contacto temporal con un objeto puesto a tierra o un contacto temporal entre conductores de fase, se tratan en la ITC-LAT 08.

Cuando no se especifique que la distancia es "horizontal" o "vertical", será tomada la menor distancia entre las partes con tensión y el objeto considerado, teniéndose en cuenta en el caso de carga con viento la desviación de los conductores y de la cadena de aisladores.

5.2. Distancias de aislamiento eléctrico para evitar descargas

Se consideran tres tipos de distancias eléctricas:

D_{el} Distancia de aislamiento en el aire mínima especificada, para prevenir una descarga disruptiva entre conductores de fase y objetos a potencial de tierra en sobretensiones de frente lento o rápido. D_{el} puede ser tanto interna, cuando se consideran distancias del conductor a la estructura de la torre, como externas, cuando se considera una distancia del conductor a un obstáculo.

D_{pp} Distancia de aislamiento en el aire mínima especificada, para prevenir una descarga disruptiva entre conductores de fase durante sobretensiones de frente lento o rápido. D_{pp} es una distancia interna.

a_{som} Valor mínimo de la distancia de descarga de la cadena de aisladores, definida como la distancia más corta en línea recta entre las partes en tensión y las partes puestas a tierra.

Se aplicarán las siguientes consideraciones para determinar las distancias internas y externas:

a) La distancia eléctrica, D_{el}, previene descargas eléctricas entre las partes en tensión y objetos a potencial de tierra, en condiciones de explotación normal de la red. Las condiciones normales incluyen operaciones de enganche, aparición de rayos y sobretensiones resultantes de faltas en la red.

b) La distancia eléctrica, D_{pp}, previene las descargas eléctricas entre fases durante maniobras y sobretensiones de rayos.

c) Es necesario añadir a la distancia externa, D_{el}, una distancia de aislamiento adicional, D_{add}, para que, en las distancias mínimas de seguridad al suelo, a líneas eléctricas, a zonas de arbolado, etc. se asegure que las personas u objetos no se acerquen a una distancia menor que D_{el} de la línea eléctrica.

d) La probabilidad de descarga a través de la mínima distancia interna, a_{som}, debe ser siempre mayor que la descarga a través de algún objeto externo o persona. Así, para cadenas de aisladores muy largas, el riesgo de descarga debe ser mayor sobre la distancia interna a_{som} que a objetos externos o personas. Por este motivo, las distancias externas mínimas de seguridad ($D_{add} + D_{el}$) deben ser siempre superiores a 1,1 veces a_{som},

Los valores de D_{el} y D_{pp}, en función de la tensión más elevada de la línea US, serán los indicados en la tabla 15.

Tabla 15. Distancias de aislamiento eléctrico para evitar descargas

Tensión más eleva-da de la red U_s (kV)	D_{el} (m)	D_{pp} (m)
3,6	0,08	0,10
7,2	0,09	0,10
12	0,12	0,15
17,5	0,16	0,20
24	0,22	0,25
30	0,27	0,33
36	0,35	0,40
52	0,60	0,70
72,5	0,70	0,80
123	1,00	1,15
145	1,20	1,40
170	1,30	1,50
245	1,70	2,00
420	2,80	3,20

Los valores dados en la tabla están basados en un análisis de los valores usados comúnmente en Europa, los cuales han sido probados que son lo suficientemente seguros para el público en general.

5.3. Prescripciones especiales

En ciertas situaciones, como cruzamientos y paralelismos con otras líneas o con vías de comunicación o sobre zonas urbanas, y con objeto de reducir la probabilidad de accidente aumentando la seguridad de la línea, además de las consideraciones generales anteriores, deberán cumplirse las prescripciones especiales que se detallan en el presente apartado.

No será necesario adoptar disposiciones especiales en los cruces y paralelismos con cursos de agua no navegables, caminos de herradura, sendas, veredas, cañadas y cercados no edificados, salvo que estos últimos puedan exigir un aumento en la altura de los conductores.

En aquellos tramos de línea en que, debido a sus características especiales y de acuerdo con lo que más adelante se indica, haya que reforzar sus condiciones de seguridad, no será necesario el empleo de apoyos distintos de los que corresponda establecer por su situación en la línea (alineación, ángulo, anclaje, etc.), ni la limitación de longitud en los vanos, que podrá ser la adecuada con arreglo al perfil del terreno y a la altura de los apoyos.

Por el contrario, en dichos tramos serán de aplicación las siguientes prescripciones especiales:

a) Ningún conductor o cable de tierra tendrá una carga de rotura inferior a 1.200 daN en líneas de tensión nominal superior a 30 kV, ni inferior a 1.000 daN en líneas de tensión nominal igual o inferior a 30 kV. En estas últimas, y en el caso de no alcanzarse dicha carga, se pueden añadir al conductor un cable fiador de naturaleza apropiada, con una carga de rotura no inferior a los anteriores valores. Los conductores y cables de tierra no presentarán ningún empalme en el vano de cruce, admitiéndose durante la explotación y por causa de la reparación de averías, la existencia de un empalme por vano.

b) Se prohíbe la utilización de apoyos de madera.

c) Los coeficientes de seguridad de cimentaciones, apoyos y crucetas, en el caso de hipótesis normales, deberán ser un 25% superiores a los establecidos para la línea en los apartados 3.5 y 3.6. Esta prescripción no se aplica a las líneas de categoría especial, ya que la resistencia mecánica de los apoyos se determina considerando una velocidad mínima de viento de 140 km/h y una hipótesis con cargas combinadas de hielo y viento.

En cualquier línea, calculada con 140 km/h de viento y con hipótesis combinadas de hielo y viento, sea cual sea su categoría, no tendrá que aplicarse esta prescripción.

d) La fijación de los conductores al apoyo deberá ser realizada de la forma siguiente:

d,1. En el caso de líneas sobre aislador rígido se colocarán dos aisladores por conductor, dispuestos en forma transversal al eje del mismo, de modo que sobre uno de ellos apoye el conductor y sobre el otro un puente que se extienda en ambas direcciones, y de una longitud suficientes para que en caso de formarse el arco a tierra sea dentro de la zona del mismo. El puente se fijará en ambos extremos al conductor mediante retenciones o piezas de conexión que aseguren una unión eficaz y, asimismo, las retenciones del conductor y del puente a sus respectivos aisladores serán de diseño apropiado para garantizar una carga de deslizamiento elevada.

d.2. En el caso de líneas con aisladores de cadena, la fijación podrá ser efectuada de una de las formas siguientes:

a) Con dos cadenas horizontales de amarre por conductor, una a cada lado del apoyo.

b) Con una cadena sencilla de suspensión, en la que los coeficientes de seguridad mecánica de herrajes y aisladores sean un 25% superiores a los establecidos en los apartados 3.3 y 3.4, o con una cadena de suspensión doble. En estos casos deberá adoptarse alguna de las siguientes disposiciones:

b.1. Refuerzo del conductor con varillas de protección (armor rod).

b.2. Descargadores o anillos de guarda que eviten la formación directa de arcos de contorneamiento sobre el conductor.

b.3. Varilla o cables fiadores de acero a ambos lados de la cadena, situados por encima del conductor y de longitud suficiente para que quede protegido en la zona de formación del arco. La unión de los fiadores al conductor se hará por medio de grapas antideslizantes.

Para el pintado de color verde en los apoyos de las líneas aéreas de transporte de energía eléctrica de alta tensión, o cualquier otro pintado que sirva de mimetización con el paisaje, el titular de la instalación deberá contar con la aceptación de los Organismos competentes en materia de misiones de aeronaves en vuelos a baja cota con fines humanitarios y de protección de la naturaleza.

5.4. Distancias en el apoyo

Las distancias mínimas de seguridad en el apoyo son distancias internas utilizadas únicamente para diseñar una línea con una aceptable capacidad de resistir las sobretensiones.

No son de aplicación las prescripciones especiales definidas en el apartado 5.3.

5.4.1 Distancias entre conductores

La distancia entre los conductores de fase del mismo circuito o circuitos distintos debe ser tal que no haya riesgo alguno de cortocircuito entre fases, teniendo presente los efectos de las oscilaciones de los conductores debidas al viento y al desprendimiento de la nieve acumulada sobre ellos.

Con este objeto, la separación mínima entre conductores de fase se determinará por la fórmula siguiente:

$$D = K \sqrt{F + L} + K'D_{pp}$$

en la cual:

D = Separación entre conductores de fase del mismo circuito o circuitos distintos en metros.

K = Coeficiente que depende de la oscilación de los conductores con el viento, que se tomará de la tabla 16.

K'= Coeficiente que depende de la tensión nominal de la línea $K' = 0,85$ para líneas de categoría especial y $K' = 0,75$ para el resto de líneas.

F = Flecha máxima en metros, para las hipótesis según el apartado 3.2.3

L = Longitud en metros de la cadena de suspensión. En el caso de conductores fijados al apoyo por cadenas de amarre o aisladores rígidos $L = 0$.

D_{pp}= Distancia mínima aérea especificada, para prevenir una descarga disruptiva entre conductores de fase durante sobretensiones de frente lento o rápido. Los valores de D_{pp} se indican en el apartado 5.2, en función de la tensión más elevada de la línea.

Esta fórmula es de aplicación en el caso de distancias entre conductores en el mismo vano de la línea. Para calcular la distancia entre éstos y los que deriven del mismo apoyo, habría que seguir las indicaciones de la norma UNE-EN 50341-1, manteniendo como mínimo la distancia D_{pp}.

Los valores de las tangentes del ángulo de oscilación de los conductores vienen dados, para cada caso de carga, por el cociente de la sobrecarga de viento dividida por el peso propio más la sobrecarga de hielo si procede según zona, por metro lineal de conductor, estando la primera determinada para una velocidad de viento de 120 km/h. En función de estos y de la tensión nominal de la línea se establecen unos coeficientes K que se dan en la tabla 16.

La aplicación de los parámetros de referencia es independiente de la categoría de la línea, siendo, para todas las líneas 120 km/h de velocidad de viento.

Tabla 16. Coeficiente K en función del ángulo de oscilación

Valores de K		
Angulo de oscilación	Líneas de tensión nominal superior a 30 kV	Líneas de tensión nominal igual o inferior a 30 kV
Superior a 65°	0,7	0,65
Comprendido entre 40° y 65°	0,65	0,6
Inferior a 40°	0,6	0,55

Esta distancia mínima no se aplicará al caso de distancia entre los conductores del haz.

En el caso de conductores dispuestos en vertical, triángulo o hexágono, y siempre que se adopten separaciones menores de las deducidas de la fórmula anterior, deberán justificarse debidamente los valores utilizados. En el caso de conductores dispuestos en vertical, triángulo o hexágono, se podrán adoptar separaciones menores de las deducidas de la fórmula anterior, siempre que se justifiquen debidamente los valores utilizados y se adopten medidas preventivas para prevenir los fenómenos de galope. Cuando se cumplan las condiciones anteriores se podrá adoptar un coeficiente K=0 y un coeficiente K'=1. Entre las medidas preventivas para evitar los fenómenos de galope de conductores se encuentran la utilización de separadores entre fases, o la instalación de accesorios especiales en la línea (por ejemplo, pesos excéntricos, amortiguadores para el viento, dispositivos para el control torsional, péndulos para desintonización, controladores aerodinámicos etc.).

En zonas en las que puedan preverse formaciones de hielo particularmente importantes sobre los conductores, se analizará con especial cuidado el riesgo de aproximaciones inadmisibles entre los mismos.

La fórmula anterior corresponde a conductores iguales y con la misma flecha. En el caso de conductores diferentes o con distinta flecha, la separación entre los conductores se determinará con la misma fórmula y el coeficiente K mayor y la flecha F mayor de los dos conductores. En el caso de adoptarse separaciones menores, deberán justificarse debidamente los valores utilizados.

La separación entre conductores y cables de tierra se determinará de forma análoga a las separaciones entre conductores, de acuerdo con todos los párrafos anteriores.

Si el punto de anclaje del cable de tierra a la torre está más alto que el del conductor, la flecha del cable de tierra debe ser igual o inferior a la del conductor.

5.4.2. Distancias entre conductores y a partes puestas a tierra

La separación mínima entre los conductores y sus accesorios en tensión y los apoyos no será inferior a D_{el}, con un mínimo de 0,2 m.

Los valores de D_{el} se indican en el apartado 5.2, en función de la tensión más elevada de la línea.

En el caso de las cadenas de suspensión, se considerarán los conductores y la cadena de aisladores desviados bajo la acción de la mitad de la presión de viento correspondiente a un viento de velocidad 120 km/h. A estos efectos se considerará la tensión mecánica del conductor sometido a la acción de la mitad de la presión de viento correspondiente a un viento de velocidad 120 km/h y a la temperatura de -5 ºC para zona A, de -10 ºC para zona B y de -15 ºC para zona C.

La aplicación de los parámetros de referencia es independiente de la categoría de la línea, siendo, para todas las líneas 120 km/h de velocidad de viento. En el caso de los puentes, se considerarán los conductores y la cadena de aisladores desviados baja la acción de la mitad de la presión de viento correspondiente a un viento de velocidad 120 km/h.

Los contrapesos no se utilizarán en toda una línea de forma repetida, aunque podrán emplearse excepcionalmente para reducir la desviación de una cadena de suspensión, en cuyo caso el proyectista justificará los valores de las desviaciones y distancias al apoyo.

5.5. Distancias al terreno, caminos, sendas y a cursos de agua no navegables

No son de aplicación las prescripciones especiales definidas en el apartado 5.3.

La altura de los apoyos será la necesaria para que los conductores, con su máxima flecha vertical según las hipótesis de temperatura y de hielo según el apartado 3.2.3, queden situados por encima de cualquier punto del terreno, senda, vereda o superficies de agua no navegables, a una altura mínima de:

$$D_{add} + D_{el} = 5,3 + D_{el} \quad \text{en metros,}$$

con un mínimo de 6 metros. No obstante, en lugares de difícil acceso las anteriores distancias podrán ser reducidas en un metro.

Los valores de D_{el} se indican en el apartado 5.2, en función de la tensión más elevada de la línea.

Cuando las líneas atraviesen explotaciones ganaderas cercadas o explotaciones agrícolas la altura mínima será de 7 metros, con objeto de evitar accidentes por proyección de agua o por circulación de maquinaria agrícola, camiones y otros vehículos.

En la hipótesis del cálculo de flechas máximas bajo la acción del viento sobre los conductores, la distancia mínima anterior se podrá reducir en un metro, considerándose en este caso el conductor con la desviación producida por el viento.

Entre la posición de los conductores con su flecha máxima vertical, y la posición de los conductores con su flecha y desviación correspondientes a la hipótesis de viento a) del apartado 3.2.3, las distancias de seguridad al terreno vendrán determinadas por la curva envolvente de los círculos de distancia trazados en cada posición intermedia de los conductores, con un radio interpolado entre la distancia correspondiente a la posición vertical y a la correspondiente a la posición de máxima desviación lineal del ángulo de desviación.

En el caso de la línea alta tensión soporte cables de fibra óptica, al ser estos dieléctricos, D_{el} se considerará cero, su distancia mínima al suelo y a cursos de agua no navegables será de 6 metros, pudiendo reducirse en 1 metro en las zonas de difícil acceso. En explotaciones ganaderas cercadas o explotaciones agrícolas la altura mínima al suelo será de 7 metros.

5.6. Distancias a otras líneas eléctricas aéreas o líneas aéreas de telecomunicación

5.6.1. Cruzamientos

El propietario de la línea que se va a cruzar deberá enviar, a requerimiento de la entidad que va a realizar el cruce, a la mayor brevedad posible, los datos básicos de la línea (por ejemplo, el tipo y sección del conductor, tensión, etc.), con el fin de realizar los cálculos y evitar errores por falta de información.

Son de aplicación las prescripciones especiales definidas en el apartado 5.3, quedando modificadas de la siguiente forma:

Condición a): en líneas de tensión nominal superior a 30 kV puede admitirse la existencia de un empalme por conductor en el vano de cruce.

Condición b): pueden emplearse apoyos de madera siempre que su fijación al terreno se realice mediante zancas metálicas o de hormigón.

Condición c): queda exceptuado su cumplimiento.

En los cruces de líneas eléctricas aéreas se situará a mayor altura la de tensión más elevada y, en el caso de igual tensión; la que se instale con posterioridad.

En todo caso, siempre que fuera preciso sobreelevar la línea preexistente, será de cargo del propietario de la nueva línea la modificación de la línea ya instalada.

Se procurará que el cruce se efectúe en la proximidad de uno de los apoyos de la línea más elevada, pero la distancia entre los conductores de la línea inferior y las partes más próximas de los apoyos de la línea superior no deberá ser inferior a:

$$D_{add} + D_{el} = 1,5 + D_{el} \text{ en metros,}$$

con un mínimo de:

- 2 metros para líneas de tensión de hasta 45 kV.
- 3 metros para líneas de tensión superior a 45 kV y hasta 66 kV.
- 4 metros para líneas de tensión superior a 66 kV y hasta 132 kV
- 5 metros para líneas de tensión superior a 132 kV y hasta 220 kV.
- 7 metros para líneas de tensión superior a 220 kV y hasta 400 kV.

y considerándose los conductores de la misma en su posición de máxima desviación, bajo la acción de la hipótesis de viento a) del apartado 3.2.3. Los valores de D_{el} se indican en el apartado 5.2 en función de la tensión más elevada de la línea inferior.

La mínima distancia vertical entre los conductores de fase de ambas líneas en las condiciones más desfavorables, no deberá ser inferior a:

$$D_{add} + D_{pp} \text{ en metros.}$$

A la distancia de aislamiento adicional, D_{add}, se le aplicarán los valores de la tabla 17:

Tabla 17. Distancias de aislamiento adicional D_{add} a otras líneas eléctricas aéreas o líneas aéreas de telecomunicación

Tensión nominal de la red (kV)	D_{add} (m)	
	Para distancias del apoyo de la línea superior al punto de cruce ≤ 25 m	Para distancia del apoyo de la línea superior al punto de cruce > 25 m
De 3 a 30	1,8	2,5
45 o 66	2,5	
110, 132, 150	3	
220	3,5	
400	4	

Los valores de D_{pp} se indican en el apartado 5.2, en función de la tensión más elevada de la línea.

Para determinar D_{add}, en la tabla 17, se utilizará la tensión nominal de la red correspondiente a la línea de menor tensión. Para determinar D_{pp}, en la tabla 15, se utilizará la tensión nominal de la red correspondiente a la línea de mayor tensión.

La distancia mínima vertical entre los conductores de fase de la línea eléctrica superior y los cables de tierra convencionales o cables compuestos tierraóptico (OPGW) de la línea eléctrica inferior en el caso de que existan, no deberá ser inferior a:

$$D_{add} + D_{el} = 1,5 + D_{el}, \text{ en metros,}$$

con un mínimo de 2 metros. Los valores de Del se indican en el apartado 5.2; en función de la tensión más elevada de la línea.

Independientemente del punto de cruce de ambas líneas, la mínima distancia vertical entre los conductores de fase de ambas líneas, o entre los conductores de fase de la línea eléctrica superior y los cables de guarda de la línea eléctrica inferior, en el caso de que existan, se comprobará considerando:

a) Los conductores de fase de la línea eléctrica superior en las condiciones más desfavorables de flecha máxima establecidas en el proyecto de la línea.

b) Los conductores de fase o los cables de guarda de la línea eléctrica inferior sin sobrecarga alguna a la temperatura mínima según la zona (–5 °C en zona A, –15°C en zona B y –20 °C en zona C).

En general, cuando el punto de cruce de ambas líneas se encuentre en las proximidades del centro del vano de la línea inferior, se tendrá en cuenta la posible desviación de los conductores de fase por la acción del viento.

Como se indica en el apartado 5.2, las distancias externas mínimas de seguridad $D_{add} + D_{el}$ deben ser siempre superiores a 1,1 veces a_{som}, distancia de descarga de la cadena de aisladores, definida como la distancia más corta en línea recta, entre las partes con tensión y las partes puestas a tierra.

Cuando la resultante de los esfuerzos del conductor en alguno de los apoyos de cruce de la línea inferior tenga componente vertical ascendente, se tomarán las debidas precauciones para que no se desprendan los conductores, aisladores o soportes.

Podrán realizarse cruces de líneas, sin que la línea superior reúna en el cruce las prescripciones especiales señaladas en el apartado 5.3, si la línea inferior estuviera protegida en el cruce por un haz de cables de acero, situado entre ambas, con la suficiente resistencia mecánica para soportar la caída de los conductores de la línea superior; en el caso de que éstos se rompieran o desprendieran.

Los cables de acero de protección serán de acero galvanizado y estarán puestos a tierra en las condiciones prescritas en el apartado 7.

El haz de cables de protección tendrá una longitud sobre la línea inferior igual al menos a vez y media la proyección horizontal de la separación entre los conductores extremos de la línea superior, en la dirección de la línea inferior. Dicho haz de cables de protección podrá situarse sobre los mismos o soportan en su parte enterrada serán metálicos o de hormigón.

Para este caso, las distancias mínimas verticales entre los conductores de la línea superior e inferior y el haz de cables de protección serán $1,5 \times D_{el}$, con un mínimo de 0,75 metros, para las tensiones respectivas de las líneas en cuestión.

El órgano competente de la Administración podrá autorizar excepcionalmente, previa justificación, que se fijen sobre un mismo apoyo dos líneas que se crucen. En este caso, en dicho apoyo y en los conductores de la línea superior se cumplirán las prescripciones de seguridad reforzada determinadas en el apartado 5.3.

En estos casos en que por circunstancias singulares sea preciso que la línea de menor tensión cruce por encima de la de tensión superior, será preciso recabar la autorización expresa, teniendo presente en el cruce todas las prescripciones y criterios expuestos en el apartado 5.3.

Las líneas de telecomunicación serán consideradas como líneas eléctricas de baja tensión y su cruzamiento estará sujeto por lo tanto a las prescripciones de este apartado.

Cruces con líneas de telecomunicación de cables dieléctricos

Para las líneas de telecomunicación que utilicen cables de telecomunicación dieléctricos (por ejemplo, de fibra óptica) para calcular la distancia mínima vertical a los conductores de fase de la línea eléctrica se tomará una distancia eléctrica, Del, correspondiente a la tensión más elevada de la línea de alta tensión. Esta distancia se determinará bajos los mismos supuestos a) y b) establecidos en este apartado 5.6.1.

La distancia mínima entre el apoyo de la línea de telecomunicación y los conductores de fase será:

$$D_{add} + D_{el} = \text{el en metros,}$$

con un mínimo de:

- 2 metros para líneas de tensión de hasta 45 kV.

- 3 metros para líneas de tensión superior a 45 kV y hasta 66 kV.

- 4 metros para líneas de tensión superior a 66 kV y hasta 132 kV.

- 5 metros para líneas de tensión superior a 132 kV y hasta 220 kV.

- 7 metros para líneas de tensión superior a 220 kV y hasta 400 kV.

y considerándose los conductores de la línea en su posición de máxima desviación, bajo la acción de la hipótesis de viento a) del apartado 3.2.3. Los valores de D_{el} se indican en el apartado 5.2 en función de la tensión más elevada de la línea eléctrica.

La distancia mínima entre el apoyo de la línea de alta tensión y los conductores de telecomunicación será de 2 metros.

Independiente de las distancias anteriores, para trabajos de mantenimiento o en general para cualquier trabajo con riesgo eléctrico, se respetarán las distancias establecidas y se tomarán las medidas de seguridad que correspondan en virtud de la legislación aplicable en materia de prevención de riesgos laborales.

5.6.2. Paralelismos entre líneas eléctricas aéreas

No son de aplicación las prescripciones especiales definidas en el apartado 5.3.

Se entiende que existe paralelismo cuando dos o más líneas próximas siguen sensiblemente la misma dirección, aunque no sean rigurosamente paralelas.

Siempre que sea posible, se evitará la construcción de líneas paralelas de transporte o de distribución de energía eléctrica, a distancias inferiores a 1,5 veces de altura del apoyo más alto, entre las trazas de los conductores más próximos. Se exceptúan de la anterior recomendación las zonas de acceso a centrales generadores y estaciones transformadoras.

Estaciones transformadoras incluyen todo tipo de subestaciones.

En todo caso, entre los conductores contiguos de las líneas paralelas, no deberá existir una separación inferior a la prescrita en el apartado.5.4.1, considerando los valores K, K', L, F y Dpp de la línea de mayor tensión.

El tendido de líneas de diferente tensión sobre apoyos comunes se permitirá cuando sean de iguales características en orden a la clase de corriente y frecuencia, salvo que se trate de líneas de transporte y telecomunicación o maniobra de la misma empresa y siempre que estas últimas estén afectas exclusivamente al servicio de las primeras.

La línea más elevada será preferentemente la de mayor tensión, y los apoyos tendrán la altura suficiente para que las separaciones entre los conductores de ambas líneas y, entre éstos y aquél, sean las que con carácter general se exigen y para que la distancia al terreno del conductor más bajo, en las condiciones más desfavorables, sea la establecida en el apartado 5.5.

Las líneas sobre apoyos comunes se considerarán como de tensión igual a la de la más elevada, a los efectos de explotación, conservación y seguridad en relación con personas y bienes. El aislamiento de la línea de menor tensión no será inferior al correspondiente de puesta a tierra de la línea de tensión más elevada.

5.6.3. Paralelismos entre líneas eléctricas aéreas y líneas de telecomunicación

No son de aplicación las prescripciones especiales definidas en el apartado 5.3.

Se evitará siempre que se pueda el paralelismo de las líneas eléctricas de alta tensión con líneas de telecomunicación, y cuando ello no sea posible se mantendrá entre las trazas de los conductores más próximos de una y otra línea una distancia mínima igual a 1,5 veces la altura del apoyo más alto.

5.7. Distancias a carreteras

Para la instalación de los apoyos, tanto en el caso de cruzamiento como en el caso de paralelismo, se tendrán en cuenta las siguientes consideraciones:

a) Para la Red de Carreteras del Estado, la instalación de apoyos se realizará preferentemente detrás de la línea límite de edificación y a una distancia a la arista exterior de la calzada superior a vez y media su altura. La línea límite de edificación es la situada a 50 metros en autopistas, autovías y vías rápidas, y a 25 metros en el resto de carreteras de la Red de Carreteras del Estado de la arista exterior de la calzada.

b) Para las carreteras no pertenecientes a la Red de Carreteras del Estado, la instalación de los apoyos deberá cumplir la normativa vigente de cada comunidad autónoma aplicable a tal efecto.

c) Independientemente de que la carretera pertenezca o no a la Red de Carreteras del Estado, para la colocación de apoyos dentro de la zona de afección de la carretera, se solicitará la oportuna autorización a los órganos competentes de la Administración. Para la Red de Carreteras del Estado, la zona de afección comprende una distancia de 100 metros desde la arista exterior de la explanación en el caso de autopistas, autovías y vías rápidas, y 50 metros en el resto de carreteras de la Red de Carreteras del Estado.

d) En circunstancias topográficas excepcionales, y previa justificación técnica y aprobación del órgano competente de la Administración, podrá permitirse la colocación de apoyos a distancias menores de las fijadas.

5.7.1. Cruzamientos

Son de aplicación las prescripciones especiales definidas en el apartado 5.3 quedando modificadas de la siguiente forma:

Condición a): En lo que se refiere al cruce con carreteras locales y vecinales, se admite la existencia de un empalme por conductor en el vano de cruce para las líneas de tensión nominal superior a 30 kV.

La distancia mínima de los conductores sobre la rasante de la carretera será de:

$$D_{add} + D_{el} \quad \text{en metros,}$$

con una distancia mínima de 7 metros. Los valores de D_{el} se indican en el apartado 5.2 en función de la tensión más elevada de la línea.

Siendo:

$D_{add} = 7,5$ para líneas de categoría especial.

$D_{add} = 6,3$ para líneas del resto de categorías.

En el caso de líneas de alta tensión que soporten cables de fibra óptica, al ser éstos dieléctricos, D_{el} se considerará cero y la distancia mínima entre estos cables de fibra óptica y la rasante de la carretera será de 7 m.

5.7.2. Paralelismos

No son de aplicación las prescripciones especiales definidas en el apartado 5.3.

5.8. Distancias a ferrocarriles sin electrificar

"Para la instalación de los apoyos, tanto en el caso de paralelismo como en el caso de cruzamientos, se tendrán en cuenta las siguientes consideraciones:

a) A ambos lados de las líneas ferroviarias que formen parte de la red ferroviaria de interés general se establece la línea límite de edificación desde la cual hasta la línea ferroviaria queda prohibido cualquier tipo de obra de edificación, reconstrucción o ampliación.

b) La línea límite de edificación es la situada a 50 metros de la arista exterior de la explanación medidos en horizontal y perpendicularmente al carril exterior de la vía férrea. No se autorizará la instalación de apoyos dentro de la superficie afectada por la línea límite de edificación.

c) Para la colocación de apoyos en la zona de protección de las líneas ferroviarias, se solicitará la oportuna autorización a los órganos competentes de la Administración. La línea límite de la zona de protección es la situada a 70 metros de la arista exterior de la explanación, medidos en horizontal y perpendicularmente al carril exterior de la vía férrea.

d) En los cruzamientos no se podrán instalar los apoyos a una distancia de la arista exterior de la explanación inferior a vez y media la altura del apoyo.

e) En circunstancias topográficas excepcionales, y previa justificación técnica y aprobación del órgano competente de la Administración, podrá permitirse la colocación de apoyos a distancias menores de las fijadas.

5.8.1. Cruzamientos

Son de aplicación las prescripciones especiales definidas en el apartado 5.3. La distancia mínima de los conductores de la línea eléctrica sobre las cabezas de los carriles será la misma que para cruzamientos con carreteras.

5.8.2. Paralelismos

No son de aplicación las prescripciones especiales definidas en el apartado 5.3.

5.9. Distancias a ferrocarriles electrificados, tranvías y trolebuses

Para la instalación de los apoyos, tanto en el caso de paralelismo como en el caso de cruzamientos, se seguirá lo indicado en al apartado 5.8 para ferrocarriles sin electrificar.

5.9.1. Cruzamientos

Son de aplicación las prescripciones especiales definidas en el apartado 5.3. En el cruzamiento entre las líneas eléctricas y los ferrocarriles electrificados, tranvías y trolebuses, la distancia mínima vertical de los conductores de la línea eléctrica, con su máxima flecha vertical, según las hipótesis del apartado 3.2.3, sobre el conductor más alto de todas las líneas de energía eléctrica, telefónicas y telegráficas del ferrocarril será de:

$$D_{add} + D_{el} = 3,5 + D_{el} \quad \text{en metros,}$$

con un mínimo de 4 metros. Los valores de D_{el} se indican en el apartado 5.2 en función de la tensión más elevada de la línea.

Además, en el caso de ferrocarriles, tranvías y trolebuses provistos de trole, o de otros elementos de toma de corriente que puedan accidentalmente separarse de la línea de contacto, los conductores de la línea eléctrica deberán estar situados a una altura tal que, al desconectarse el órgano de toma de corriente, no quede, teniendo en cuenta la posición más desfavorable que pueda adoptar, a menor distancia de aquellos que la definida anteriormente.

En el caso de líneas de alta tensión que soporten cables de fibra óptica, al ser éstos dieléctricos, D_{el} se considerará cero y la distancia mínima entre estos cables de fibra óptica y el conductor más alto de todas las líneas de energía eléctrica del ferrocarril, telefónicas y telegráficas será de 4 m.

5.9.2. Paralelismos

No son de aplicación las prescripciones especiales definidas en el apartado 5.3.

5.10. Distancias a teleféricos y cables transportadores

5.10.1. Cruzamientos

Son de aplicación las prescripciones especiales definidas en el apartado 5.3.

El cruce de una línea eléctrica con teleféricos o cables transportadores deberá efectuarse siempre superiormente, salvo casos razonadamente muy justificados que expresamente se autoricen.

La distancia mínima vertical entre los conductores de la línea eléctrica, con su máxima flecha vertical según las hipótesis del apartado 3.2.3, y la parte más elevada del teleférico, teniendo en cuenta las oscilaciones de los cables del mismo durante su explotación normal y la posible sobre elevación que pueda alcanzar por reducción de carga en caso de accidente será de:

$$D_{add} + D_{el} = 4,5 + D_{el} \quad \text{en metros}$$

con un mínimo de 5 metros. Los valores de D_{el} se indican en el apartado 5.2 en función de la tensión más elevada de la línea.

La distancia horizontal entre la parte más próxima del teleférico y los apoyos de la línea eléctrica en el vano de cruce será como mínimo la que se obtenga de la fórmula anteriormente indicada.

El teleférico deberá ser puesto a tierra en dos puntos, uno a cada lado del cruce, de acuerdo con las prescripciones del apartado 7.

En el caso de líneas de alta tensión que soporten cables de fibra óptica, al ser estos dieléctricos, D_{el} se considerará cero y la distancia mínima entre estos cables de fibra óptica y la parte más elevada del teleférico, teniendo en cuenta las oscilaciones de los cables del mismo durante su explotación normal y la posible sobreelevación que pueda alcanzar por reducción de carga en caso de accidente será de 5 m.

5.10.2. Paralelismos

No son de aplicación las prescripciones especiales definidas en el apartado 5.3.

5.11. Distancias a ríos y canales, navegables o flotables

Para la instalación de los apoyos, tanto en el caso de paralelismo como en el caso de cruzamientos, se tendrán en cuenta las siguientes consideraciones:

a) La instalación de apoyos se realizará a una distancia de 25 metros y, como mínimo, vez y media la altura de los apoyos, desde el borde del cauce fluvial correspondiente al caudal de la máxima avenida. No obstante, podrá admitirse la colocación de apoyos a distancias inferiores si existe la autorización previa de la administración competente.

b) En circunstancias topográficas excepcionales, y previa justificación técnica y aprobación de la Administración, podrá permitirse la colocación de apoyos a distancias menores de las fijadas.

5.11.1. Cruzamientos

Son de aplicación las prescripciones especiales definidas en el apartado 5.3.

En los cruzamientos con ríos y canales, navegables o flotables, la distancia mínima vertical de los conductores, con su máxima flecha vertical según las hipótesis del apartado 3.2.3, sobre la superficie del agua para el máximo nivel que pueda alcanzar ésta será de:

– Líneas de categoría especial:

$$G + D_{add} + D_{el} = G + 3,5 + D_{el} \text{ en metros,}$$

– Resto de líneas:

$$G + D_{add} + D_{el} = G + 2,3 + D_{el} \text{ en metros,}$$

siendo G el gálibo. Los valores de D_{el} se indican en el apartado 5.2 en función de la tensión más elevada de la línea.

En el caso de que no exista gálibo definido se considerará este igual a 4,7 metros.

En el caso de líneas de alta tensión que soporten cables de fibra óptica, al ser estos dieléctricos, D_{el} se considerará cero y la distancia mínima de estos cables de fibra óptica sobre la superficie del agua para el máximo nivel que pueda alcanzar ésta scrá de 7 m para un gálibo mínimo considerado de 4,7 m, debiéndose ampliar en la diferencia entre el gálibo real y 4,7 m.

5.11.2. Paralelismos

No son de aplicación las prescripciones especiales definidas en el apartado 5.3.

5.12. Paso por zonas

En general, para las líneas eléctricas aéreas con conductores desnudos se define la zona de servidumbre de vuelo como la franja de terreno definida por la proyección sobre el suelo de los conductores extremos, considerados éstos y sus cadenas de aisladores en las condiciones más desfavorables, sin contemplar distancia alguna adicional.

Las condiciones más desfavorables son considerar los conductores y sus cadenas de aisladores en su posición de máxima desviación, es decir, sometidos a la acción de su peso propio y a una sobrecarga de viento, según apartado 3.1.2, para una velocidad de viento de 120 km/h a la temperatura de +15 °C.

La aplicación de los parámetros de referencia en la hipótesis de viento es independiente de la categoría de la línea, siendo, para todas las líneas 120 km/h de velocidad de viento y 15°C de temperatura.

Las líneas aéreas de alta tensión deberán cumplir el R.D. 1955/2000, de 1 de diciembre, en todo lo referente a las limitaciones para la constitución de servidumbre de paso.

5.12.1. Bosques, árboles y masas de arbolado

No son de aplicación las prescripciones especiales definidas en el apartado 5.3.

Para evitar las interrupciones del servicio y los posibles incendios producidos por el contacto de ramas o troncos de árboles con los conductores de una línea

eléctrica aérea, deberá establecerse, mediante la indemnización correspondiente, una zona de protección de la línea definida por la zona de servidumbre de vuelo, incrementada por la siguiente distancia de seguridad a ambos lados de dicha proyección:

$$D_{add} + D_{el} = 1,5 + D_{el} \quad \text{en metros,}$$

con un mínimo de 2 metros. Los valores de D_{el} se indican en el apartado 5.2 en función de la tensión más elevada de la línea.

La zona de protección de la línea se calculará para todos los conductores de fase de la línea.

El responsable de la explotación de la línea estará obligado a garantizar que la distancia de seguridad entre los conductores de la línea y la masa de arbolado dentro de la zona de servidumbre de paso satisface las prescripciones de este reglamento, estando obligado el propietario de los terrenos a permitir la realización de tales actividades. Asimismo, comunicará al órgano competente de la administración las masas de arbolado excluidas de zona de servidumbre de paso, que pudieran comprometer las distancias de seguridad establecida en este reglamento. Deberá vigilar también que la calle por donde discurre la línea se mantenga libre de todo residuo procedente de su limpieza, al objeto de evitar la generación o propagación de incendios forestales.

En este apartado, la zona de servidumbre de paso se refiere exclusivamente a la zona de protección de la línea definida por la zona de servidumbre de vuelo, incrementada por la distancia de seguridad definida anteriormente.

- En el caso de que los conductores sobrevuelen los árboles; la distancia de seguridad se calculará considerando los conductores con su máxima flecha vertical según las hipótesis del apartado 3.2.3.

– Para el cálculo de las distancias de seguridad entre el arbolado y los conductores extremos de la línea, se considerarán éstos y sus cadenas de aisladores en sus condiciones más desfavorables descritas en este apartado .

Igualmente deberán ser cortados todos aquellos árboles que constituyen un peligro para la conservación de la línea, entendiéndose como tales los que, por inclinación o caída fortuita o provocada puedan alcanzar los conductores en su posición normal, en la hipótesis de temperatura b) del apartado 3.2.3. Esta circunstancia será función del tipo y estado del árbol, inclinación y estado del terreno, y situación del árbol respecto a la línea.

Los titulares de las redes de distribución y transporte de energía eléctrica deben mantener los márgenes por donde discurren las líneas limpios de vegetación, al objeto de evitar la generación o propagación de incendios forestales. Asimismo, queda prohibida la plantación de árboles que puedan crecer hasta llegar a comprometer las distancias de seguridad reglamentarias.

Los márgenes por donde discurren las líneas comprenden exclusivamente la zona de servidumbre de vuelo (franja de terreno definida por la proyección sobre el suelo de los conductores extremos, considerados éstos y sus cadenas de aisladores en las condiciones más desfavorables, sin contemplar distancia alguna adicional).

Los pliegos de condiciones para nuevas contrataciones de mantenimiento de líneas incorporarán cláusulas relativas a las especies vegetales adecuadas, tratamiento de calles, limpieza y desherbado de los márgenes de las líneas como medida de prevención de incendios.

5.12.2. Edificios, construcciones y zonas urbanas

No son de aplicación las prescripciones especiales definidas en el apartado 5.3.

Se evitará el tendido de líneas eléctricas aéreas de alta tensión con conductores desnudos en terrenos que estén clasificados como suelo urbano, cuando pertenezcan al territorio de municipios que tengan plan de ordenación o como casco de población en municipios que carezcan de dicho plan. No obstante, a petición del titular de la instalación y cuando las circunstancias técnicas o económicas lo aconsejen, el órgano competente de la Administración podrá autorizar el tendido aéreo de dichas líneas en las zonas antes indicadas.

Se podrá autorizar el tendido aéreo de líneas eléctricas de alta tensión con conductores desnudos en las zonas de reserva urbana con plan general de ordenación legalmente aprobado y en zonas y polígonos industriales con plan parcial de ordenación aprobado, así como en los terrenos del suelo urbano no comprendidos dentro del casco de la población en municipios que carezcan de plan de ordenación.

Conforme a lo establecido en el Real Decreto 1955/2000, de 1 de diciembre, no se construirán edificios e instalaciones industriales en la servidumbre de vuelo, incrementada por la siguiente distancia mínima de seguridad a ambos lados:

$$D_{add} + D_{el} = 3,3 + D_{el} \quad \text{en metros,}$$

con un mínimo de 5 metros. Los valores de D_{el} se indican en el apartado 5.2 en función de la tensión más elevada de la línea.

Análogamente, no se construirán líneas por encima de edificios e instalaciones industriales en la franja definida anteriormente.

No obstante, en los casos de mutuo acuerdo entre las partes, las distancias mínimas que deberán existir en las condiciones más desfavorables, entre los conductores de la línea eléctrica y los edificios o construcciones que se encuentren bajo ella, serán las siguientes:

- Sobre puntos accesibles a las personas: $5,5 + D_{el}$ metros, con un mínimo de 6 metros.
- Sobre puntos no accesibles a las personas: $3,3 + D_{el}$ metros, con un mínimo de 4 metros.

Se procurará asimismo en las condiciones más desfavorables, el mantener las anteriores distancias, en proyección horizontal, entre los conductores de la línea y los edificios y construcciones inmediatos.

En el caso de líneas de alta tensión que soporten cables de fibra óptica, al ser éstos dieléctricos, D_{el} se considerará cero y la distancia mínima entre estos cables de fibra óptica y los edificios o construcciones que se encuentren bajo ellos, serán de 6 m sobre puntos accesibles a las personas y 4 m sobre puntos no accesibles.

5.12.3. Proximidad a aeropuertos

No son de aplicación las prescripciones especiales definidas en el apartado 5.3.

Las líneas eléctricas aéreas de AT con conductores desnudos que hayan de construirse en la proximidad de los aeropuertos, aeródromos, helipuertos e instalaciones de ayuda a la navegación aérea, deberán ajustarse a lo especificado en la legislación y disposiciones vigentes en la materia que correspondan.

5.12.4 Proximidad a parques eólicos

No son de aplicación las prescripciones especiales definidas en el apartado 5.3.

Por motivos de seguridad de las líneas eléctricas aéreas de conductores desnudos, no se permite la instalación de nuevos aerogeneradores en la franja de terreno definida por la zona de servidumbre de vuelo incrementada en la altura total del aerogenerador, incluida la pala, más 10 m.

5.12.5. Proximidades a obras

Cuando se realicen obras próximas a líneas aéreas y con objeto de garantizar la protección de los trabajadores frente a los riesgos eléctricos según la reglamentación aplicable de prevención de riesgos laborales, y en particular el Real Decreto 614/2001, de 8 de junio, sobre disposiciones mínimas para la protección de la salud y seguridad de los trabajadores frente al riesgo eléctrico, el promotor de la obra se encargará de que se realice la señalización mediante el balizamiento de la línea aérea. El balizamiento utilizará elementos normalizados y podrá ser temporal.

6. DERIVACIONES, SECCIONAMIENTO Y PROTECCIONES

6.1. Derivaciones, seccionamiento de líneas

Las derivaciones de líneas se efectuarán siempre en un apoyo. En el cálculo de dicho apoyo se tendrán en cuenta las cargas adicionales más desfavorables que sobre el mismo introduzca la línea derivada.

Como regla general, en las derivaciones de líneas se instalarán seccionadores que se ubicarán en el propio apoyo en el que se efectúa la derivación o en un apoyo próximo a dicha derivación siempre que el seccionador quede a menos de 50 m de la derivación. Para líneas de tercera categoría destinadas a distribución de energía eléctrica se admitirá también un sistema de explotación sin necesidad de instalar seccionadores en las derivaciones, siempre que la suma de las potencias instaladas en las líneas que se derivan del mismo seccionador no sobrepase 400 kVA.

Las líneas eléctricas aéreas de 220 kV de tensión nominal, o superior, de nueva construcción, sus modificaciones o las modificaciones de líneas ya existentes, deberán conectarse en cada extremo a una subestación con aparamenta de corte en carga

6.2. Seccionadores o conmutadores. Acoplamiento

Para seccionar una línea en derivación se podrán utilizar interruptores-seccionadores o seccionadores, según se requiera o no corte en carga durante su explotación, ya que los seccionadores no pueden interrumpir circuitos en carga, salvo pequeñas corrientes de valor inferior a 0,5 A.

El esquema unifilar que se debe presentar con el proyecto incluirá posición de seccionadores y conmutadores, así como la posibilidad o no de efectuar maniobras de acoplamiento.

Con carácter general se establecen las siguientes prescripciones:

a) Los seccionadores serán siempre trifásicos, con mando manual o con servomecanismo, a excepción de los empleados en las líneas a que se refiere el apartado b).

b) Únicamente se admitirán seccionadores unipolares accionables con pértiga para líneas de tensión nominal igual o inferior a 30 kV.

c) Los seccionadores tipo intemperie estarán situados a una altura del suelo superior a cinco metros, inaccesibles en condiciones ordinarias, con su accionamiento dispuesto de forma que no pueda ser maniobrado más que por el personal de servicio, y se montarán de tal forma que no puedan cerrarse por gravedad.

d) Las características de los seccionadores serán las adecuadas a la tensión e intensidad máxima del circuito en donde han de establecerse, y sus contactos estarán dimensionados para una intensidad mínima de paso de 200 amperios.

e) Siempre que existan dos alimentaciones interdependientes, se dispondrá un conmutador tripolar que permita tomar energía de una u otra línea alternativamente.

f) En aquellos casos en que el abonado o solicitante de la derivación posea fuentes propias de producción de energía eléctrica; se prohíbe instalar dispositivos con el fin de efectuar maniobras de acoplamiento, a no ser que se ponga de manifiesto la conformidad por ambas partes por escrito. En función del sistema de explotación de red podrán utilizarse autoseccionadores con el fin de aislar la parte de la línea en defecto, limitando la zona afectada por una interrupción de suministro.

6.3. Interruptores

En el caso en que por razones de la explotación del sistema fuera aconsejable la instalación de un interruptor automático en el arranque de la derivación, su instalación y características estarán de acuerdo con lo dispuesto para estos aparatos en el Reglamento sobre condiciones técnicas y garantías de seguridad en centrales eléctricas, subestaciones y centros de transformación. Los interruptores automáticos podrán maniobrarse siguiendo ciclos de reenganche automático, según criterios de explotación para conseguir la máxima continuidad de servicio.

6.4. Protecciones

En las líneas eléctricas y sus derivaciones se dispondrán las protecciones contra sobreintensidades y sobretensiones necesarias de acuerdo con la instalación receptora, de conformidad con lo especificado en Reglamento sobre condiciones técnicas y garantías de seguridad en centrales eléctricas, subestaciones y centros de transformación.

En todos los puntos extremos de las líneas eléctricas, sea cual sea su categoría, por los cuales pueda fluir energía eléctrica en dirección a la línea, se deberán disponer protecciones contra cortocircuitos o defectos en línea, eficaces y adecuadas.

El accionamiento automático de los interruptores podrá ser realizado por relés directos solamente en líneas de tercera categoría.

Se prestará particular atención en el proyecto del conjunto de las protecciones, a la reducción al mínimo de los tiempos de eliminación de las faltas a tierra, para la mayor seguridad de las personas y cosas, teniendo en cuenta la disposición del neutro de la red (puesto a tierra, aislado o conectado a través de una impedancia elevada). El valor de la resistencia de puesta a tierra de los apoyos será el adecuado para garantizar la detección de un defecto franco a tierra de la línea.

7. SISTEMA DE PUESTA A TIERRA

En este capítulo se dan los criterios para el diseño, instalación y ensayo del sistema de puesta a tierra de manera que sea eficaz en todas las circunstancias y mantengan las tensiones de paso y contacto dentro de niveles aceptables.

7.1. Generalidades

El diseño del sistema de puesta a tierra deberá cumplir cuatro requisitos:

a) Que resista los esfuerzos mecánicos y la corrosión (apartado. 7.3.2).

b) Que resista, desde un punto de vista térmico, la corriente de falta más elevada determinada en el cálculo (apartado 7.3.3).

c) Garantizar la seguridad de las personas con respecto a tensiones que aparezcan durante una falta a tierra en los sistemas de puesta a tierra (apartado.7.3.4).

d) Proteger de daños a propiedades y equipos y garantizar la fiabilidad de la línea (apartado 7.3.5).

Estos requisitos dependen fundamentalmente de:

1. Método de puesta a tierra del neutro de la red: neutro aislado, neutro puesto a tierra mediante impedancia o neutro rígido a tierra.

2. Tipo de apoyo en función de su ubicación: apoyos frecuentados y apoyos no frecuentados.

3. Material del apoyo: conductor o no conductor.

Cuando se construya una línea aérea con dos o más niveles de tensión diferentes, se deberán cumplir, para cada nivel de tensión, los cuatro requisitos mencionados. No es necesario considerar faltas simultáneas en circuitos de diferentes tensiones.

En el caso de líneas eléctricas que contengan cables de tierra a lo largo de toda su longitud, el diseño de su sistema de puesta a tierra deberá considerar el efecto de los cables de tierra.

Los apoyos que sean diseñados para albergar las botellas terminales de paso aéreo-subterráneo deberán cumplir los mismos requisitos que el resto de apoyos en función de su ubicación.

Los apoyos que sean diseñados para albergar aparatos de maniobra deberán cumplir los mismos requisitos que los apoyos frecuentados. Los apoyos que soporten transformadores deberán cumplir el Reglamento sobre condiciones técnicas y garantías de seguridad en centrales eléctricas, subestaciones y centros de transformación

7.2. Elementos del sistema de puesta a tierra y condiciones de montaje

7.2.1. Generalidades

El sistema de puesta a tierra estará constituido por uno o varios electrodos de puesta a tierra enterrados en el suelo y por la línea de tierra que conecta dichos electrodos a los elementos que deban quedar puestos a tierra.

Los electrodos de puesta a tierra deberán ser de material, diseño, dimensiones, colocación en el terreno y número apropiados para la naturaleza y condiciones del terreno, de modo que puedan garantizar una tensión de contacto dentro de los niveles aceptables.

El tipo o modelo, dimensiones y colocación (bajo la superficie del terreno) de los electrodos de puesta a tierra deberá figurar claramente en un plano que formará parte del proyecto de ejecución de la línea, de modo que pueda ser aprobado por el órgano competente de la Administración.

El uso de productos químicos para reducir la resistividad del terreno aunque pude estar justificado en circunstancias especiales, plantea inconvenientes, ya que incrementa la corrosión de los electrodos de puesta a tierra, necesita un mantenimiento periódico y no es muy duradero.

7.2.2. Electrodos de puesta a tierra

Los electrodos de puesta a tierra podrán disponerse de las siguientes formas:

a) Electrodos horizontales de puesta a tierra (varillas, barras o cables enterrados) dispuestos en forma radial, formando una red mallada o en forma de anillo. También podrán ser placas o chapas enterradas.

b) Picas de tierra verticales o inclinadas hincadas en el terreno, constituidas por tubos, barras u otros perfiles, que podrán estar formados por elementos empalmables.

7.2.2.1. Instalación de electrodos horizontales de puesta a tierra

Es recomendable que el electrodo de puesta a tierra esté situado a una profundidad suficiente para evitar la congelación del agua ocluida en el terreno,

Los electrodos horizontales de puesta a tierra serán enterrados como mínimo a una profundidad de 0,5 m (habitualmente entre 0,5 m y 1 m). Esta medida garantiza una cierta protección mecánica.

Los electrodos horizontales de puesta a tierra se colocarán en el fondo de una zanja o en la excavación de la cimentación de forma que:

a) se rodeen con tierra ligeramente apisonada,

b) las piedras o grava no estén directamente en contacto con los electrodos de puesta a tierra enterrados,

c) cuando el suelo natural sea corrosivo para el tipo de metal que constituye el electrodo, el suelo se reemplace por un relleno adecuado.

7.2.2.2. Instalación de picas de tierra verticales o inclinadas

Las picas verticales o inclinadas son particularmente ventajosas cuando la resistividad del suelo decrece mucho con la profundidad. Se clavarán en el suelo empleando herramientas apropiadas para evitar que los electrodos se dañen durante su hincado.

Cuando se instalen varias picas en paralelo se separarán como mínimo 1,5 veces la longitud de la pica.

La parte superior de cada pica siempre quedará situada debajo del nivel de tierra.

7.2.2.3. Unión de los electrodos de puesta a tierra

Las uniones utilizadas para conectar las partes conductoras de una red de tierras, con los electrodos de puesta a tierra dentro de la propia red, deberán tener las dimensiones adecuadas para asegurar una conducción eléctrica y un esfuerzo térmico y mecánico equivalente a los de los propios electrodos.

Los electrodos de puesta tierra deberán ser resistentes a la corrosión y no deben ser susceptibles de crear pares galvánicos.

Las uniones usadas para el ensamblaje de picas deben tener el mismo esfuerzo mecánico que las picas mismas y deben resistir fatigas mecánicas durante su colocación. Cuando se tengan que conectar metales diferentes, que creen pares galvánicos, pudiendo causar una corrosión galvánica, las uniones se realizarán mediante piezas de conexión bimetálica apropiadas para limitar estos efectos

7.2.3. Líneas de tierra

7.2.3.1. Instalación de las líneas de tierra

Los conductores de las líneas de tierra deberán instalarse procurando que su recorrido sea lo más corto posible, evitando trazados tortuosos y curvas de poco radio.

Conviene prestar especial atención para evitar la corrosión donde los conductores de las líneas de tierra desnudos entran en el suelo o en el hormigón. En este sentido, cuando en el apoyo exista macizo de hormigón el conductor no debe tenderse por encima de él sino atravesarlo. Se cuidará la protección de los conductores de las líneas de tierra en las zonas inmediatamente superior e inferior al terreno, de modo que queden defendidos contra golpes, etc.

En las líneas de tierra no podrán insertarse fusibles ni interruptores.

7.2.3.2 Conexiones de las líneas de tierra

Las conexiones deben tener una buena continuidad eléctrica, para prevenir cualquier aumento de temperatura inaceptable bajo condiciones de corriente de falta.

Las uniones no deberán poder soltarse y serán protegidas contra la corrosión.

Cuando se tengan que conectar metales diferentes que creen pares galvánicos, pudiendo causar una corrosión galvánica, las uniones se realizarán mediante piezas de conexión bimetálicas apropiadas para limitar estos efectos.

Deben utilizarse los elementos apropiados para conectar los conductores de las líneas de tierra al electrodo de puesta a tierra, al terminal principal de tierra y a cualquier parte metálica.

Conviene que sea imposible desmontar las uniones sin herramientas.

7.2.4. Conexión de los apoyos a tierra

Todos los apoyos de material conductor o de hormigón armado deberán conectarse a tierra mediante una conexión específica. Los apoyos de material no conductor no necesitan tener puesta a tierra. Además, todos los apoyos frecuentados, salvo los de material aislante, deben ponerse a tierra.

La conexión específica a tierra de los apoyos de hormigón armado podrá efectuarse de las dos formas siguientes:

a) Conectando a tierra directamente los herrajes o armaduras metálicas a las que estén fijados los aisladores, mediante un conductor de conexión.

b) Conectando a tierra la armadura del hormigón, siempre que la armadura reúna las condiciones que se exigen para los conductores que constituyen la línea de tierra. Sin embargo, esta forma de conexión no se admitirá en los apoyos de hormigón pretensado.

En los apoyos de hormigón pretensado se deberán conectar específicamente a tierra, mediante un conductor de conexión, las armaduras metálicas que formen puente conductor entre los puntos de fijación de los herrajes de los diversos aisladores.

La conexión a tierra de los pararrayos instalados en apoyos no se realizará ni a través de la estructura del apoyo metálico ni de las armaduras, en el caso de apoyos de hormigón armado. Los chasis de los aparatos de maniobra y las envolventes de los transformadores podrán ponerse a tierra a través de la estructura del apoyo metálico.

Los pararrayos cuando actúan drenan a tierra la corriente del rayo que es de alta frecuencia. Para obtener una adecuada coordinación de aislamiento en toda la línea es necesario que su impedancia de puesta a tierra tenga un valor adecuado. Por este motivo no se pueden conectar los pararrayos a tierra a través del apoyo o de sus armaduras, sino que se debe emplear un camino conductor fiable mediante un cable que se conecte directamente al terminal principal de tierra del apoyo, y cuya impedancia sea pequeña.

7.2.5. Transferencias de potencial

Las transferencias de potencial pueden aparecer a causa de tuberías y vallas metálicas, cables de baja tensión, etc. y es difícil proponer pautas generales ya que las circunstancias varían de un caso a otro.

Las pautas para casos individuales podrán ser establecidas por la compañía eléctrica que explota la línea cuando esta sea de su propiedad.

7.3. Dimensionamiento a frecuencia industrial de los sistemas de puesta a tierra

7.3.1. Generalidades

Los parámetros pertinentes para el dimensionamiento de los sistemas de puesta a tierra son:

a)   Valor de la corriente de falta.

b)   Duración de la falta.

Estos dos parámetros dependen principalmente del método de la puesta a tierra del neutro de la red.

c)   Características del suelo.

7.3.2. Dimensionamiento con respecto a la corrosión y a la resistencia mecánica

Para el dimensionamiento con respecto a la corrosión y a la resistencia mecánica de los electrodos y de las líneas de tierra se seguirán los criterios indicados en el apartado 3 de la MIE-RAT 13.

7.3.2.1. Electrodos de tierra

Los electrodos de tierra que estén directamente en contacto con el suelo deberán ser de materiales capaces de resistir la corrosión (ataque químico o biológico, oxidación, formación de un par electrolítico, electrólisis, etc.).

Deberán resistir las tensiones mecánicas durante su instalación, así como aquellas que ocurran durante el servicio normal.

Los distintos tipos de electrodos que se pueden utilizar son:

- Electrodos verticales formados por barras, tubos o perfiles.

- Electrodos horizontales enterrados formados por cables, varillas o barras y dispuestos en forma radial, en anillo o formando mallas.

Las dimensiones de los electrodos verticales se ajustarán a las especificaciones siguientes:

- Los redondos de cobre o acero recubierto de cobre, no serán de un diámetro inferior a 14 mm. Los de acero sin recubrir no tendrán un diámetro inferior a 20 mm.

- Los tubos no serán de un diámetro inferior a 30 mm ni de un espesor de pared inferior a 3 mm. Los perfiles de acero no serán de un espesor inferior a 5 mm ni de una sección inferior a 350 mm².

Los conductores enterrados, sean de varilla, cable o pletina, deberán tener una sección mínima de 50 mm² los de cobre, y 100 mm² los de acero. El espesor mínimo de las pletinas y el diámetro mínimo de los alambres de los conductores no será inferior a 2 mm los de cobre, y 3 mm los de acero.

7.3.2.2. Líneas de tierra

Los conductores empleados en las líneas de tierra deberán tener una resistencia mecánica adecuada y ofrecerán una elevada resistencia a la corrosión.

Por razones mecánicas, las secciones mínimas de los conductores de las líneas de tierra deberán ser:

a) cobre: 25 mm²

b) aluminio: 35 mm²

c) acero: 50 mm²

Los conductores compuestos (por ejemplo, aluminio-acero) también pueden utilizarse para la puesta a tierra con la condición de que su resistencia sea equivalente a los ejemplos dados. Para conductores de aluminio se deberán considerar los efectos de la corrosión. Los conductores de puesta a tierra hechos de acero necesitan protección contra la corrosión.

7.3.3. Dimensionamiento con respecto a la resistencia térmica

Para el dimensionamiento con respecto a la resistencia térmica de los electrodos y de las líneas de tierra se seguirán los criterios indicados en la MIERAT 13.

7.3.3.1. Generalidades

Dado que la máxima intensidad de corriente de defecto a tierra depende de la red eléctrica, los valores máximos deberán ser proporcionados para cada caso concreto por el operador de la red.

En ciertos casos habrá que tener en cuenta las corrientes homopolares en régimen permanente para un dimensionamiento de la instalación de puesta a tierra.

En la fase de diseño se procurará que las corrientes utilizadas para calcular la sección del conductor tengan en cuenta la posibilidad de un crecimiento futuro.

Puesto que la corriente de falta se reparte entre los diferentes electrodos de la red de tierra, se podrá dimensionar cada electrodo para una fracción de la corriente de falta.

El circuito de puesta a tierra no alcanzará una temperatura excesiva que reduzca la resistencia o provoque daños a los materiales de su alrededor, por ejemplo, hormigón o materiales aislantes.

No se considerará el aumento de temperatura del suelo alrededor de los electrodos de tierra ya que la experiencia muestra que dicho aumento de temperatura es normalmente insignificante.

7.3.3.2. Cálculo de la corriente

El cálculo de la sección de los electrodos de puesta a tierra y de los conductores de puesta a tierra depende del valor y la duración de la corriente de falta, por lo que tendrán una sección tal que puedan soportar, sin un calentamiento peligroso, la máxima corriente de fallo a tierra prevista, durante un tiempo doble al de accionamiento de las protecciones de la línea. Para corrientes de falta que son interrumpidas en menos de 5 segundos, se podrá contemplar un aumento de temperatura adiabático. La temperatura final deberá ser elegida con arreglo al material del electrodo o conductor de puesta a tierra y alrededores del entorno.

Se respetarán las secciones mínimas del apartado 7.3.2.2. Además, cuando se empleen materiales diferentes a los indicados en dicho apartado, la sección deberá ser como mínimo equivalente, desde el punto de vista mecánico, a la sección de 25 mm^2 de cobre y desde el punto de vista térmico a la necesaria para no sobrepasar una temperatura final de 200 °C, o de 300 °C si no existe riesgo de incendio.

7.3.4. Dimensionamiento con respecto a la seguridad de las personas

7.3.4.1. Valores admisibles

Cuando se produce una falta a tierra, partes de la instalación se pueden poner en tensión, y en el caso de que una persona o animal estuviese tocándolas, podría circular a través de él una corriente peligrosa. La norma UNE-IEC/TS 60479-1 da indicaciones sobre los efectos de la corriente que pasa a través del cuerpo humano en función de su magnitud y duración, estableciendo una relación entre los valores admisibles de la corriente que puede circular a través del cuerpo humano y su duración.

Los valores admisibles de la tensión de contacto aplicada, U_{ca}, a la que puede estar sometido el cuerpo humano entre la mano y los pies, en función de la duración de la corriente de falta, se dan en la figura 1:

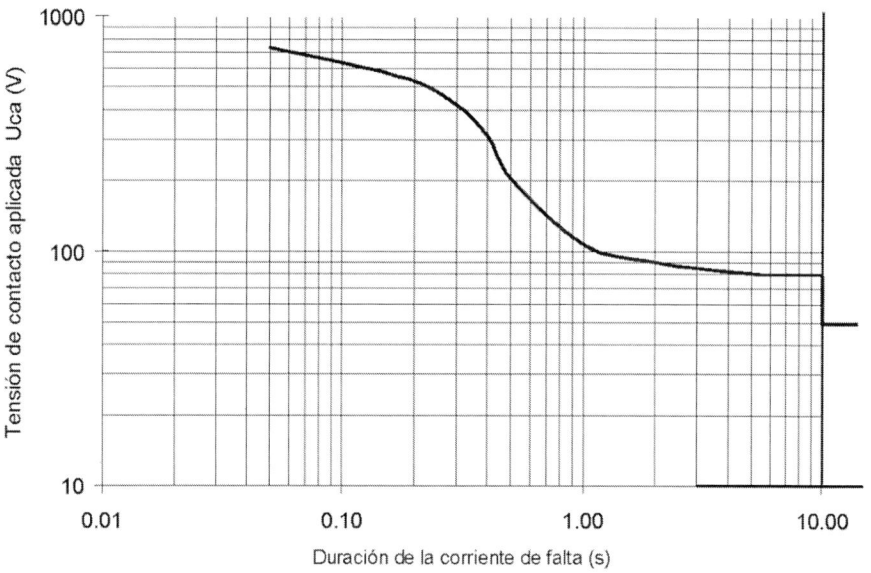

Figura 1. Valores admisibles de la tensión de contacto aplicada U_{ca} en función de la duración de la corriente de falta.

En la tabla 18 se muestran valores de algunos de los puntos de la curva anterior:

Tabla 18. Valores admisibles de la tensión de contacto aplicada U_{ca} en función de la duración de la corriente de falta t_F

Duración de la corriente de falta, t_F (s)	Tensión de contacto aplicada admisible, U_{ca} (V)
0.05	735
0.10	633
0.20	528
0.30	420
0.40	310
0.50	204
1.00	107
2.00	90
5.00	81
10.00	80
> 10.00	50

Esta curva ha sido determinada considerando las siguientes hipótesis:

a) La corriente circula entre la mano y los pies.

b) Únicamente se ha considerado la propia impedancia del cuerpo humano, no considerándose resistencias adicionales como la resistencia a tierra del punto de contacto con el terreno, la resistencia del calzado o la presencia de empuñaduras aislantes, etc.

c) La impedancia del cuerpo humano utilizada tiene un 50% de probabilidad de que su valor sea menor o igual al considerado.

d) Una probabilidad de fibrilación ventricular del 5%.

Estas hipótesis establecen una óptima seguridad para las personas debido a la baja probabilidad de que simultáneamente se produzca una falta a tierra y la persona o animal esté tocando un componente conductor de la instalación.

Salvo casos excepcionales justificados, no se considerarán tiempos de duración de la corriente de falta inferiores a 0,1 segundos.

Para definir la duración de la corriente de falta aplicable, se tendrá en cuenta el funcionamiento correcto de las protecciones y los dispositivos de maniobra. En caso de instalaciones con reenganche automático rápido (no superior a 0,5 segundos), el tiempo a considerar será la suma de los tiempos parciales de mantenimiento de la corriente de defecto.

Cada defecto a tierra será desconectado automática ó manualmente. Por lo tanto, las tensiones de contacto de muy larga duración, o de duración indefinida, no aparecen como una consecuencia de los defectos a tierra.

Para las tensiones de paso no es necesario definir valores admisibles, ya que los valores admisibles de las tensiones de paso aplicadas son mayores que los valores admisibles en las tensiones de contacto aplicadas. Por tanto, si un sistema de puesta a tierra satisface los requisitos numéricos establecidos para tensiones de contacto aplicadas, se puede suponer que, en la mayoría de los casos, no aparecerán tensiones de paso aplicadas peligrosas. Por este motivo no se definen valores admisibles para las tensiones de paso aplicadas. Cuando las tensiones de contacto calculadas sean superiores a los valores máximos admisibles, se recurrirá al empleo de medidas adicionales de seguridad a fin de reducir el riesgo de las personas y de los bienes, en cuyo caso será necesario cumplir los valores máximos admisibles de las tensiones de paso aplicadas, debiéndose tomar como referencia lo establecido en el Reglamento sobre condiciones técnicas y garantías de seguridad en centrales eléctricas, subestaciones y centros de transformación.

A partir de los valores admisibles de la tensión de contacto aplicada, se pueden determinar las máximas tensiones de contacto admisibles en la instalación, U_c, considerando todas las resistencias adicionales que intervienen en el circuito tal y como se muestra en la siguiente figura 2:

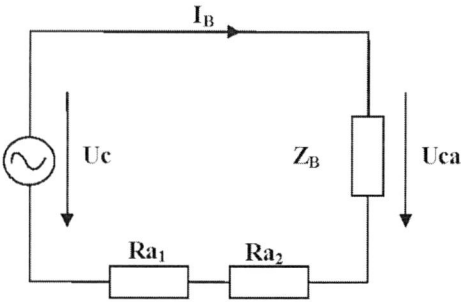

Figura 2. Esquema del circuito de contacto

donde:

U_{ca}, Tensión de contacto aplicada admisible, la tensión a la que puede estar sometido el cuerpo humano entre una mano y los pies.

Z_B, Impedancia del cuerpo humano.

I_B, Corriente que fluye a través del cuerpo;

U_c, Tensión de contacto máxima admisible en la línea que garantiza la seguridad de las personas, considerando resistencias adicionales (por ejemplo, resistencia a tierra del punto de contacto, calzado, presencia de superficies de material aislante).

R_a, Resistencia adicional ($R_a = R_{a1} + R_{a2}$);

R_{a1}, Es, por ejemplo, la resistencia de un calzado cuya suela sea aislante.

R_{a2}, Resistencia a tierra del punto de contacto con el terreno.

$R_{a2} = 1,5\rho s$, donde ρs es la resistividad del suelo cerca de la superficie.

A efectos de los cálculos para el proyecto, para determinar las máximas tensiones de contacto admisibles, U_c, se podrá emplear la expresión siguiente:

$$U_C = U_{ca}\left[1 + \frac{R_{a1} + R_{a2}}{Z_B}\right] = U_{ca}\left[1 + \frac{R_{a1} + 1,5\rho s}{1000}\right]$$

que responde al siguiente planteamiento:

- U_{ca} es el valor admisible de la tensión de contacto aplicada que es función de la duración de la corriente de falta. (figura 1 o tabla 18 de este mismo apartado)

- Se supone que la resistencia del cuerpo humano es de 1000 Ω.

- Se asimila cada pie a un electrodo en forma de placa de 200 cm^2 de superficie, ejerciendo sobre el suelo una fuerza mínima de 250 N, lo que representa una resistencia de contacto con el suelo para cada electrodo de $3\rho_S$, evaluada en función de la resistividad superficial ρ_S del terreno. Al estar los dos pies juntos, la resistencia a tierra del punto de contacto será el equivalente en paralelo de las dos resistencias: $R_{a2} = 1,5\,\rho_S$.

- Según cada caso, R_{a1} es la resistencia del calzado, la resistencia de superficies de material aislante, etc.

7.3.4.2. Clasificación de los apoyos según su ubicación

Para poder identificar los apoyos en los que se debe garantizar los valores admisibles de las tensiones de contacto, se establece la siguiente clasificación de los apoyos según su ubicación:

a) Apoyos frecuentados. Son los situados en lugares de acceso público y donde la presencia de personas ajenas a la instalación eléctrica es frecuente: donde se espere que las personas se queden durante tiempo relativamente largo, algunas horas al día durante varias semanas, o por un tiempo corto pero muchas veces al día, por ejemplo, cerca de áreas residenciales o campos de juego. Los lugares que solamente se ocupan ocasionalmente, como bosques, campo abierto, campos de labranza, etc., no están incluidos.

Se considerarán apoyos frecuentados todos aquellos apoyos situados en suelos clasificados como urbanos o urbanizables programados en los Planes de Ordenación del Territorio. En estos casos es necesario garantizar el cumplimiento de las tensiones de paso y contacto.

Se considera también como frecuentado cualquier apoyo que sea accesible por encontrarse cualquier parte del apoyo a menos de 25 m de aparcamientos, aceras, áreas de festejos populares, romerías, ermitas y áreas de recreo a las que ocasionalmente puedan acudir numerosas personas ajenas a la instalación eléctrica, o a menos de 5 m de las áreas siguientes:

- Construcciones en fincas rústicas en las que cualquier persona pueda permanecer un tiempo prolongado.

- Caminos vecinales situados hasta a 500 m del límite de zona urbana registrados en catastro como tales y con superficie manipulada artificialmente (hormigonado, enlosado, asfaltado, etc.).

El diseño del sistema de puesta a tierra de este tipo de apoyos debe ser verificado según se indica en el apartado 7.3.4.3.

Desde el punto de vista de la seguridad de las personas, los apoyos frecuentados podrán considerarse exentos del cumplimiento de las tensiones de contacto en los siguientes casos:

1. Cuando se aíslen los apoyos de tal forma que todas las partes metálicas del apoyo queden fuera del volumen de accesibilidad limitado por una distancia horizontal mínima de 1,25 m, utilizando para ello vallas aislantes.

2. Cuando todas las partes metálicas del apoyo queden fuera del volumen de accesibilidad limitado por una distancia horizontal mínima de 1,25 m, debido a agentes externos (orografía del terreno, obstáculos naturales, etc.).

3. Cuando el apoyo esté recubierto por placas aislantes o protegido por obra de fábrica de ladrillo hasta una altura de 2,5 m, de forma que se impida la escalada al apoyo.

Estarán exentos del cumplimiento de las tensiones de contacto aquellos apoyos que dispongan, además de dispositivos que dificulten la escalada, de recubrimientos aislantes adecuados como pinturas. En lugar de una placa aislante se puede utilizar una pintura aislante sobre el apoyo con la misma función, siempre que se hayan ensayado sus propiedades de adherencia y aislantes para la tensión prevista de puesta a tierra de la línea.

En estos casos, no obstante, habrá que garantizar que se cumplen las tensiones de paso aplicadas.

A su vez, los apoyos frecuentados se clasifican en dos subtipos:

a.1) Apoyos frecuentados con calzado. se considerará como resistencias adicionales la resistencia adicional del calzado, Ra1, y la resistencia a tierra en el punto de contacto, Ra2. Se puede emplear como valor de la resistencia del calzado 1.000 Ω.

$$R_a = R_{a1} + R_{a2} = 1.000 + 1,5\rho_S$$

Estos apoyos serán los situados en lugares donde se puede suponer, razonadamente, que las personas estén calzadas, como pavimentos de carreteras públicas, lugares de aparcamiento, etc.

a.2) Apoyos frecuentados sin calzado. se considerará como resistencia adicional únicamente la resistencia a tierra en el punto de contacto, R_{a2}. La resistencia adicional del calzado, R_{a1}, será nula.

Estos apoyos serán los situados en lugares como jardines, piscinas, camping, áreas recreativas donde las personas puedan estar con los pies desnudos.

$$R_a = R_{a2} = 1,5\rho_S$$

b) **Apoyos no frecuentados.** Son los situados en lugares que no son de acceso público o donde el acceso de personas es poco frecuente.

Se considerarán no frecuentados los apoyos que no se puedan incluir como frecuentados según lo indicado anteriormente. En estos casos, si se garantiza la desconexión inmediata de la línea en caso de falta a tierra, no es necesario el cumplimiento de las tensiones de paso y contacto.

Los requisitos frente a la seguridad de las personas se establecerán según los parámetros anteriores en la fase de proyecto y se revisarán en las verificaciones o inspecciones reglamentarias correspondientes, tomándose por el propietario de la instalación las medidas oportunas para garantizar la seguridad de las personas.

Cuando un apoyo no frecuentado cambie su condición a frecuentado con motivo de una actuación urbanística o similar no imputable a la explotación de la línea, el propietario de la línea realizará las modificaciones oportunas para garantizar la seguridad de las personas, el cual podrá reclamar al responsable de la actuación.

7.3.4.3. Verificación del diseño del sistema de puesta a tierra

Una vez que se ha realizado el diseño básico del sistema de puesta a tierra, con el que se satisfacen los requisitos a), b) y c) del apartado 7.1, se debe verificar que este diseño permita reducir los peligros motivados por una tensión de contacto excesiva.

La figura 3 muestra esquemáticamente los pasos que se deben tener en cuenta para establecer que el diseño del sistema de puesta a tierra satisface los requisitos de seguridad para las personas.

En la figura 3 se considerará, según corresponda, el valor de la tensión de contacto o de la tensión de paso. Se considerará la tensión de paso cuando se tomen medidas adicionales de seguridad para satisfacer los requisitos de la tensión de contacto.

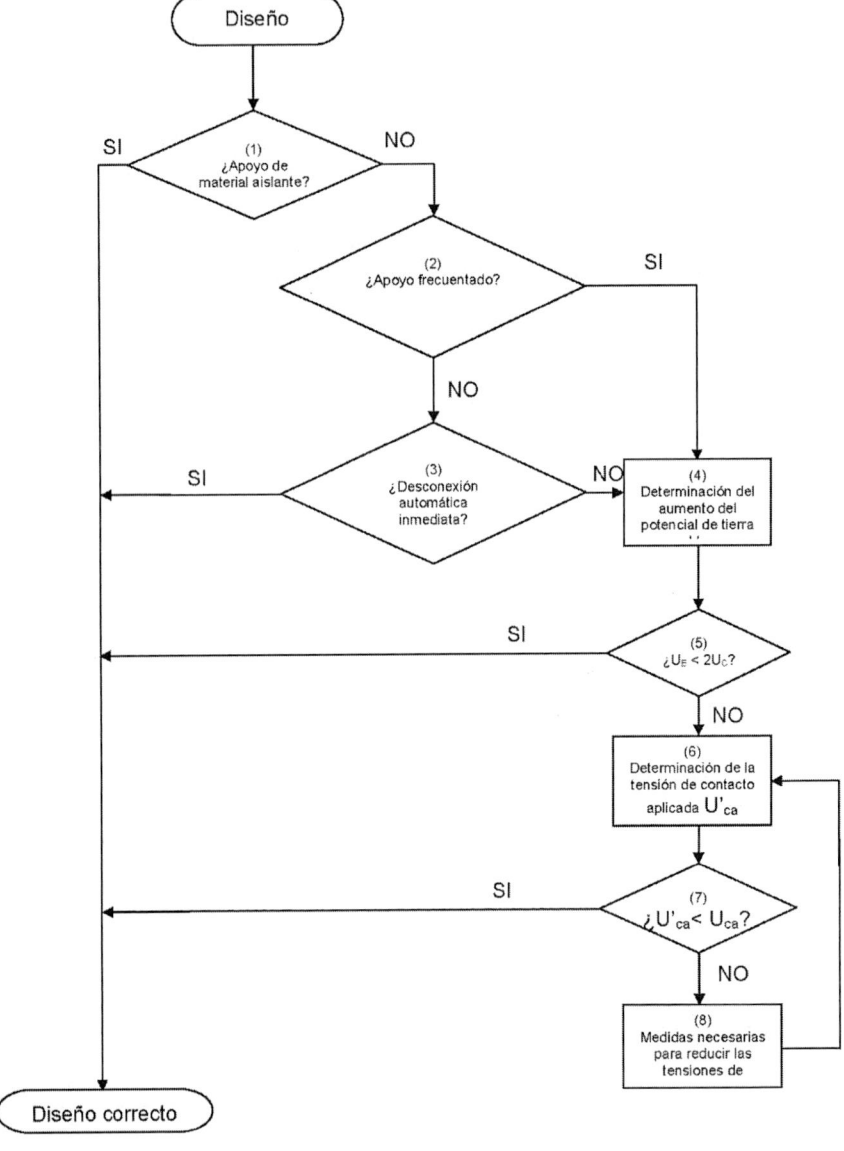

Figura 3. Esquema del diseño de sistemas de puesta a tierra respecto a las tensiones de contacto admisibles

donde:

(1) Para madera y apoyos no conductores, las faltas a tierra no son posibles en la práctica y no hay ninguna prescripción para el sistema de puesta a tierra.

(2) En el caso de tratarse de apoyos frecuentados definidos en el apartado 7.3.4.2, el criterio para la seguridad de las personas debe ser cuidadosamente comprobado.

(3) En aquellos casos en que la línea esté provista con desconexión automática inmediata (en un tiempo inferior a 1 segundo) para su protección, en el diseño del sistema de puesta a tierra de los apoyos no frecuentados no será obligatorio garantizar, a un metro de distancia del apoyo, valores de tensión de contacto inferiores a los valores admisibles indicados en el apartado 7.3.4.1, ya que se puede considerar despreciable la probabilidad de acceso y la coincidencia de un fallo simultáneo. En definitiva, el diseño del sistema de puesta a tierra se considerará satisfactorio desde el punto de vista de la seguridad de las personas, sin embargo, el valor de la resistencia de puesta a tierra será lo suficientemente bajo para garantizar la actuación de las protecciones en caso de defecto a tierra.

El tiempo inferior a 1 segundo puede conseguirse únicamente para valores muy pequeños o nulos de la resistencia de puesta a tierra de los apoyos. En la práctica, cuando se trata de apoyos no frecuentados, es suficiente con que el tiempo de actuación de las protecciones no sea superior a 10 segundos.

---

(4) El aumento de potencial de tierra U_E debe calcularse en el punto donde se produce la falta. Los pasos a dar son:

 – Determinar el valor de la corriente de falta de la línea, $I_F = 3I_0$.

 – Determinar el reparto de la corriente de falta, I_E, conociendo las impedancias del sistema de tierras de la línea.

La corriente a tierra durante una falta viene dada por:

$$I_E = r \times 3I_0 = r \times I_F$$

donde:

I_0 es la corriente homopolar o de secuencia cero durante la falta.

r, factor de reducción por efecto inductivo debido a los cables de tierra, viene determinado por la relación entre la corriente que contribuye a la elevación del potencial de la instalación de tierra (I_E) y la suma de las corrientes de secuencia cero del sistema trifásico hacia la falta ($3I_0$). Para la distribución de corriente equilibrada de una línea aérea, el factor de reducción de un cable de tierra, puede ser calculado sobre la base de la impedancia propia del cable de tierra, Z_{EW-E}, y la impedancia mutua entre los conductores de fase y el cable de tierra Z_{ML-EW}.

$$r = 1 - \frac{Z_{ML-EW}}{Z_{EW'E}}$$

La figura 4 muestra la falta sobre un apoyo, el reparto de la corriente de falta conforme a las impedancias del sistema de tierras y la corriente por efecto inductivo sobre los cables de guarda:

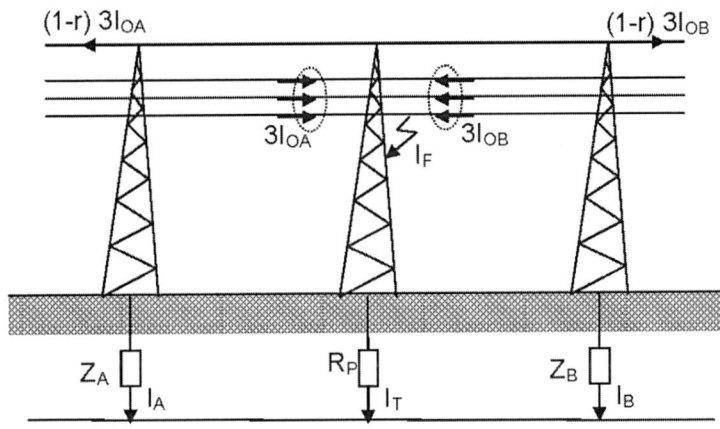

Figura 4. Distribución de corrientes en caso de defecto a tierra.

La corriente a tierra resultante, I_E, se reparte entre el propio apoyo de la falta y los apoyos colindantes a ambos lados de la línea:

$$I_E = r \times 3I_0 = I_T + I_A + I_B$$

La impedancia a tierra se podrá obtener por medición o cálculo, teniendo en cuenta el efecto de los cables de tierra y de los apoyos colindantes (Figura 5).

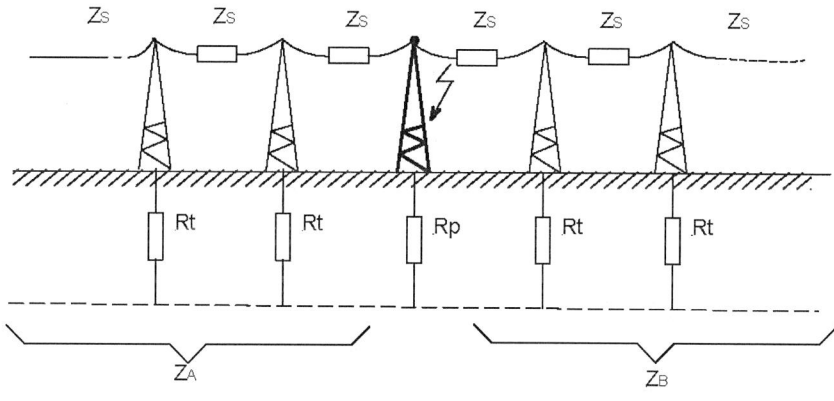

Figura 5. Representación de las impedancias que intervienen en un defecto a tierra.

El paralelo de las impedancias Z_A y Z_B se denomina Z_E:

$$Z_E = \frac{Z_A \times Z_B}{Z_A + Z_B}$$

donde:

$$Z_A = Z_B = \frac{1}{2}\left(Z_S + \sqrt{Z_S \times (4 \times R_t + Z_S)}\right)$$

Z_S, es la impedancia media de los vanos de cable de tierra.

R_t, es la resistencia media de tierra de los apoyos colindantes.

Según se muestra en la figura 6, Z_E es la impedancia equivalente del sistema de puesta a tierra de la línea exceptuando la resistencia de puesta a tierra del apoyo que sufre la falta a tierra.

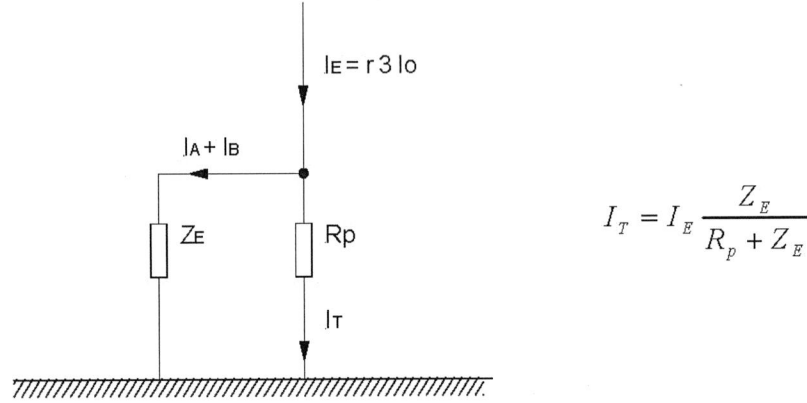

Figura 6. Distribución de corrientes entre las impedancias Z_E y la resistencia de puesta a tierra del apoyo R_P.

La corriente a tierra que circula por el apoyo más cercano a la falta, I_T, determina el aumento del potencial de tierra:

$$U_E = I_T \times R_p$$

Así el aumento del potencial de tierra es,

$$U_E = I_E \times \frac{Z_E \times R_P}{Z_E + R_P}$$

donde

I_E, es la corriente a tierra en la línea.

Z_E, es la impedancia a tierra de la línea exceptuando la resistencia de puesta a tierra del apoyo que sufre la falta a tierra.

R_p, es la resistencia de tierra del apoyo más cercano a la falta.

I_T, es la corriente a tierra que circula por el apoyo más cercano a la falta.

(5) El diseño del sistema de puesta a tierra se podrá considerar correcto si la elevación del potencial de tierra, U_E, es menor que dos veces el valor admisible de la tensión de contacto U_c, especificado en el apartado 7.3.4.1, considerando, en cada caso concreto, las resistencias adicionales que intervengan en el circuito de contacto.

(6)-(7) El proyectista del sistema de puesta a tierra deberá comprobar mediante el empleo de un procedimiento de cálculo sancionado por la práctica que los valores de las tensiones de contacto aplicada, U'_{ca}, que calcule, a un metro de distancia de la estructura, para la instalación proyectada en función de la geometría de la misma, de la corriente de puesta a tierra que considere y de la resistividad correspondiente al terreno, no superen, en las condiciones más desfavorables, los valores admisibles indicados en el apartado 7.3.4.1.

Los métodos de cálculo y valores de las tensiones de contacto aplicadas deberán especificarse en las especificaciones de proyecto.

(8) Si la condición dada en la observación (7) no es satisfecha, entonces deberán tomarse medidas para reducir la tensión de contacto aplicada, hasta que los requisitos sean cumplidos. Estas medidas pueden ser recogidas en las especificaciones de proyecto.

Estas medidas pueden ser por ejemplo: anillos enterrados de repartición de potencial, aislamiento de la torre, incremento de la resistividad de la capa superior del suelo, etc.

Cuando se recurra al empleo de medidas adicionales de seguridad que impidan el contacto con partes metálicas puestas a tierra (por ejemplo, sistemas antiescalo de fábrica de ladrillo), no será necesario calcular la tensión de contacto aplicada. pero será preciso cumplir los valores máximos admisibles de las tensiones de paso aplicadas. Para ello deberá tomarse como referencia lo establecido en el Reglamento sobre condiciones técnicas y garantías de seguridad en centrales eléctricas, subestaciones y centros de transformación.

Una vez construido el sistema de puesta a tierra y para tener una mayor certeza de que el diseño del sistema de puesta a tierra es correcto con respecto a la seguridad de las personas, se deberán realizar las comprobaciones y verificaciones precisas in situ.

Con objeto de comprobar que los valores máximos posibles de la tensión de contacto aplicada son inferiores o iguales a los valores máximos admitidos indicados en el apartado 7.3.4.1, se realizarán estas medidas en los apoyos no frecuentados sin desconexión automática inmediata y en todos los apoyos frecuentados. En las líneas de tercera categoría se podrá sustituir la medida de la tensión de contacto por la medida de resistencia de puesta a tierra, siempre que se haya establecido una correlación, sancionada por la práctica, entre los valores de la tensión de contacto y de la resistencia de puesta a tierra. La medición de la tensión aplicada de contacto se realizará según el apartado 7.3.4.6.

Los potenciales transferidos, si ello ocurre, deberán ser siempre verificados en un cálculo aparte.

7.3.4.4. Condiciones difíciles de puesta a tierra

Cuando por los valores de la resistividad del terreno, de la corriente de puesta a tierra o del tiempo de eliminación de la falta, no sea posible técnicamente, o resulte económicamente desproporcionado mantener los valores de las tensiones de contacto aplicadas dentro de los límites fijados en el apartado 7.3.4.1, deberá recurrirse al empleo de medidas adicionales de seguridad, a fin de reducir los riesgos a las personas y los bienes.

Tales medidas podrán ser entre otras:

a) Hacer inaccesibles los apoyos.

b) Disponer suelos o pavimentos que aíslen suficientemente de tierra las zonas de servicio peligrosas.

c) Aislar todas las partes metálicas de los apoyos que puedan ser tocadas. Se dispondrá el suficiente número de rótulos avisadores con instrucciones adecuadas en las zonas peligrosas.

7.3.4.5. Determinación de las intensidades de defecto para el cálculo de las tensiones de contacto

El proyectista deberá tener en cuenta los posibles tipos de defectos a tierra y las intensidades máximas en los distintos niveles de tensiones existentes en la instalación y tomar el valor más desfavorable.

Para el cálculo de las intensidades de defecto y de puesta a tierra, se ha de tener en cuenta la forma de conexión del neutro a tierra, así como la configuración y características de la red durante el período subtransitorio.

7.3.4.6. Medición de la tensión de contacto aplicada

Para la medición de la tensión de contacto aplicada deberá usarse un método por inyección de corriente.

Se emplearán fuentes de alimentación de potencia adecuada para simular el defecto, de forma que la corriente inyectada sea suficientemente alta, a fin de evitar que las medidas queden falseadas como consecuencia de corrientes vagabundas o parásitas circulantes por el terreno.

Consecuentemente, y a menos que se emplee un método de ensayo que elimine el efecto de dichas corrientes parásitas, por ejemplo, método de inversión de la polaridad, se procurará que la intensidad inyectada sea del orden del 1 por 100 de la corriente para la cual ha sido dimensionada la instalación y en cualquier caso no inferior a 50 A.

Los cálculos se harán suponiendo que para determinar las tensiones de contacto posibles máximas existe proporcionalidad entre la intensidad inyectada y la intensidad de puesta a tierra IE.

Los electrodos de medición para la simulación de los pies con una resistencia a tierra del punto de contacto con el terreno de valor $R_{a2} = 1{,}5\, \rho\, s$, donde ρ_s es la resistividad superficial del suelo, deberán tener cada uno un área de 200 cm^2 y estarán presionando sobre la tierra con una fuerza mínima de 250 N. Para la medición de la tensión de contacto en cualquier parte de la instalación, dichos electrodos deberá estar situados juntos y a una distancia de un metro de la parte expuesta de la instalación. Para suelo seco u hormigón conviene colocar entre el suelo y los electrodos un paño húmedo o una película de agua.

Para la simulación de la mano se empleará un electrodo capaz de perforar el recubrimiento de las partes metálicas para que no actúe como aislante.

Las mediciones se realizarán con un voltímetro de resistencia interna 1000 Ω, que representa la impedancia del cuerpo humano, Z_B. Un terminal del voltímetro será conectado al electrodo que simula la mano y el otro terminal a los electrodos que simulan los pies. De esta forma, el voltímetro indicará directamente el valor de la medición de la tensión de contacto aplicada. $U'_{ca} = U_{Voltímetro}$, siempre que la intensidad inyectada sea igual a la intensidad de puesta a tierra.

En el caso de considerarse la resistencia adicional, R_{a1}, como, por ejemplo, el calzado, se podrá emplear un voltímetro de resistencia interna suma de la resistencia adicional (R_{a1}) considerada y la resistencia del cuerpo humano ($Z_B = 1000$ Ω). En este caso, el valor de la medición de la tensión de contacto aplicada, U'_{ca}, vendrá determinado por:

$$U'_{ca} = U_{Voltímetro} \times \left[\frac{Z_B}{R_{a1} + Z_B} \right]$$

7.3.5. Dimensionamiento para la protección contra los efectos del rayo

Desde el punto de vista del criterio de coordinación de aislamiento, debería tenerse en cuenta que, en el caso de descargas atmosféricas, la magnitud a considerar es la impedancia de onda del electrodo de tierra, que también depende de su forma, dimensiones y resistividad del suelo. El valor de esta impedancia es prácticamente igual al valor de la resistencia, si la longitud del electrodo no supera una longitud crítica L_c. El valor de la longitud crítica depende del valor de la resistividad y de la frecuencia de la onda representativa de la descarga (1 MHz), y viene expresada por la fórmula:

$$L_c(m) = \sqrt{\frac{\rho(\Omega m)}{f(MHz)}}$$

Para electrodos de longitud mayor que la crítica, la impedancia de onda será mayor que la resistencia de tierra. Por lo tanto, es preferible disponer un sistema de tierra compuesto por múltiples electrodos que por uno solo de gran longitud.

Esta fórmula es sólo válida para electrodo rectilíneo horizontal con inyección en un extremo, siendo la frecuencia de 1 MHz la característica para una descarga tipo rayo.

7.3.6. Valor de la resistencia de puesta a tierra de los apoyos

En el caso de líneas eléctricas que contengan cables de tierra a lo largo de toda su longitud, la resistencia de puesta a tierra de los apoyos debe de ser determinada eliminando el efecto de los cables de tierra.

El valor de la resistencia de puesta a tierra debe satisfacer en función del tipo de apoyo los siguientes requisitos:

a) Para apoyos frecuentados de material no aislante: el valor de la resistencia de puesta a tierra debe garantizar un dimensionamiento apropiado con respecto a la seguridad de las personas y a la protección contra los efectos del rayo según los apartados 7.3.4 y 7.3.5, respectivamente.

b) Para apoyos frecuentados o no frecuentados de material no aislante: el valor de la resistencia de puesta a tierra debe asegurar el correcto funcionamiento de las protecciones en caso de defecto a tierra en función del sistema de puesta a tierra del neutro.

7.3.7. Vigilancia periódica del sistema de puesta a tierra

Por la importancia que ofrece, desde el punto de vista de la seguridad, toda instalación de puesta a tierra deberá ser comprobada en el momento de su establecimiento y revisada, al menos, una vez cada 6 años.

La vigilancia periódica de las líneas aéreas permitirá detectar modificaciones sustanciales de sus condiciones de diseño que justifiquen la verificación de la medida de la tensión de contacto aplicada. Por ejemplo, cuando un apoyo no frecuentado adquiera la condición de frecuentado debido a desarrollos urbanísticos o nuevas infraestructuras, o aquellos casos en los que el terreno donde se sitúa un apoyo frecuentado cambia sustancialmente su resistividad, debido por ejemplo a su asfaltado o ajardinamiento.

8. ASEGURAMIENTO DE LA CALIDAD

Es aplicable lo indicado en el apartado 8 de la ITC-LAT 06.

LÍNEAS AÉREAS CON CABLES UNIPOLARES AISLADOS REUNIDOS EN HAZ O CON CONDUCTORES RECUBIERTOS

Instrucción ITC-LAT 08

Índice

1. Prescripciones generales

1.1. Campo de aplicación

Las disposiciones contenidas en la presente instrucción y los capítulos que la desarrollan se refieren a las prescripciones técnicas que deberán cumplir las líneas eléctricas aéreas de alta tensión con cables unipolares aislados reunidos en haz o con conductores recubiertos, entendiéndose como tales las de corriente alterna trifásica de 50 Hz, cuya tensión nominal eficaz entre fases sea superior a 1 kV, con una tensión nominal máxima de la red de 30 kV, según las características actuales de aislamiento de los referidos conductores.

Cuando se produzcan mejoras tecnológicas que permitan la construcción de nuevos conductores que soporten mayores tensiones nominales, previa justificación, se ampliarán los valores de tensión establecidos con carácter general en la presente instrucción.

Las líneas aéreas de alta tensión con conductores recubiertos se emplearán preferentemente como alternativa a las líneas aéreas con conductores desnudos cuando éstas transcurran o deban transcurrir por zonas de arbolado, zonas con fuertes vientos o zonas de protección especial de la avifauna.

Las líneas aéreas de alta tensión con cables unipolares aislados reunidos en haz podrán emplearse, en lugar de líneas aéreas con conductores desnudos, cuando no sea posible técnicamente o resulte económicamente desproporcionado la construcción de líneas subterráneas con cables aislados, o bien en aquellos casos que, por condicionantes locales o circunstancias particulares, se demuestre el interés de su utilización, por ejemplo:

a) Zonas de bosques o de gran arbolado.

b) Zonas no urbanas de elevada polución.

c) Instalaciones provisionales de obras con proximidad de maquinaria móvil.

d) Zonas de circulación en recintos de fábricas e instalaciones industriales.

e) Instalaciones provisionales para zonas en curso de urbanización.

f) Penetración en núcleos urbanos.

1.2. *Clase de corriente* El régimen de funcionamiento de las líneas se preverá para corriente alterna trifásica de 50 Hz de frecuencia.

1.3. *Tensiones nominales normalizadas* En la tabla 1 se indican las tensiones nominales normalizadas en redes trifásicas.

Tabla 1. Tensiones nominales normalizadas en redes trifásicas

TENSIÓN NOMINAL DE LA RED (U_n) kV	TENSIÓN Más ELEVADA DE LA RED (U_s) kV
3	3,6
6	7,2
10	12
15	17,5
20*	24
25	30
30	36

* Tensión de uso preferente en redes de distribución pública.

1.4. *Tensiones nominales no normalizadas* Existiendo en el territorio español redes a tensiones nominales diferentes de las que como normalizadas figuran en el apartado anterior, se admite su utilización dentro de los sistemas a que correspondan.

1.5. *Sistemas de instalación* El sistema de instalación de las líneas eléctricas aéreas de la presente instrucción será mediante red tensada sobre apoyo.

1.6. *Zonas de utilización* A efectos del cálculo de solicitaciones a considerar, se establecen las zonas A, B y C, definidas según se especifica en la ITC-LAT 01.

1.7. *Identificación* A fin de evitar toda posible confusión entre las líneas de AT y BT con cables aislados, se colocarán dispositivos adecuados de señalización de tensiones y advertencia de riesgo eléctrico.

2. Niveles de aislamiento El nivel de aislamiento de las líneas, sean cables unipolares aislados o conductores recubiertos, deberá adaptarse a los valores normalizados indicados en la norma UNE-EN 60071-1, salvo en casos especiales debidamente justificados por el proyectista de la instalación.

2.1. Categorías de las redes

Según la duración máxima de un eventual funcionamiento con una fase a tierra que el sistema de puesta a tierra permita, las redes se clasifican en tres categorías:

Categoría A:

Los defectos a tierra se eliminan tan rápidamente como sea posible y en cualquier caso antes de 1 minuto.

Categoría B:

Comprende las redes que, en caso de defecto, sólo funcionan con una fase a tierra durante un tiempo limitado. Generalmente, la duración de este funcionamiento no deberá exceder de 1 hora, pero podrá admitirse una duración mayor cuando así se especifique en la norma particular del tipo de cable y accesorios considerados.

Convendrá tener presente que en una red en la que un defecto a tierra no se elimina automática y rápidamente, los esfuerzos suplementarios soportados por el aislamiento de los cables y accesorios durante el defecto, reducen la vida de los cables y accesorios en una cierta proporción. Si se prevé que una red va a funcionar bastante frecuentemente con un defecto permanente, puede ser económico clasificar dicha red dentro de la categoría C.

Categoría C:

Esta categoría comprende todas las redes no incluidas ni en la categoría A ni en la categoría B.

En la tabla 2 se especifican las características mínimas de aislamiento de los cables aislados en función de las características de la red.

donde:

U_o: Tensión nominal eficaz a frecuencia industrial entre cada conductor y la pantalla del cable, para la que se han diseñado el cable y sus accesorios.

Tabla 2. Niveles de aislamiento de los cables y sus accesorios

SISTEMATRIFÁSICO			TENSIÓN ASIGNADA		Tensión soportada a impulsos (U_p)kV
Tensión Nominal de la red (U_n) kV	Tensión más elevada de la red (U_s) kV	Categoría de la red	Cable unipolar aislado (U_o/U) kV	Conductor recubierto U	
15	17,5	A-B	8,7/15	15	95
		C	12/20	20	125
20	24	A-B			
		C	15/25	25	145
25	30	A-B			
		C	18/30	30	170
30	36	A-B			

U: Tensión nominal eficaz a frecuencia industrial entre dos conductores cualesquiera para la que se han diseñado el cable y sus accesorios.

Esta magnitud afecta al diseño de cables de campo no radial y a sus accesorios.

U_p: Valor de cresta de la tensión soportada a impulsos de tipo rayo aplicada entre cada conductor y la pantalla para el que se ha diseñado el cable o accesorios.

2.2. Tensiones características de los conductores recubiertos

El nivel de aislamiento de los conductores recubiertos garantizará una tensión soportada especificada a frecuencia industrial de $\dfrac{U_s}{\sqrt{3}}$ durante 5 días, así como una tensión a frecuencia industrial de U_s durante 5 minutos sin perforación de aislamiento.

2.3. Tensiones características del cable unipolar aislado reunido en haz y de sus accesorios

Los cables unipolares aislados reunidos en haz y sus accesorios deberán designarse mediante U_o/U para proporcionar información sobre la adaptación con la aparamenta y los transformadores.

La tensión nominal del cable U_o/U se elegirá en función de la tensión nominal de la red (U_n) y de la duración máxima del eventual funcionamiento del sistema con una fase a tierra.

3. Materiales: cables, conductores, herrajes, accesorios y apoyos

Los materiales y su montaje cumplirán con los requisitos y ensayos de las normas UNE aplicables de la ITC-LAT 02 y, en su caso, las especificaciones particulares de las empresas de transporte y distribución de energía eléctrica que estén aprobadas por el órgano competente de la Administración.

3.1. Condiciones generales

Esta instrucción no es aplicable a los cables dieléctricos autosoportados de telecomunicaciones (ADSS) o dieléctricos adosados de fibra óptica (CADFO). No obstante, según lo previsto por la Ley 54/1997, de 27 de noviembre, del Sector Eléctrico, en su disposición adicional decimocuarta, tales cables dieléctricos autosoportados de telecomunicaciones (ADSS) o los dieléctricos adosados de fibra óptica (CADFO) podrán utilizar como soporte líneas aéreas con cables unipolares aislados reunidos en haz o con conductores recubiertos de alta tensión. Por tanto, estos cables dieléctricos, en lo que les corresponda, cumplirán con las condiciones y requisitos eléctricos y mecánicos, en lo concerniente al montaje y al tendido de acuerdo con sus características, impuestos en esta ITC-LAT 08, como un elemento más de la línea.

3.2. Cables unipolares aislados reunidos en haz

Los cables utilizados en líneas aéreas con cables aislados estarán compuestos por tres cables unipolares aislados cableados en haz alrededor de un fiador de acero u otro material con cubierta protectora.

Los cables unipolares aislados de fase empleados estarán compuestos por conductor, una capa semiconductora interna, aislamiento, capa semiconductora externa, pantalla metálica y cubierta protectora exterior.

3.2.1. Conductor

Los conductores serán de cobre, de aluminio, de aleación de aluminio o de aluminio-acero formando una cuerda circular compacta, según la norma UNE-EN 60228. Las secciones preferentes en aluminio serán de 50, 95 y 150 mm^2. Se podrán utilizar también materiales con características eléctricas y mecánicas equivalentes, siempre que se justifique adecuadamente.

3.2.2. Aislamiento

Se podrá emplear cualquier material adecuado a este fin, según se especifica en la ITC-LAT 02, como son los materiales a base de mezclas termoestables. No se admitirá el aislamiento con papel impregnado.

3.2.3. *Capas semiconductoras y pantalla*

La capa semiconductora sobre el conductor será no metálica y estará constituida por una capa extruida de mezcla semiconductora según norma UNE-HD 620.

La capa semiconductora externa, dispuesta sobre el aislamiento, estará constituida por una capa semiconductora extruida según norma UNE-HD 620. La pantalla dispuesta sobre la capa semiconductora externa será metálica, estará aplicada sobre cada conductor aislado individual, y tendrá una construcción según la norma UNE-HD 620.

3.2.4. *Cubierta*

Todos los conductores de fase de los cables estarán provistos de una cubierta exterior, no metálica, constituida por una mezcla termoplástica (PVC, polietileno o materiales similares) o por una mezcla elastómera vulcanizada (policloropreno, polietileno clorosulfurado o materiales análogos).

El material de la cubierta será adecuado a la temperatura de servicio del cable.

El nivel de aislamiento de la cubierta garantizará, una vez instalado, una tensión soportada a frecuencia industrial de 10 kV, durante 1 minuto.

3.2.5. *Fiador*

Como fiadores se emplearán cables de acero galvanizado según norma UNE-HD 620, con cubierta protectora aislante a base de mezcla elastómera o reticulada, exclusivamente para la protección exterior, así como contra el rozamiento con las fases, y de sección suficiente para soportar el conjunto de conductores aislados, arrollados helicoidalmente sobre el mismo y todas las solicitaciones mecánicas de la línea que sean de prever.

La carga de rotura de estos fiadores será, como mínimo, de 6000 daN y la sección nominal mínima de 50 mm^2.

El nivel de aislamiento mínimo requerido para la cubierta protectora aislante será 4 kV, correspondientes a la tensión soportada durante 1 minuto a frecuencia industrial.

3.2.6. *Marcado*

Los cables se identificarán de forma indeleble mediante marcas adecuadas, regularmente espaciadas y, a modo de leyenda, colocadas en la superficie exterior de la cubierta aislante de los conductores de fase y del cable fiador.

Cada marca estará formada por la identificación del fabricante, la designación completa de los conductores de fase o del cable fiador y las dos últimas cifras del año de fabricación.

3.3. Conductores recubiertos

Los conductores utilizados en líneas aéreas con conductores recubiertos hasta 30 kV de tensión asignada serán unipolares, según la norma UNE-EN 50397,

3.3.1. Conductor

Los conductores deben estar constituidos preferentemente por alambres de aleación de aluminio (AL3) según norma UNE-EN 50183. Se podrán utilizar también materiales con características eléctricas y mecánicas equivalentes, siempre que se justifique adecuadamente.

3.3.2. Recubrimiento

El recubrimiento deberá tener un espesor medio especificado de 2,3 mm como mínimo, aplicando el método de medida indicado en la norma UNE-EN 60811, y estará constituido por una o varias capas de material aislante extruido.

El recubrimiento debe conservar sus propiedades eléctricas y mecánicas ante las inclemencias meteorológicas con el paso del tiempo, lo cual se debe comprobar mediante el ensayo normativo correspondiente (ensayo de erosión o «tracking»).

3.3.3. Marcado

Los conductores se identificarán de forma indeleble mediante marcas adecuadas, regularmente espaciadas, y a modo de leyenda colocada en la superficie exterior del recubrimiento de los conductores.

Cada marca estará formada por la identificación del fabricante, la designación completa de los conductores recubiertos y las dos últimas cifras del año de fabricación.

3.4. Apoyos

Para los conductores recubiertos, en lo que concierne a este apartado, será de aplicación lo correspondiente indicado en el apartado 2.4 de la ITC-LAT 07.

Para los cables aislados reunidos en haz, los apoyos serán adecuados a la función a desempeñar, a las condiciones de instalación y a las solicitaciones mecánicas que vayan a soportar. Podrán ser metálicos, de hormigón, madera u otros materiales apropiados, bien de material homogéneo o combinación de varios de los citados anteriormente.

Los materiales empleados deberán presentar elevada resistencia a la acción de los agentes atmosféricos y, de no presentarla por sí mismos, deberán recibir los tratamientos protectores adecuados.

3.4.1. *Clasificación según su función*

Es aplicable la clasificación del apartado 2.4.1 de la ITC-LAT-07.

3.4.2. *Apoyos metálicos*

Los apoyos metálicos serán de características adecuadas a la función a desempeñar, según lo indicado en el apartado 2.4.2 de la ITC-LAT 07.

3.4.3. *Apoyos de hormigón*

Los apoyos de hormigón serán de características adecuadas a la función a desempeñar, según lo indicado en el apartado 2.4.3 de la ITC-LAT 07.

3.4.4. *Apoyos de madera*

Los apoyos de madera serán de características adecuadas a la función a desempeñar, según lo indicado en el apartado 2.4.4 de la ITC-LAT 07.

3.4.5. *Apoyos de otros materiales*

Los apoyos de otros materiales serán conformes a lo indicado en el apartado 2.4.5 de la ITC-LAT 07.

3.4.6. *Numeración, marcado y avisos de riesgo eléctrico*

Es aplicable lo indicado en el apartado 2.4.7 de la ITC-LAT 07.

3.4.7. *Cimentaciones*

Es aplicable lo indicado en el apartado 2.4.8 de la ITC-LAT 07.

3.5. *Accesorios de los cables*

Serán adecuados a la naturaleza, composición y sección de los cables y, en su caso, no deberán aumentar la resistencia eléctrica de éstos.

3.5.1. *Empalmes, conexiones y derivaciones*

El empalme del fiador garantizará que se mantenga su resistencia mecánica, salvo que éste se realice en los denominados «puentes flojos»: no admitiéndose en ningún caso una reducción del nivel de aislamiento exigido para la cubierta del mismo. Para evitar esta última circunstancia, se adoptará cualquiera de los métodos de reconstitución de aislamiento sancionados por la práctica, tales como encintados, termorretráctiles o similares.

3.5.1.1. Empalme del fiador

3.5.1.2. Empalmes en cables unipolares aislados o conductores recubiertos

Las empalmes se efectuarán siguiendo métodos o sistemas que garanticen una perfecta continuidad eléctrica de los mismos, de su aislamiento, así como de la pantalla y la cubierta, en su caso.

Los empalmes en los cables unipolares aislados no estarán sometidos a esfuerzos mecánicos, utilizándose para ello dispositivos y disposiciones de montaje que eviten esta circunstancia.

3.5.2. *Terminales*

Los terminales tendrán características eléctricas adecuadas al cable sobre el que vayan a instalarse y a las condiciones ambientales (instalación en interior, exterior, nivel de contaminación, etc.).

3.6. *Accesorios y herrajes de fijación*

Se consideran como tales todos los elementos utilizados para la fijación de los cables y fiador a los apoyos y soportes (conjuntos suspensión y amarre). Serán de diseño adecuado a su función y deberán ser resistentes a la acción de los agentes atmosféricos, y cumplirán con las normas aplicables incluidas en la ITC-LAT 02.

4. Cálculos mecánicos

Para los conductores recubiertos, en lo que concierne a este apartado, será de aplicación lo indicado en el capítulo 3 de la ITC-LAT 07.

Los apartados siguientes del presente capítulo son aplicables a los cables unipolares aislados reunidos en haz.

4.1. *Cargas y sobrecargas a considerar*

El cálculo mecánico de los elementos constituyentes de la línea, cualquiera que sea la naturaleza de éstos, se efectuará bajo la acción de las cargas y sobrecargas que a continuación se indican, combinadas en la forma y en las condiciones que se fijan en los apartados siguientes.

En el caso de que puedan preverse acciones de tipo más desfavorables que las que a continuación se prescriben, deberá el proyectista adoptar de modo justificado valores distintos a los establecidos.

4.1.1. *Cargas permanentes*

Se considerarán las cargas verticales debidas al peso propio de los distintos elementos, cables, herrajes, empalmes, aparamenta, apoyos y cimentaciones.

4.1.2. *Fuerzas debidas al viento*

Se considerará un viento de 120 km/h (33,3 m/s) de velocidad.

Se supondrá el viento horizontal actuando perpendicularmente a las superficies sobre las que incide.

La acción de este viento da lugar a las presiones que se indican seguidamente sobre los distintos elementos de la línea:

a) Sobre cables 50 daN/m².

b) Sobre superficies planas: 100 daN/m².

c) Sobre superficies cilíndricas de los apoyos, como postes de madera, hormigón, tubos, etc.: 70 daN/m².

d) Sobre estructuras de celosía se aplicará lo indicado en el apartado 3.1.2.3 de la ITC-LAT 07.

Las presiones anteriormente indicadas se considerarán aplicadas sobre las proyecciones de las superficies reales en un plano normal a la dirección del viento.

Estos valores son válidos hasta una altura de 40 metros sobre el terreno circundante, debiendo para mayores alturas adoptarse otros valores debidamente justificados.

4.1.3. *Sobrecargas motivadas por el hielo*

Las sobrecargas a considerar para cada una de ellas serán las siguientes:

— Zona A: No se tendrá en cuenta sobrecarga alguna motivada por el hielo.

— Zona B: Los cables se considerarán sometidos a la sobrecarga de un manguito de hielo de valor $0,06 \cdot \sqrt{d}$ daN por metro lineal.

— Zona C: Los cables se considerarán sometidos a la sobrecarga de un manguito de hielo de valor $0,12 \cdot \sqrt{d}$ daN por metro lineal.

Siendo d el diámetro del círculo circunscrito al haz (conductores de fase y fiador), en milímetros.

Los valores de las sobrecargas a considerar para cada zona podrán ser modificados si las especificaciones particulares de las empresas de transporte y distribución de energía eléctrica, que estén aprobadas por el órgano competente de la Administración, así lo estableciesen.

4.2. Esfuerzos a considerar en los apoyos

4.2.1. Esfuerzo solicitante vertical

En todos los apoyos, cualquiera que sea su función, se considerará el esfuerzo vertical debido al peso propio de los cables y sobrecargas motivadas por el hielo, si procede, según la zona.

Para ello se tendrá en cuenta en el estudio si los vanos adyacentes se encuentran al mismo nivel o están desnivelados, con objeto de definir el gravivano, circunstancia ésta que influirá en el valor del esfuerzo calculado.

4.2.2. Esfuerzo solicitante horizontal transversal a la línea

En todos los apoyos, cualquiera que sea su función, se considerará el esfuerzo horizontal transmitido por el cable a los apoyos, originado por las sobrecargas de viento en el eolovano correspondiente al apoyo.

En los apoyos de ángulo se considerará el esfuerzo solicitante horizontal transversal a la línea (resultante de ángulo más viento), transmitido como consecuencia de la composición del esfuerzo resultante de ángulo de las tensiones de los haces de los vanos adyacentes con el mencionado esfuerzo solicitante horizontal transversal a la línea, debido a las sobrecargas de viento.

4.2.3. Esfuerzo solicitante horizontal longitudinal a la línea (desequilibrio de tracciones)

Se considerará por este concepto un esfuerzo longitudinal a la línea equivalente a un determinado porcentaje de la tracción unilateral efectuada sobre el fiador.

Este porcentaje se establece en función del tipo de apoyo:

a) Apoyos de alineación y de ángulo con cadenas de suspensión: 8%.

b) Apoyos de alineación y de ángulo con cadenas de amarre: 15%.

c) Apoyos de anclaje: 50%.

d) Apoyos de fin de línea: 100%.

Este esfuerzo, función de la zona, hipótesis y tense que se considere para el fiador o cable de fase, se considerará distribuido en el eje del apoyo, a la altura de los puntos de fijación del cable.

En los apoyos de cualquier tipo que tengan un fuerte desequilibrio de los vanos contiguos, por diferencias de nivel o de las longitudes de éstos, deberá analizarse el desequilibrio de tensiones del cable en la hipótesis de máxima tensión. Si el resultado de este análisis fuera más desfavorable que los valores fijados anteriormente, se aplicarán los valores resultantes de dicho análisis.

4.2.4. *Esfuerzo solicitante horizontal por rotura del fiador (torsión)*

Se considerará la rotura de un cable fiador por apoyo, independientemente del número de circuitos instalados en él. Este esfuerzo se considerará aplicado en el punto que produzca la solicitación más desfavorable para cualquier elemento del apoyo, teniendo en cuenta la torsión producida en el caso de que aquel esfuerzo sea excéntrico.

Se considerará el esfuerzo unilateral, correspondiente a la rotura de un solo fiador por apoyo, cuando existan varios circuitos.

En los apoyos de ángulo se valorará, además del esfuerzo de torsión que se produce, según lo indicado, el esfuerzo de ángulo creado por esta circunstancia en su punto de aplicación.

4.2.5. *Esfuerzos resultantes de ángulo*

En los apoyos situados en un punto en el que el trazado de la línea ofrezca un cambio de dirección, se tendrá además en cuenta el esfuerzo resultante de ángulo.

4.3. Cables unipolares aislados reunidos en haz

La tracción máxima del fiador o cable de fase no resultará superior a su carga de rotura dividida por 3, considerando las hipótesis siguientes:

4.3.1. *Tracción máxima admisible*

a) Cable unipolar aislado reunido en haz sometido a la acción de su peso propio y a una fuerza debida al viento, según el apartado 4.1.2, a la temperatura de −5 °C en zona A − 10 °C en zona B y −15 °C en zona C.

b) Cable unipolar aislado reunido en haz sometido a la acción de su peso propio y a la sobrecarga motivada por el hielo correspondiente a la zona, según el apartado 4.1.3, a la temperatura de −15°C.

c) Cable unipolar aislado reunido en haz sometido a la acción de su peso propio y a la sobrecarga motivada por el hielo correspondiente a la zona, según el apartado 4.1.3, a la temperatura de −20°C.

De estas tres hipótesis se comprobará cual es la más desfavorable para cada zona, de acuerdo con los siguientes criterios:

Zona A: hipótesis a).

Zona B: hipótesis a) ó b).

Zona C: hipótesis a) ó c).

Hipótesis adicional: Se considerará el cable unipolar aislado reunido en haz sometido a la acción de su peso propio y a una fuerza debida al viento. Esta sobrecarga se considerará aplicada a una temperatura de -10 °C para la zona B, y de -15 °C en zona C. En el caso de preverse sobrecargas excepcionales de viento, su valor será fijado por el proyectista o de acuerdo con las especificaciones particulares de la empresa eléctrica, en función de las velocidades registradas en las estaciones meteorológicas más próximas a la zona por donde transcurre la línea.

4.3.2. Comprobación de fenómenos vibratorios

En general, estos fenómenos no han de considerarse en este tipo de instalación.

No obstante, en caso de que en la zona atravesada por la línea se prevea la aparición de vibraciones en el cable, se deberá comprobar el estado tensional del fiador a estos efectos.

Para ello se verificará que la tensión de trabajo del fiador o cable de fase, a la temperatura de 15 °C sin sobrecarga alguna, únicamente considerando el peso propio del haz, no exceda del 21% de la carga de rotura del fiador o cable de fase.

4.3.3. Flecha máxima

De acuerdo con las sobrecargas a considerar expuestas en los apartados 4.1.2 y 4.1.3, se determinará la flecha máxima del cable en las hipótesis siguientes para las zonas A, B y C:

a) Hipótesis de viento: Cable sometido a la acción de su propio peso y una fuerza debida al viento, según el apartado 4.1.2, a la temperatura de 15°C.

b) Hipótesis de temperatura: Cable sometido a la acción de su propio peso, a la temperatura máxima previsible, teniendo en cuenta las condiciones climatológicas. Esta temperatura no será inferior a 50 °C.

c) Hipótesis de hielo: Cable sometido a la acción de su propio peso y a la sobrecarga motivada por el hielo correspondiente a la zona, según el apartado 4.1.3, a la temperatura de 0 °C.

4.4. _Apoyos_

4.4.1. Criterios de agotamiento

Es aplicable lo indicado en el apartado 3.5.1 de la ITC-LAT 07 4.4.2 Características resistentes de los diferentes materiales Se seguirá lo indicado en el apartado 3.5.2 de la ITC-LAT 07. 4.4.3 Hipótesis de cálculo

Las diferentes hipótesis que se tendrán en cuenta en el cálculo de los apoyos serán las indicadas en las tablas 3 y 4, según el tipo de apoyo.

En el caso de apoyos especiales se considerarán las distintas acciones definidas en los apartados 4.1 y 4.2 de este capítulo que puedan corresponderles de acuerdo con su fun-

Tabla 3. Apoyos de líneas situados en zona A (altitud inferior a 500 metros)

TIPO DE APOYO	1.ª HIPÓTESIS (Viento)	3.ª HIPÓTESIS (Desequilibrio de tracciones)	4.ª HIPÓTESIS (Rotura de conductores)
ALINEACIÓN	Cargas permanentes Viento Temperatura −5 °C	Cargas permanentes Desequilibrio de tracciones Temperatura −5 °C	Cargas permanentes Rotura del fiador Temperatura −5 °C
ÁNGULO	Cargas permanentes Viento Resultante de ángulo Temperatura −5 °C	Cargas permanentes Desequilibrio de tracciones Temperatura −5 °C	Cargas permanentes Rotura del fiador Temperatura −5 °C
ANCLAJE	Cargas permanentes Viento Temperatura −5 °C	Cargas permanentes Desequilibrio de tracciones Temperatura −5 °C	Cargas permanentes Rotura del fiador Temperatura −5 °C
FIN DE LÍNEA	Cargas permanentes Viento Desequilibrio de tracciones Temperatura −5 °C		Cargas permanentes Rotura del fiador Temperatura −5 °C

Tabla 4. Apoyos de líneas situadas en zonas B y C (altitud igual o superior a 500 metros)

TIPO DE APOYO	1.ª HIPÓTESIS (Viento)	2.ª HIPÓTESIS (Hielo)	3.ª HIPÓTESIS (Desequilibrio de tracciones)	4.ª HIPÓTESIS (Rotura de conductores)
ALINEACIÓN	Cargas permanentes Viento Temperatura según zona	Cargas permanentes Hielo, según zona Temperatura, según zona	Cargas permanentes Hielo, según zona Desequilibrio de tracciones Temperatura, según zona	Cargas permanentes Hielo, según zona Rotura del fiador Temperatura según zona
ÁNGULO	Cargas permanentes Viento Resultante de ángulo Temperatura según zona	Cargas permanentes Hielo, según zona Resultantes de ángulo Temperatura, según zona	Cargas permanentes Hielo, según zona Desequilibrio de tracciones Temperatura, según zona	Cargas permanentes Hielo, según zona Rotura del fiador Temperatura, según zona
ANCLAJE	Cargas permanentes Viento Temperatura según zona	Cargas permanentes Hielo, según zona Temperatura, según zona	Cargas permanentes Hielo, según zona Desequilibrio de tracciones Temperatura, según zona	Cargas permanentes Hielo, según zona Rotura del fiador Temperatura según zona
FIN DE LÍNEA	Cargas permanentes Viento Desequilibrio de tracciones Temperatura según zona	Cargas permanentes Hielo, según zona Desequilibrio de tracciones Temperatura, según zona		Cargas permanentes Hielo, según zona Rotura del fiador Temperatura, según zona

ción, combinadas en unas hipótesis acordes con las pautas generales seguidas en el establecimiento de las hipótesis de los apoyos normales.

En los apoyos de alineación y de ángulo, con fiador de carga de rotura inferior a 6470 daN, se puede prescindir de la consideración de la cuarta hipótesis cuando en la línea se verifiquen simultáneamente las siguientes condiciones:

a) Que el fiador tenga un coeficiente de seguridad de 3 como mínimo;

b) Que el coeficiente de seguridad de los apoyos y cimentaciones en la hipótesis tercera sea el correspondiente a las hipótesis normales;

c) Que se instalen apoyos de anclaje cada 3 kilómetros como máximo.

En los restantes tipos de apoyos sí se deberá considerar la cuarta hipótesis.

Para la hipótesis de viento la temperatura en zona B corresponde a -10 °C y en zona C a -15 °C. Para la hipótesis de hielo la temperatura en zona B corresponde a -15 °C y en zona C a -20 °C.

4.4.4. *Coeficientes de Seguridad*

Para los coeficientes de seguridad de los apoyos se aplicará el criterio establecido en el apartado 3.5.4 de la ITC-LAT 07.

4.5. *Cimentaciones*

Se seguirá todo lo indicado al respecto en el apartado 3.6. de la ITC-LAT 07.

4.6. *Herrajes*

Se considerarán bajo esta denominación todos los elementos utilizados para la fijación del fiador portante del haz o cables de fase al apoyo, soportes, etc.

Los herrajes serán de diseño adecuado a su función mecánica y eléctrica, deberán estar protegidos contra la acción corrosiva de la atmósfera y, particularmente, cuando sea de temer la aparición de efectos electrolíticos.

Los que vayan a estar sometidos a tensión mecánica, deberán tener un coeficiente de seguridad igual o superior a 3 respecto a su carga mínima de rotura; salvo que ésta esté contrastada mediante ensayos, en cuyo caso se podrá reducir a 2,5.

En los empleados para limitar los esfuerzos transmitidos a los apoyos, deberán justificarse plenamente sus características, así como la permanencia de las mismas.

Las grapas de amarre del fiador deberán soportar, como mínimo, el 90% de la carga de rotura del fiador o cable de fase, sin que se produzca su deslizamiento.

5. Cálculos eléctricos

5.1. Intensidades máximas admisibles

Las intensidades máximas admisibles:

— en los conductores en régimen permanente

— de cortocircuito en los conductores,

— de cortocircuito en las pantallas,

serán facilitadas por el fabricante.

Para el cálculo de las intensidades máximas admisibles en los conductores, se aplicará el método establecido en la norma UNE 21144 y de acuerdo con las condiciones de instalación previstas.

Las intensidades máximas admisibles de cortocircuito en los conductores se calcularán de acuerdo con el apartado 6.2 de la ITC-LAT 06.

Sobre estas premisas se han recogido, en las diferentes tablas del presente capítulo, los valores de las distintas intensidades.

Se permitirán otros valores distintos de intensidades permanentes admisibles de los indicados en este apartado, siempre que correspondan con valores actualizados y publicados en las normas EN y CEI aplicables.

5.1.1. Cables unipolares aislados reunidos en haz

En la tabla 5 se especifican las intensidades máximas permanentes admisibles en los cables unipolares aislados de AT reunidos en haz, obtenidas de acuerdo con la condición tipo de instalación que se considera como normal especificada en el apartado 5.1.1.2 y con las temperaturas máximas admisibles asignadas a los conductores para los distintos tipos de aislamiento especificados en el apartado 5.1.1.1.

5.1.1.1. Temperaturas máximas admisibles en los conductores

Las intensidades máximas admisibles en servicio permanente dependen, en cada caso, de la temperatura máxima que el aislamiento puede soportar sin alteraciones en sus propiedades eléctricas, mecánicas o químicas. Esta temperatura es función del tipo de aislamiento y del régimen de carga.

Tabla 5. Intensidades máximas permanentes admisibles (A) para tensiones asignadas hasta 18/30 kV

EN CONDUCTORES DE ALUMINIO		
SECCIÓN DE LOS CONDUCTORES (mm²)	INSTALACIÓN AL AIRE	
	AISLAMIENTO	
	XLPE	EPR
25	110	100
50	160	150
95	245	235
150	320	305

Para cables sometidos a ciclos de carga, las intensidades máximas admisibles podrán ser superiores a las correspondientes en servicio permanente.

Las temperaturas máximas admisibles de los conductores, en servicio permanente y en cortocircuito, para cada tipo de aislamiento, se especifican en la tabla 6.

Tabla 6. Temperatura máxima en °C asignada al conductor

TIPO DE AISLAMIENTO	CONDICIONES	
	SERVICIO PERMANENTE θ_n	CORTOCIRCUITO θ_{cc} (duración máxima 5 s)
Polietileno reticulado (XLPE) Etileno-Propileno (EPR)	90 90	250 250

5.1.1.2. Condición tipo de instalación

Se considera como condición tipo a efectos de determinar las intensidades máximas permanentes admisibles, la siguiente:

Instalación al aire:

a) terna de cables unipolares con conductor de aluminio, cableados en haz alrededor de un fiador adecuado con recubrimiento aislante,

b) temperatura del aire ambiente 40 °C,

c) disposición que permita una eficaz renovación del aire.

5.1.1.3. Condiciones especiales de instalación y coeficientes de corrección de la intensidad máxima admisible

La intensidad admisible de un cable determinada por las condiciones tipo de instalación cuyas características han sido especificadas en el apartado 5.1.1.2, deberá corregirse considerando cada una de las características de la instalación real que difiera de aquéllas, de forma que el incremento de temperatura provocado por la circulación de la intensidad calculada no dé lugar a una temperatura en el conductor que sea superior a la señalada en el apartado 5.1.1.1.

Instalación al aire en ambientes de temperatura distinta a 40°C

Cuando las condiciones reales de temperatura ambiente sean distintas de 40 °C, la intensidad máxima admisible deberá corregirse aplicando los factores de corrección de la tabla 7.

Tabla 7. Factores de corrección de la intensidad máxima admisible en función de la temperatura ambiente

TEMPERATURA °C	15	20	25	30	35	40	45	50
Factor de corrección	1,23	1,18	1,14	1,10	1,05	1	0,95	0,90

Instalación expuesta directamente al sol

El coeficiente de corrección a aplicar es muy variable. Se recomienda no obstante el valor 0,9.

5.1.1.4. Intensidades de cortocircuito admisibles en los conductores

Se seguirá lo establecido en el apartado 6.2 de la ITC-LAT 06 de cables aislados subterráneos, aplicables a los aislamientos de XLPE y EPR.

5.1.1.5. Intensidades de cortocircuito máximas admisibles en las pantallas

Las intensidades de cortocircuito máximas admisibles en la pantalla se determinarán en función del tiempo de duración del cortocircuito, considerando una temperatura inicial de la pantalla de 70 °C y una temperatura máxima de la misma de 160°C, teniendo en cuenta que las cubiertas exteriores de los conductores de fase son termoplásticos.

Debido a que la superficie de disipación es notable comparada con la masa de la pantalla, se considerará la disipación del calor durante el fenómeno.

En cualquier caso, se satisfarán las prescripciones al respecto expuestas en las normas UNE 21192 y UNE 211003 partes 1, 2 y 3, siendo el dimensionamiento mínimo tal que la pantalla permita el paso de una corriente de 1.000 A durante 1 segundo.

5.1.2. *Conductores recubiertos*

En la tabla 8 se especifican de forma orientativa las intensidades máximas permanentes admisibles en los conductores recubiertos de AT para algunos de los tipos más utilizados, obtenidas de acuerdo con la condición tipo de instalación que se considera como normal, especificada en el apartado 5.1.2.2 y de las temperaturas máximas admisibles asignadas a los conductores para el tipo de recubrimiento especificado en el apartado siguiente.

Tabla 8. Intensidades máximas permanentes admisibles (A) para tensiones asignadas hasta 18/30kV

Conductores de aluminio con alma de acero

DESIGNACIÓN SEGÚN UNE-EN 50183	SECCIÓN DE LOS CONDUCTORES (mm²)	INSTALACIÓN AL AIRE RECUBRIMIENTO XLPE
47-AL 1/8ST1A	54,6	180
94-AL 1/22ST1A	116,2	315

Nota: Los valores indicados pueden tomarse como orientativos, su cálculo se establece en la norma UNE 21144.

Conductores de aleación aluminio-magnesio-silicio

DESIGNACIÓN SEGÚN UNE-EN 50182	SECCIÓN DE LOS CONDUCTORES (mm²)	INSTALACIÓN AL AIRE RECUBRIMIENTO XLPE
55-AL3	54,6	191
117-AL3	117	360

Nota: Los valores indicados pueden tomarse como orientativos, su cálculo se establece en la norma UNE 21144.

5.1.2.1. Intensidad máxima admisible en los conductores

Las intensidades máximas admisibles en servicio permanente dependen en cada caso de la temperatura máxima que el recubrimiento puede soportar sin alteraciones en sus propiedades eléctricas, mecánicas o químicas. Esta temperatura es función del tipo de recubrimiento y del régimen de carga.

Para conductores sometidos a ciclos de carga, las intensidades máximas admisibles serán superiores a las correspondientes en servicio permanente.

Las temperaturas máximas admisibles de los conductores, en servicio permanente y en cortocircuito, se especifican en la tabla 6.

5.1.2.2. Condición tipo de instalación

Se considera como condición tipo a efectos de determinar las intensidades máximas permanentes admisibles, la siguiente:

a) instalación al aire,

b) temperatura del aire ambiente 40 °C.

5.1.2.3. Condiciones especiales de instalación y coeficientes de corrección de la intensidad máxima admisible

La intensidad admisible de un conductor, determinada por las condiciones tipo de instalación cuyas características han sido especificadas en el apartado 5.1.2.2, deberá corregirse considerando cada una de las características de la instalación real que difieran de aquéllas, de forma que el incremento de temperatura provocado por la circulación de la intensidad calculada no dé lugar a una temperatura en el conductor que sea superior a la señalada en el apartado 5.1.2.1.

Instalación al aire en ambientes de temperatura distinta a 40 °C

Cuando las condiciones reales de temperatura ambiente sean distintas de 40 °C, la intensidad máxima admisible deberá corregirse aplicando los coeficientes de corrección de la tabla 9.

Tabla 9. Coeficiente de corrección de la intensidad máxima admisible en función de la temperatura ambiente

TEMPERATURA °C	15	20	25	30	35	40	45	50
Coeficiente de corrección	1,22	1,18	1,14	1,10	1,05	1	0,95	0,90

Instalación expuesta directamente al sol

El coeficiente de corrección a aplicar es muy variable. Se recomienda, no obstante, el valor de 0,9.

5.1.2.4. Intensidades de cortocircuito admisibles en los conductores

En la tabla 10 se indican las intensidades de cortocircuito admisibles en los conductores recubiertos de AT para diferentes tiempos de duración del cortocircuito.

Estas intensidades se han calculado de acuerdo con las temperaturas especificadas en la tabla 6, considerando que todo el calor desprendido durante el proceso es absorbido por los conductores, ya que la masa de éstos es muy grande comparada con la superficie de disipación del calor y la duración del proceso es relativamente corta.

Tabla 10. Conductores recubiertos. Intensidades de cortocircuito admisibles en los conductores (kA)

Designación	Sección nominal (mm²)	Temperatura máxima admisible* (°c)	Duración del cortocircuito (s):								
			0,1	0,2	0,3	0,5	1,0	1,5	2,0	2,5	3
47-AL1/8-ST1A	54,6	250	14,7	10,5	8,58	6,69	4,79	3,95	3,44	3,10	2,85
94-AL1/22ST1A	116,2	250	28,9	20,5	16,8	13,1	9,33	7,67	6,68	6,00	5,51
55-AL3	54,6	250	13,4	9,51	7,77	6,02	4,25	3,47	3,01	2,69	2,46
117-AL3	117	250	32,6	23,1	18,8	14,6	10,3	8,42	7,29	6,52	5,96

* Las intensidades indicadas corresponden a una temperatura máxima en el conductor al final del cortocircuito de 250 °C, suponiendo que inicialmente su temperatura era de 90 °C y que el calentamiento se efectúa adiabáticamente.

5.2. *Otros cables o sistemas de instalación*

Para cualquier otro tipo de cable o composiciones u otro sistema de instalación no contemplado en esta instrucción, así como para los cables que no figuran en las tablas anteriores, para el cálculo de las corrientes máximas admisibles deberá consultarse la-norma UNE 20435 o calcularse según la norma UNE 21144.

6. Distancias mínimas de seguridad. Cruzamientos y paralelismos

Se considerarán las distancias eléctricas básicas D_{el} y D_{pp} especificadas en el apartado 5.2 de la ITC-LAT 07.

6.1. *Consideraciones generales*

6.2. *Prescripciones especiales*

En ciertas situaciones especiales, como cruzamientos y paralelismos con otras líneas o con vías de comunicación, zonas urbanas, etc., y con objeto de reducir la probabilidad de accidente, aumentando la seguridad de la línea, además de las distancias mínimas se deberán cumplir las prescripciones especiales detalladas en este capítulo.

Estas últimas no serán aplicables en caso de que los cruces y paralelismos sean con cursos de agua no navegables, caminos de herradura, sendas, veredas, cañadas y cercados no edificados, salvo que estos últimos puedan exigir un aumento de altura de los cables.

En aquellos tramos de línea que, debido a sus características especiales, haya que reforzar sus condiciones de seguridad, no será necesario el empleo de apoyos distintos de los que corresponda establecer por su situación en la línea (alineación, ángulo, anclaje, etc.), ni la limitación de la longitud en los vanos, que podrá ser la adecuada con arreglo al perfil del terreno y a la altura de los apoyos.

Por el contrario, será preceptiva la aplicación en estos tramos, con carácter general, de las siguientes prescripciones especiales:

a) Se prohíbe la utilización de apoyos de madera, salvo en los casos indicados anteriormente, siempre y cuando su fijación al terreno se realice mediante zancas metálicas o de hormigón.

b) Los coeficientes de seguridad de cimentaciones, apoyos y crucetas, para hipótesis normales, serán un 25% superiores a los establecidos en el capítulo 6 de la presente instrucción.

c) Los accesorios de fijación del fiador o de los conductores recubiertos serán antideslizantes.

Las líneas con cables unipolares aislados de AT reunidos en haz o con conductores recubiertos deberán presentar, por lo que se refiere a los vanos de cruce con las vías e instalaciones que se señalan, las condiciones que para cada caso se indican, bien entendido que, además de estas prescripciones, deberán cumplirse las condiciones especiales que, como consecuencia de disposiciones legales, pudieran imponerse a causa de estos cruzamientos, conforme a los que deberá solicitarse, según los casos, autorización previa al organismo competente de la Administración para efectuar los mismos.

Las líneas de diferentes tensiones instaladas sobre apoyos comunes se considerarán como de tensión igual a la de la más elevada, a los efectos de explotación, conservación y seguridad, en relación con personas y cosas. En el caso de que una de ellas tenga los conductores desnudos se considerará, a los citados efectos, a la línea con cable aislado como si también fuese con conductores desnudos.

Se entiende que existe paralelismo cuando dos o más líneas próximas siguen sensiblemente la misma dirección, aunque no sean rigurosamente paralelas.

Para el pintado de color verde en los apoyos de las líneas aéreas de transporte de energía eléctrica de alta tensión o cualquier otro pintado que sirva de mimetización con el paisaje, el titular de la instalación deberá contar con la aceptación de los Organismos competentes en materia de misiones de aeronaves en vuelos a baja cota con fines humanitarios y de protección de la naturaleza.

6.3. *Distancias de los conductores entre sí y entre éstos y los apoyos*

La distancia entre los conductores y los apoyos será la adecuada para que, en las condiciones más desfavorables de entre las hipótesis contempladas en el apartado 4.4.3 de la presente instrucción, no sea posible el deterioro de los mismos, como consecuencia de los movimientos u oscilaciones que pudieran producirse, debidos al viento, hielo, etc.

6.3.1. *Cables unipolares aislados reunidos en haz*

6.3.2. *Conductores recubiertos*

Las distancias entre los conductores y sus accesorios en tensión y los apoyos serán las indicadas en apartado 5.4.2 de la ITC-LAT 07.

Los conductores recubiertos deberán mantener una distancia mínima entre sí de:

$$D = \frac{1}{3}\left[K\sqrt{F + L} + 0{,}75\, D_{pp}\right]$$

siendo:

F: La flecha en metros del tramo libre.

L: La longitud en metros de la cadena de suspensión, si la hubiere.

D_{pp}: La distancia mínima aérea especificada en el apartado 6.1.

K: Coeficiente en función del ángulo de oscilación según la tabla 16 de la ITC-LAT 07.

En cualquier caso, la distancia mínima entre conductores no será inferior a 0,2 metros.

6.4. Distancias mínimas al terreno

Tratándose de líneas cuya instalación esté prevista en pistas o estaciones de esquí y, en general, en zonas donde el nivel del terreno pueda aumentar como consecuencia de la acumulación de capa de nieve, las distancias que se definen a continuación se entenderán referidas al nivel del terreno, aumentado en el máximo espesor previsible para dicha capa.

6.4.1. Cables unipolares aislados reunidos en haz

Los cables unipolares aislados de AT aquí contemplados se instalarán sobre apoyos.

Para los cables aislados reunidos en haz instalados sobre apoyos, la altura de los apoyos será tal que los conductores en la hipótesis de flecha máxima, queden situados a las siguientes alturas mínimas:

a) 5 metros sobre terrenos donde no se prevea la circulación rodada o de difícil acceso.

b) 6 metros sobre terrenos donde se prevea circulación rodada, excepto carreteras y ferrocarriles (ver apartados 6.7 a 6.9 de la presente instrucción).

c) 1 metro sobre la altura máxima de maquinaria o transporte de gran altura (h) expresada en metros, en zonas tales como: calles interiores de fábricas, granjas, explotaciones forestales y mineras y, en general, cualquier tipo de vía donde sea posible su circulación, con una altura mínima de 6 metros.

6.4.2. Conductores recubiertos

La altura de los apoyos será la necesaria para que los conductores, con su flecha máxima vertical, queden situados por encima de cualquier punto del terreno, camino o superficie de agua no navegable, a una altura mínima de 6 metros.

6.5. Distancias a otras líneas eléctricas aéreas de alta tensión

6.5.1. Cruzamiento con líneas aéreas de AT con conductores desnudos

En los cruzamientos con líneas aéreas de AT con conductores desnudos, la línea con cables unipolares aislados reunidos en haz, o con conductores recubiertos, se situará siempre a una altura inferior a la línea con conductores desnudos, sea cual fuere la tensión nominal de aquella.

En caso de que, por circunstancias singulares, sea preciso que la línea con cables unipolares aislados reunidos en haz, o con conductores recubiertos, cruce por encima de la línea con conductores desnudos, será preciso recabar autorización expresa del organismo competente de la Administración, teniendo en consideración, para el cruce, todas las prescripciones indicadas en este apartado.

Se podrán fijar sobre el mismo apoyo las líneas que se cruzan. En este caso, se cumplirán las prescripciones especiales indicadas en el apartado 5.3 de la ITC-LAT 07 además de las mencionadas en el apartado 6.2 de esta instrucción. No se admitirá en esta circunstancia el empleo de apoyos de madera.

Se procurará que el cruce se efectúe en la proximidad de uno de los apoyos de la línea con conductores desnudos.

Para los cables unipolares aislados reunidos en haz, la distancia entre el cable y las partes más próximas del apoyo no será inferior a 1,5 m. La distancia mínima vertical a respetar entre ambas líneas será de 0,5 m para el cruzamiento con líneas con conductores desnudos de tensión nominal inferior o igual a 30 kV. En el cruzamiento con líneas con conductores desnudos de tensión nominal superior a 30 kV, serán de aplicación las distancias verticales indicadas en el apartado 5.6.1 de la ITC-LAT 07.

En el cruzamiento de líneas con conductores recubiertos y de líneas con conductores desnudos, se aplicará en su totalidad lo establecido en el apartado 5.6.1 de la ITC-LAT 07, con independencia de la tensión de la línea con conductor desnudo.

No se aplicará la prescripción b) del apartado 6.2 para este tipo de cruzamientos.

6.5.2. Paralelismo con líneas aéreas de AT con conductores desnudos

Se entiende que existe paralelismo cuando dos o más líneas próximas siguen sensiblemente la misma dirección, aunque no sean rigurosamente paralelas.

La distancia entre apoyos será la suficiente para que la influencia de las faltas a tierra de la línea aérea de AT con conductores desnudos no provoque perforaciones en el aislamiento de los cables de la línea aérea de AT con cables unipolares aislados reunidos en haz o con conductores recubiertos.

Las líneas con conductores recubiertos se consideran como si fuesen desnudas y cumplirán todo lo indicado en el apartado 5.6.2 de la ITC-LAT 07.

Siempre que sea posible, se evitará la construcción de líneas paralelas de transporte o de distribución de energía eléctrica, a distancias inferiores a 1,5 veces de altura del apoyo más alto, entre las trazas de los conductores más próximos. Se exceptúan de la anterior prescripción las zonas de acceso a centrales generadores y estaciones transformadoras.

En todo caso, en el paralelismo entre líneas con conductores desnudos de tensión nominal inferior o igual a 30 kV y líneas con cables unipolares aislados reunidos en haz, se mantendrá una distancia mínima de 0,5 m.

Para paralelismos con líneas de conductores desnudos de tensión nominal superior a 30 kV, se considerarán los cables unipolares aislados reunidos en haz como conductores desnudos, aplicándose lo indicado en el apartado 5.6.2 de la ITC-LAT 07.

Cuando se utilicen apoyos comunes, la línea con cable unipolar aislado reunido en haz, se situará siempre a nivel inferior que las líneas de conductores desnudos, de forma que la distancia mínima entre ambas sea la anteriormente mencionada.

6.5.3. Cruzamiento entre líneas aéreas de AT de conductores no desnudos

Cuando el cruce se efectúe entre líneas con cables unipolares aislados de AT reunidos en haz, la posición relativa de las mismas será indiferente.

La distancia de cruce de las líneas será suficiente para impedir contactos que pudieran producir deterioro en los conductores.

En caso de cruce entre un cable unipolar aislado reunido en haz y un conductor recubierto, el conductor recubierto se considerará como un conductor desnudo, aplicándose lo indicado en el apartado 6.5.1.

En el caso de cruzamiento de líneas con conductores recubiertos, la distancia mínima entre ellos será la indicada en el apartado 5.6.1 de la ITC-LAT 07.

6.5.4. *Paralelismo entre líneas aéreas de AT de conductores no desnudos*

Cuando el paralelismo sea entre líneas con cables unipolares aislados reunidos en haz, la distancia entre apoyos será la suficiente para que la influencia de las faltas a tierra en una de las líneas no provoque perforación en el aislamiento de las otras. No obstante, las líneas podrán situarse sobre apoyos comunes, teniendo en cuenta que el aislamiento de cualquiera de ellas deberá soportar las tensiones provocadas por la falta a tierra de una de las otras.

En el caso de paralelismo entre una línea con cable unipolar aislado reunido en haz y una línea con conductor recubierto, el conductor recubierto se considerará como un conductor desnudo, aplicándose lo indicado en el apartado 6.5.2.

En el caso de paralelismos de líneas con conductores recubiertos, la distancia mínima entre ellos será la indicada en el apartado 5.6.2 de la ITC-LAT 07.

6.6. Distancias a líneas eléctricas aéreas de baja tensión o a líneas aéreas de telecomunicación

6.6.1. *Cruzamiento con líneas aéreas de BT o con líneas aéreas de telecomunicación*

La línea de AT con cable unipolar aislado reunido en haz podrá cruzar indistintamente por encima o debajo de las líneas eléctricas de BT y las líneas de telecomunicación, mientras que las líneas de AT con conductores recubiertos cruzarán por encima. No obstante, para líneas de AT con cable unipolar aislado reunido en haz en razón de la frecuencia previsible de manipulación, se recomienda que sea la de mayor tensión la que cruce por encima. El cruce se podrá realizar.

La distancia mínima de separación vertical en el punto de cruce para cruzamientos con líneas de BT en las condiciones más desfavorables no será inferior a 0,5 metros, en caso de cables aislados reunidos en haz y de 1 metro, en caso de conductores recubiertos.

Cuando el cruce se realice con líneas de telecomunicación, los cables se situarán a una distancia mínima de separación vertical en el punto de cruce de 1 metro en caso de cables aislados reunidos en haz y de 1,5 metros en caso de conductores recubiertos.

6.6.2. *Paralelismo con líneas aéreas de BT*

Ambas líneas, las de BT y de AT, se podrán disponer sobre apoyos distintos o comunes.

En caso de discurrir por distintos apoyos, la separación mínima será como mínimo de 0,5 metros en caso de cables unipolares aislados de AT reunidos en haz y de 1 metro en caso de conductores recubiertos, considerando los conductores de ambas líneas en su máxima desviación posible, aplicando la hipótesis de viento.

Cuando se instalen en apoyos comunes, las líneas de baja tensión se situarán siempre a nivel inferior que las de alta tensión, y de forma que la distancia entre ambas, en las condiciones más desfavorables, sea de 0,5 metros en caso de cables aislados reunidos en haz, y de 1 metro, en caso de conductores recubiertos. El aislamiento entre ambas líneas deberá estar dimensionado para soportar la influencia de las faltas a tierra de la línea de alta tensión.

6.6.3. *Paralelismo con líneas aéreas de telecomunicación*

La distancia mínima a adoptar será de 1 metro en caso de cables unipolares aislados reunidos en haz y de 1,5 metros en caso de conductores recubiertos, y en cualquier caso la especificada por el órgano competente de la Administración.

Podrán instalarse líneas de telecomunicación sobre los apoyos de líneas eléctricas, siempre que los elementos que se conecten a la línea de telecomunicación estén debidamente protegidos contra sobretensiones que puedan producirse por inducción o contacto accidental entre los conductores de una y otra línea, de tal manera que se descarte todo peligro para las personas y las cosas.

6.7. *Distancias a carreteras*

Es aplicable el apartado 5.7 de la ITC-LAT 07.

6.7.1. *Cruzamiento con carreteras*

Son de aplicación las prescripciones especiales definidas en el apartado 6.2.

La distancia mínima vertical de los cables unipolares aislados reunidos en haz, o de los conductores recubiertos sobre la rasante de la carretera, será de 7 metros.

6.7.2. *Paralelismo con carreteras*

Se cumplirá con lo indicado para líneas aéreas de alta tensión con conductores desnudos en los apartados 5.7 de la ITC-LAT 07.

6.8. *Distancias a ferrocarriles sin electrificar*

Es aplicable lo indicado en el apartado 5.8 de la ITC-LAT 07.

6.8.1. *Cruzamiento con ferrocarriles sin electrificar*

Son de aplicación las prescripciones especiales definidas en el apartado 6.2.

La distancia mínima vertical de los cables unipolares aislados reunidos en haz o de los conductores recubiertos sobre las cabezas de carriles de los ferrocarriles sin electrificar será de 7 metros.

6.8.2. *Paralelismo con ferrocarriles sin electrificar*

Se cumplirá con lo indicado para líneas aéreas de alta tensión con conductores desnudos en los apartados 5.8 de la ITC-LAT 07.

Es aplicable lo indicado en el apartado 5.9 de la ITC-LAT 07.

6.9. *Distancias a ferrocarriles electrificados, tranvías y trolebuses*

6.9.1. *Cruzamientos*

Son de aplicación las prescripciones especiales definidas en el apartado 6.2.

En el cruzamiento entre líneas eléctricas con cables unipolares aislados reunidos en haz o con conductores recubiertos y los ferrocarriles electrificados, tranvías y trolebuses, la distancia mínima vertical de los conductores de la línea eléctrica sobre el conductor más alto de las líneas de energía eléctrica, telefónica y telegráfica del ferrocarril será de 4 metros.

6.9.2. *Paralelismos*

Se cumplirá con lo indicado para líneas aéreas de alta tensión con conductores desnudos en los apartados 5.9 de la ITC-LAT 07.

6.10. *Distancias a teleféricos y cables transportadores*

6.10.1. *Cruzamientos*

Son de aplicación las prescripciones especiales definidas en el apartado 6.2.

El cruce de una línea eléctrica con teleféricos o cables transportadores deberá efectuarse siempre superiormente, salvo casos razonadamente muy justificados que expresamente se autoricen.

La distancia mínima vertical entre los cables y conductores de la línea eléctrica, con su máxima flecha vertical, y la parte más elevada del teleférico, teniendo en cuenta las oscilaciones de los cables del mismo durante su explotación normal y la posible sobre elevación que pueda alcanzar por reducción de carga en caso de accidente, será de 5 metros.

La distancia horizontal entre la parte más próxima del teleférico y los apoyos de la línea eléctrica en el vano de cruce será, como mínimo, la que se obtenga de la fórmula anteriormente indicada.

El teleférico deberá ser puesto a tierra en dos puntos, uno a cada lado del cruce, de acuerdo con las prescripciones del apartado 7 de la ITC-LAT 07.

6.10.2. *Paralelismos*

Se cumplirá lo indicado para líneas aéreas de alta tensión con conductores desnudos en los apartados 5.10 de la I TC-LAT 07.

6.11. Distancias a ríos y canales, navegables o flotables

Es aplicable lo indicado en el apartado 5.11 de la ITC-LAT 07.

6.11.1. *Cruzamientos*

Son de aplicación las prescripciones especiales definidas en el apartado 6.2. Es aplicable lo indicado en el apartado 5.11.1 de la ITC-LAT 07.

6.11.2. *Paralelismos*

Se cumplirá lo indicado para líneas aéreas de alta tensión con conductores desnudos en el apartado 5.11 de la ITC-LAT 07.

6.12. Distancias a antenas receptoras de radio, televisión y pararrayos

Se deberá mantener como mínimo una distancia de 1 metro para cables unipolares aislados reunidos en haz y de 1,5 metros para los conductores recubiertos en las condiciones más desfavorables, con respecto al pararrayos o a la antena en sí, sus tirantes o conductores de bajada, cuando no estén protegidas de manera que se evite cualquier posible contacto o roce accidental.

Queda prohibida la utilización de los apoyos de sustentación de líneas con cable unipolar aislado de AT reunido en haz, para la fijación sobre las mismas de las antenas de radio o televisión, así como de los tirantes de las mismas.

6.13. Paso por zonas

6.13.1. *Bosques, árboles y masas de arbolado*

Para los cables unipolares aislados reunidos en haz, no será necesaria ninguna prescripción especial en el paso por bosques, árboles y masas de arbolado, salvo las que puedan afectar a la propia integridad del cable.

Para los conductores recubiertos, para evitar las interrupciones del servicio y los posibles incendios producidos por el contacto de ramas o troncos de árboles con los conductores, deberá establecerse, mediante la indemnización correspondiente, una zona de corte de arbolado a ambos lados de la línea, manteniéndose como mínimo una distancia desde cualquier conductor en reposo a la masa de arbolado de 2 metros para líneas tensión nominal de 30 kV y de 1,5 metros para líneas de tensión nominal menor o igual de 20 kV.

Igualmente deberán ser cortados todos aquellos árboles que constituyen un peligro para la conservación de la línea, entendiéndose como tales los que, por inclinación o caída fortuita o provocada, puedan alcanzar los conductores en su posición normal, en la hipótesis de temperatura b) del apartado 3.2.3 de la ITC-LAT 07.

El responsable de la explotación de la línea estará obligado a garantizar que la distancia de seguridad entre los conductores de la línea y la masa de arbolado dentro de la zona de servidumbre de paso satisface las distancias anteriores, estando obligado el propietario de los terrenos a permitir la realización de tales actividades. Asimismo, comunicará al órgano competente de la administración las masas de arbolado excluidas de zona de servidumbre de paso que pudieran comprometer las distancias de seguridad establecida en este reglamento.

Conforme a lo establecido en el RD 1955/2000, de 1 de diciembre, para las líneas eléctricas aéreas, queda limitada la plantación de árboles en la franja definida por la servidumbre de vuelo, incrementada con las distancias mínimas de seguridad a ambos lados de la proyección.

6.13.2. *Edificios, construcciones y zonas urbanas*

Para los conductores recubiertos, se aplicará, a este respecto, lo especificado en el apartado 5.12.2 de la ITC-LAT 07.

6.14. *Proximidad a aeropuertos*

Las líneas eléctricas de AT con cable unipolar aislado reunido en haz, o con conductor recubierto, que hayan de construirse en la proximidad de los aeropuertos, aeródromos, helipuertos e instalaciones de ayuda a la navegación aérea deberán ajustarse, además de a las prescripciones anteriormente expuestas, a lo especificado en la legislación y disposiciones vigentes en la materia que correspondan.

7. Protecciones

Es aplicable lo indicado en el apartado 7.1 de la ITC-LAT 06.

7.1. *Protección contra sobreintensidades*

7.1.1. *Protección contra cortocircuitos*

Es aplicable lo indicado en el apartado 7.1.1 de la ITC-LAT 06, teniendo en cuenta que las corrientes cortocircuito máximas admisibles en los conductores y pantallas se especifican en el apartado 5.1 de esta instrucción.

7.1.2. *Protecciones contra sobrecargas*

Es aplicable lo indicado en el apartado 7.1 de la ITC-LAT 06.

7.1.3. *Protección contra esfuerzos electrodinámicos*

Los elementos de sujeción de los cables aislados dispuestos en haz estarán dimensionados para soportar los esfuerzos electrodinámicos. Se emplearán sujeciones en los puntos de amarre de los fiadores, en los finales de línea y en las proximidades de los empalmes.

7.2. *Protección contra sobretensiones*

Las instalaciones realizadas con cables unipolares aislados de A.T. reunidos en haz deberán protegerse contra las sobretensiones peligrosas, tanto de origen interno como de origen atmosférico. Para ello se seguirá lo indicado en el apartado 7.2 de la ITC-LAT 06.

Para líneas aéreas con cables unipolares aislados como criterio general, se asegurará la protección del cable mediante la instalación de pararrayos en los extremos de cada cable unipolar. Asimismo, en caso de tramos de cables aislados insertados en las líneas aéreas desnudas, deberá instalarse pararrayos en las proximidades de los terminales de los cables.

8. Derivaciones y seccionamiento

El presente capítulo aplica exclusivamente a las líneas eléctricas con cables unipolares aislados reunidos en haz. Para los conductores recubiertos se aplicará lo indicado a este respecto en la instrucción correspondiente a líneas aéreas con conductores desnudos.

8.1. *Derivaciones*

En el diseño y ejecución de las derivaciones de los cables unipolares aislados reunidos en haz serán aplicables las consideraciones siguientes, además de las expuestas en el capítulo 3.

Las derivaciones de líneas se efectuarán siempre en un apoyo. En el cálculo de dicho apoyo se tendrán en cuenta las cargas adicionales más desfavorables que sobre el mismo introduzca la línea derivada, reemplazándose, en caso necesario, según los esfuerzos resultantes, el apoyo de la línea principal para mejorar sus características resistentes.

No obstante, cuando desde un cable unipolar aislado reunido en haz haya de alimentarse un centro de transformación de tipo caseta, se recomienda la instalación de celdas de seccionamiento para entrada y salida de cable, en el mismo centro de transformación a alimentar o en un local independiente.

8.1.1. *Desde una línea aérea de alta tensión con cable aislado reunido en haz*

La derivación se efectuará mediante conexiones de los conductores de fase que no estén sometidas a esfuerzos mecánicos y de características eléctricas adecuadas al aislamiento de los cables. Es recomendable la formación de un bucle en la parte superior del apoyo que permita la instalación de los empalmes sobre soporte y evite someterlo a esfuerzos de tracción. Con el mismo fin, se recomienda el empleo de dispositivos que eviten el deslizamiento de los conductores de fase sobre el fiador.

Para ello se efectuarán anclajes de los fiadores a ambos lados del apoyo, situándose éstos preferentemente por encima del bucle así formado.

Se preverán dispositivos adecuados para la puesta a tierra de los elementos que proceda (pantallas de los cables, fiadores, herrajes).

8.1.2. *Desde una línea aérea con conductores desnudos*

La derivación se efectuará con terminales de características eléctricas adecuadas al aislamiento del cable, mediante procedimiento análogo a una conversión aéreo-subterránea, conductor desnudo-cable A.T. con aislamiento seco. Las conexiones se realizarán, en cualquier caso, sobre conductores que no estén sometidos a esfuerzos mecánicos.

Deberán preverse los dispositivos para la puesta a tierra de los elementos que proceda (pantallas de los cables, pararrayos, fiador, herrajes).

8.2. Seccionamiento de líneas

En las derivaciones de líneas propias de la misma compañía suministradora, no será necesaria la instalación de seccionadores en el caso de que en la explotación del conjunto línea principal-línea derivada no sea ventajoso el seccionamiento.

En los demás casos, deberá instalarse un seccionamiento en el arranque de la línea derivada.

En las derivaciones para otras empresas o particulares, en que no haya acuerdo sobre la disposición del enganche, el órgano competente de la Administración resolverá sobre la cuestión planteada.

8.2.1. *Aparamenta de seccionamiento*

Se incluyen aquí los seccionadores y cortacircuitos fusibles de expulsión seccionadores, cuya maniobra, atendiendo a criterios de explotación, calidad de servicio, etc., puede efectuarse o no bajo carga.

Se admite la maniobra de estos aparatos con pértigas de accionamiento provistas de cámara para interrupción en carga, siendo en estos casos aplicable, en cuanto a características, además de las exigidas por la normativa referente a seccionadores, las relativas a interruptores.

Las disposiciones de estos aparatos y la posibilidad, o no, de efectuar maniobras de acoplamiento se indicará con toda claridad en la documentación técnica que el solicitante ha de presentar en el correspondiente proyecto.

Con carácter general, se establecen las siguientes pautas además de las indicadas en las instrucciones aplicables del Reglamento sobre condiciones técnicas y garantías de seguridad en centrales eléctricas, subestaciones y centros de transformación.

a) Las características nominales de la aparamenta serán adecuadas a las de la red en que esté prevista su instalación. Sus contactos estarán dimensionados para una intensidad mínima de paso de 200 A.

b) La aparamenta prevista para la instalación en exterior se dispondrá de modo que las partes que en servicio se encuentren bajo tensión y no estén protegidas contra contactos accidentales se sitúen a una altura sobre el suelo superior a 5 metros, de modo que sean inaccesibles para personas ajenas al servicio.

c) Su accionamiento estará concebido de modo que pueda bloquearse en una o ambas posiciones o bien de forma que requiera la utilización de herramientas especiales y, por tanto, su cierre no sea normalmente factible a personas ajenas al servicio. En su montaje se evitará que se produzca el cierre por gravedad.

d) Se admitirá un único dispositivo de corte para la maniobra de la alimentación común de varios transformadores cuando la suma de las potencias nominales de los mismos no sea superior a 400 kVA.

e) En los casos en que la línea pueda tener alimentación por sus dos extremos se instalarán dispositivos de corte a ambos lados de la misma.

f) En aquellos casos en que el abonado o solicitante de la derivación posea fuentes propias de producción de energía eléctrica, serán de aplicación las prescripciones al respecto según la legislación vigente en la materia.

8.2.2. *Interruptor automático*	En el caso en que por razones de la explotación del sistema fuera aconsejable la instalación de un interruptor automático en el arranque de la derivación, su instalación y características atenderán a lo dispuesto en las instrucciones aplicables Reglamento sobre condiciones técnicas y garantías de seguridad en centrales eléctricas, subestaciones y centros de transformación.
8.3. Conversiones aéreo-subterráneas	Se aplicará lo indicado al respecto en el apartado 4.7 de la ITC-LAT 06.
9. Sistema de puesta a tierra	Para la puesta a tierra de apoyos, herrajes, aparatos de maniobra, transformadores, pararrayos y armarios metálicos, se seguirá lo indicado en el apartado 7 de la ITC-LAT 07.

Para los cables unipolares aislados reunidos en haz, con el fin de evacuar las corrientes capacitivas y, en su caso, las corrientes de defecto a tierra, se establecerá, con carácter general, una conexión entre las pantallas, fiador, herrajes, apoyos, en su caso, y el sistema de puesta a tierra. Además, serán de aplicación los siguientes criterios de diseño:

a) La continuidad eléctrica del fiador quedará asegurada a lo largo de toda la línea.

b) Coincidiendo siempre con la fijación del cable fiador, se realizará la puesta a tierra de apoyos, fiador y herrajes, para los apoyos que soporten conexiones o derivaciones.

c) Para las puestas a tierra de las pantallas metálicas de los cables, se aplicará lo indicado al respecto en el apartado 4.9 de la ITC-LAT 06.

10. Aseguramiento de la calidad

Es aplicable lo indicado en el apartado 8 de la ITC-LAT 06.

ANTEPROYECTOS Y PROYECTOS
Instrucción ITC-LAT 09

Índice

1. Prescripciones generales

Para la elaboración de los anteproyectos y proyectos se utilizarán, como guía, las consideraciones indicadas en la norma UNE 157001.

2. Anteproyecto

2.1. Finalidad

El anteproyecto de una línea de alta tensión podrá utilizarse para la tramitación de la correspondiente autorización por parte del órgano competente de la Administración, caso de que el solicitante estime la necesidad de su presentación con anterioridad a la preparación del proyecto de ejecución.

2.2. Documentos que comprende

El anteproyecto de una línea de alta tensión constará, en general, al menos de los documentos siguientes:

a) Memoria;

b) Presupuesto;

c) Planos.

2.2.1. Memoria

El documento «Memoria» deberá incluir:

a) Justificación de la necesidad de la línea.

b) Indicación del emplazamiento de la línea, señalando origen, recorrido y final de la misma.

c) Descripción del conjunto de la instalación con indicación de las características principales de la misma, señalando que se cumplirá lo preceptuado en la Reglamentación que la afecte.

d) Cronograma previsto de ejecución de la línea.

e) Relación de normas de la ITC-LAT 02 y especificaciones particulares de empresa suministradoras aprobadas aplicables.

2.2.2. Presupuesto

El documento «Presupuesto» deberá contener una valoración estimada de los elementos de la línea.

2.2.3. Planos

El documento «Planos» deberá incluir un plano de situación a escala suficiente para que el emplazamiento de la línea quede perfectamente definido, con inclusión de cuantos datos o coordenadas de la línea, respecto a puntos singulares, permita su situación de forma precisa en el terreno.

3. Proyecto de ejecución

3.1. *Finalidad*

El proyecto de ejecución de una línea de alta tensión tiene por finalidad la tramitación de la correspondiente autorización por parte del órgano competente de la Administración y sirve, asimismo, como documento básico para la realización de la obra. Por ello, contendrá los datos necesarios para que la instalación quede definida técnica y económicamente, de forma tal que pueda ser ejecutada bajo la dirección de un técnico competente, igual o distinto al autor del mismo.

3.2. *Directrices*

Las directrices fundamentales para la redacción del proyecto de ejecución son las siguientes:

a) Exponer la finalidad de la línea eléctrica, justificando su necesidad o conveniencia.

b) Describir y definir el conjunto de la instalación, sus elementos integrantes y las características de funcionamiento.

c) Evidenciar el cumplimiento de las prescripciones técnicas impuestas por el Reglamento sobre condiciones técnicas y garantías de seguridad en líneas eléctricas de alta tensión, por las normas de la ITC-LAT 02 y especificaciones particulares de empresa suministradora aprobadas que sean de aplicación.

d) Valorar claramente el conjunto de la instalación y el de aquellos tramos de la instalación en los que, de acuerdo con la legislación vigente, deban intervenir diferentes organismos de la Administración afectados.

3.3. *Documentos que comprende*

El proyecto de ejecución constará, en general, de los documentos siguientes:

a) Memoria;

b) Pliego de condiciones técnicas;

c) Presupuesto;

d) Planos;

e) Estudio de seguridad y salud.

Para la tramitación de la autorización administrativa, no será exigible la presentación del pliego de condiciones técnicas.

3.3.1. *Memoria*

En la «Memoria» se expondrán todas las explicaciones e informaciones precisas para la correcta dirección de la obra, e incluirá los cálculos justificativos, debiendo incluir preceptivamente:

a) Justificación de la necesidad de la línea.

b) Indicación del emplazamiento de la línea.

c) Descripción del trazado de la línea, indicando las provincias y términos municipales afectados.

d) Descripción de la línea a establecer, señalando sus características generales así como las de los principales elementos que se prevea utilizar.

e) Los cálculos eléctricos, que incluirán, al menos, los parámetros eléctricos de la línea y el estudio de las caídas de tensión y pérdida de potencia.

f) Para líneas aéreas, los cálculos mecánicos que justifiquen que el conjunto de la línea y sus elementos cumplen los requisitos reglamentarios, en especial en cruzamientos, paralelismos, pasos y demás situaciones reguladas por el Reglamento sobre condiciones técnicas y garantías de seguridad en líneas eléctricas de alta tensión y sus instrucciones técnicas complementarias.

g) La relación de cruzamientos, paralelismos y demás situaciones reguladas por el Reglamento sobre condiciones técnicas y garantías de seguridad en líneas eléctricas de alta tensión y sus instrucciones técnicas complementarias, con los datos necesarios para su localización e identificación del propietario, entidad u órgano afectado.

h) Anexo de afecciones con la relación de bienes y derechos afectados por la línea, a efectos de la declaración de utilidad pública y posibles expropiaciones.

Cuando el proyectista proponga soluciones que no cumplan exactamente las prescripciones expuestas en el Reglamento sobre condiciones técnicas y garantías de seguridad en líneas eléctricas de alta tensión y sus instrucciones técnicas complementarias, deberá efectuarse justificación detallada de la solución propuesta.

3.3.2. *Pliego de Condiciones Técnicas*

El «Pliego de CondicionesTécnicas» contendrá la información necesaria para definir los materiales, aparatos, equipos y especificaciones para el correcto montaje.

3.3.3. *Presupuesto*

El documento «Presupuesto» deberá constar de:

a) Mediciones.

b) Presupuestos de las partidas principales de la línea, en los que se relacionarán, mediante valoración estimada, los elementos y equipos de la línea que va a realizarse y, en su caso, aquellas partes que se encuentren sometidos a la intervención de los diversos organismos afectados, obteniéndose de modo justificativo, para cada uno de ellos, el importe correspondiente.

c) Presupuesto general, resumen de los presupuestos de las partidas principales, en el que se indicarán los precios unitarios de los diferentes elementos que componen la instalación y el importe total de la misma.

3.3.4. *Planos*

El documento «Planos» deberá contener:

a) Plano de situación, a escala suficiente para que el emplazamiento de la línea quede perfectamente definido, incluyendo datos y cotas topográficas de puntos singulares de la línea en relación con puntos de los alrededores, con el objeto de situar la línea sobre el terreno de forma precisa;

b) Para líneas aéreas:

b.1. El perfil longitudinal y la planta, a escalas mínimas horizontal 1: 2000 y vertical 1: 500, situándose en la planta todos los servicios que existen en una franja de 50 metros de anchura a cada lado del eje de la línea, tales como carreteras, ferrocarriles, cursos de agua, líneas eléctricas y de telecomunicación, etc., señalando explícita y numéricamente, para cada uno de ellos, el cumplimiento de las separaciones mínimas que se imponen. Se indicará la situación y numeración de los apoyos, su tipo y sistema de fijación de los conductores, la escala kilométrica, las longitudes de los vanos, ángulos de trazado, numeración de las parcelas, límites de provincias y términos municipales y la altitud de los principales puntos del perfil sobre el plano de comparación;

b.2. Los planos de cada tipo de apoyo y cimentación a escala conveniente;

b.3. Los planos de aisladores, herrajes, tomas de tierra o de los distintos conjuntos utilizados, a escalas convenientes.

c) Para líneas subterráneas:

c.1. Plano de planta a escala mínima 1: 1000, situándose en planta todos los servicios que existan en el ancho de la franja de terreno ocupada por la canalización ampliando en un mínimo de la mitad de anchura de canalización, a cada lado de la misma.

c.2. Los planos de detalle de cruzamientos, paralelismos, pasos y demás situaciones reguladas en el Reglamento sobre condiciones técnicas y garantías de seguridad en líneas eléctricas de alta tensión y sus instrucciones técnicas complementarias, señalando para cada uno de ellos el cumplimiento de las separaciones mínimas establecidas.

c.3. Cuando proceda, esquema del tipo de conexionado de las pantallas de los cables aislados.

3.3.5. *Estudio de Seguridad y Salud*

El «Estudio de Seguridad y Salud» cumplirá con los requisitos establecidos por la reglamentación aplicable en materia de prevención de riesgos laborales.

4. Proyecto de ampliación o modificación

Según lo establecido en el artículo 115 del Real Decreto 1955/2000, de 1 de diciembre, la ampliación o modificación de la línea requiere la aprobación del proyecto de ejecución.

A tales efectos, no se consideran ampliaciones ni modificaciones:

a) Las que no provocan cambios de servidumbre sobre el trazado.

b) Las que, aun provocando cambios de servidumbre sin modificación del trazado, se hayan realizado de mutuo acuerdo con los afectados, según lo establecido en el artículo 151 del Real Decreto 1955/2000, de 1 de diciembre.

c) Las que impliquen la sustitución de apoyos o conductores por deterioro o rotura, siempre que se mantengan las condiciones del proyecto original.

Para los casos anteriormente citados, no se precisará autorización administrativa, ni presentación de proyecto. Sin embargo, al menos anualmente, se enviará al órgano competente de la Administración, una relación de todas estas actuaciones que reflejen el estado final de la línea.

5. Proyectos tipo de instalaciones

Cuando las empresas eléctricas dispongan de proyectos tipo para determinadas líneas, que son manuales técnicos que establecen y justifican todos los datos técnicos necesarios para el diseño, cálculo y valoración de unidades constructivas de las líneas a las que se refiere el Reglamento sobre condiciones técnicas y garantías de seguridad en líneas eléctricas de alta tensión y sus instrucciones técnicas complementarias, el proyecto de ejecución de dichas líneas complementará al proyecto tipo en todos los aspectos particulares de la línea a construir.

El proyecto tipo contendrá al menos las siguientes partes:

a) Memoria justificativa de los procedimientos de cálculo empleados para cumplir las condiciones reglamentarias.

b) Programa informático para obtener las tablas de cálculo correspondientes a la línea concreta que se estudia.

c) Pliego de Condiciones.

d) Presupuesto de base para ser completado por el proyectista para cada línea en particular.

e) Relación de planos a incluir en cada proyecto de una línea.

f) Normas de prevención de riesgos laborales y de protección del medio ambiente a desarrollar en cada caso.

4. NORMATIVA COMPLEMENTARIA

Resumen del contenido

Medidas de protección de la avifauna

Real Decreto 1432/2008, de 29 de agosto, por el que se establecen medidas para la protección de la avifauna contra la colisión y la electrocución en líneas eléctricas de alta tensión.

La creciente demanda de energía eléctrica exige el incremento del número de líneas y tendidos eléctricos instalados en el medio natural que, por falta de una normativa específica, carecen de los necesarios elementos o de las adecuadas medidas protectoras que aseguren su inocuidad para las aves, con el subsiguiente riesgo de electrocución o de colisión de éstas en dichas infraestructuras, sobre todo para algunas especies incluidas en el Catálogo Español de Especies Amenazadas, regulado en el artículo 55 de la Ley 42/2007, de 13 de diciembre, del Patrimonio Natural y de la Biodiversidad.

En este contexto, las investigaciones actuales sobre las causas de mortandad no natural más frecuentes en la avifauna, han puesto de manifiesto que entre las principales se encuentran la electrocución y la colisión en las estructuras de conducción eléctrica, hasta el punto de suponer actualmente el principal problema de conservación para especies tan emblemáticas como el águila imperial ibérica, el águila-azor perdicera u otras grandes rapaces. La electrocución afecta también a muchas especies más comunes, como águilas reales, culebreras, aguilillas calzadas, milanos negros, azores, ratoneros, cigüeñas y búhos reales, por citar algunas de las especies más afectadas. Se calcula que al menos varias decenas de miles de aves mueren cada año en España debido los tendidos eléctricos, acarreando al mismo tiempo estas anomalías cortes e irregularidades en la distribución eléctrica. Todo ello aconseja adoptar cuantas medidas electro-técnicas sean posibles para evitar o al menos reducir la citada mortalidad.

Se cumple así, el mandato constitucional contenido en el artículo 45 de nuestra Carta Magna, y también se estará cumpliendo el compromiso adquirido por España con la adhesión al Convenio relativo a la Conservación de la Vida silvestre y del Medio Natural en Europa, hecho en Berna el 19 de septiembre de 1979, y ratificado el 13 de mayo de 1986, que reconoce la necesidad de adoptar medidas para llevar a cabo políticas nacionales de conservación de la flora y fauna silvestres y de los hábitats naturales, cuyas medidas deben ser apropiadas para proteger, sobre todo, a las especies amenazadas.

Por otro lado, la citada Ley 42/2007, de 13 de diciembre, que tiene por objeto el establecimiento de normas de protección, restauración, conservación y mejora de los recursos naturales y, en particular, de los espacios naturales y de la flora y fauna silvestres, en su artículo 52 prevé que se adopten las medidas necesarias para garantizar la conservación de las especies que viven en estado silvestre.

En este contexto, el Convenio de Especies Migratorias o Convenio de Bonn, aprobó en la Conferencia de las Partes celebrada en Bonn del 18 al 24 de septiembre de 2002, la Resolución 7.4 sobre Electrocución de Aves Migratorias, en la que se hace una referencia específica a los graves efectos de la electrocución en la avifauna e insta a los Estados miembros, entre los que se encuentra España, a abordar la resolución del problema.

A su vez, las Leyes 21/1992, de 16 de julio, de Industria, y 54/1997, de 27 de noviembre, de Regulación del Sector Eléctrico, establecen, además de la persecución de los fines propios de su objeto específico, que las actividades que regulan deben compatibilizarse con la protección del medio ambiente, afirmando que la seguridad de las instalaciones industriales o eléctricas tiene que garantizar no solo la protección contra accidentes que puedan producir daños a las personas, sino también a la flora, a la fauna y, en general, al medio ambiente.

Por ello, aunque este real decreto se aprueba con arreglo a la citada Ley 42/2007, cuya disposición final octava faculta al Gobierno para que dicte las disposiciones reglamentarias que sean necesarias para su desarrollo y ejecución para adoptar las medidas de conservación de las especies a las que a las que se refiere este real decreto, es necesario también recurrir a la adopción de medidas de carácter electro-técnico que introduzcan modificaciones en las líneas eléctricas aéreas, de modo que eviten que las aves se electrocuten o colisionen con ellas y que, al propio tiempo, garanticen el suministro eléctrico y la calidad de dicho suministro; es la citada Ley 54/1997, la que presta cobertura al establecimiento de estas medidas, al hacer repetida mención, en sus artículos 21.3, 28.3, 36.6, 40.3, 43.2 y 51.2 f), al cumplimiento de las condiciones de protección del medio ambiente y contemplar también al tipificar en sus artículos 59 al 67, la correlativa tipificación de las correspondientes infracciones y sanciones administrativas.

Esta norma tiene carácter básico y adopta la forma de real decreto porque, dada la naturaleza de la materia regulada, resulta un complemento necesario para garantizar la consecución de la finalidad objetiva a que responde la competencia estatal sobre bases.

Aun cuando esta normativa ha sido recogida en el Real Decreto 263/2008, de 22 de febrero, que establece medidas de carácter técnico en líneas eléctricas de alta tensión, con objeto de proteger la avifauna, recientemente publicado, determinados defectos formales, a los que se hace referencia en el párrafo siguiente, aconsejan su sustitución por el presente, con la consiguiente derogación de dicho real decreto.

Conforme a lo dispuesto en la Directiva 98/34/CE del Parlamento Europeo y del Consejo, de 22 de junio, modificada por la Directiva 98/48/CE del Parlamento Europeo y del Consejo, de 20 de julio, el citado real decreto, por su contenido técnico, requería ser notificado a la Comisión Europea. Con fecha 1 de abril la Comisión Europea comunicó formalmente que dicha notificación se había producido de manera defectuosa y que, en consecuencia se cerraba el procedimiento de notificación, recordando que dicho cierre implicaba la inaplicabilidad del real decreto ante el juez nacional. En consecuencia, con el fin de subsanar el citado defecto formal del Real Decreto 263/2008, de 22 de febrero, es necesario tramitar un nuevo real decreto que lo derogue y que, paralelamente, incorpore íntegramente su contenido, en los mismos términos en los que estaba redactado, con leves ajustes de técnica normativa.

La presente disposición ha sido sometida al procedimiento de información en materia de normas y reglamentaciones técnicas y de reglamentos relativos a los servicios de la sociedad de la información, regulado en el Real Decreto 1337/1999, de 31 de julio, a los efectos de dar cumplimiento a lo dispuesto en la Directiva 98/34/CE del Parlamento Europeo y del Consejo, de 22 de junio, modificada por la Directiva 98/48/CE del Parlamento Europeo y del Consejo, de 20 de julio.

En su virtud, a propuesta de los Ministros de Medio Ambiente, y Medio Rural y Marino y de Industria, Turismo y Comercio, de acuerdo con el Consejo de Estado y previa deliberación del Consejo de Ministros, en su reunión del día 29 de agosto de 2008,

DISPONGO:

Artículo 1. Objeto.

Este real decreto tiene por objeto establecer normas de carácter técnico de aplicación a las líneas eléctricas aéreas de alta tensión con conductores desnudos situadas en las zonas de protección definidas en el artículo 4, con el fin de reducir los riesgos de electrocución y colisión para la avifauna, lo que redundará a su vez en una mejor calidad del servicio de suministro.

Artículo 2. Definiciones.

A los efectos de este real decreto, se entenderá por:

a) Aislador: Elemento que aísla y soporta los conductores de una línea eléctrica en los apoyos.

b) Aislador de amarre: Aislador en posición horizontal donde ha sido fijado el conductor y que soporta el tensado de la línea.

c) Aislador suspendido: Aislador dispuesto por debajo de los travesaños del armado.

d) Alargadera: Elemento sin tensión que se coloca entre la cruceta y el comienzo de la cadena de aisladores para aumentar la distancia entre el conductor y el armado o cruceta.

e) Ampliaciones o modificaciones de líneas eléctricas aéreas de alta tensión ya existentes: Aquellas que impliquen cambios en los apoyos o crucetas, en los que se pueda variar las distancias entre los conductores para adaptarse a este real decreto y cumplir con el resto de requisitos reglamentarios, sin modificaciones adicionales en el resto de la línea.

f) Apoyo o poste: Estructura de metal, madera, hormigón, o de otros materiales apropiados, que soporta los conductores en un tendido eléctrico y al que se fijan de modo directo en su caso los cables de tierra. Está formado por el fuste y el armado.

g) Apoyo de alineación: Apoyo de suspensión, amarre o anclaje usado en un tramo rectilíneo de la línea.

h) Apoyo de amarre: Apoyo con cadenas de aislamiento de amarre.

i) Apoyo de anclaje: Apoyo con cadenas de aislamiento de amarre destinado a proporcionar un punto firme en la línea y que limita los esfuerzos longitudinales de carácter excepcional.

j) Apoyo de derivación: Apoyos que sirven para derivar nuevos ramales de la red.

k) Apoyo de principio o fin de línea: Son los apoyos primero y último de la línea con cadenas de aislamiento de amarre destinados a soportar en sentido longitudinal las solicitaciones del haz completo de conductores en un solo sentido. l) Apoyo de suspensión: Apoyo con cadenas de aislamiento de suspensión.

m) Áreas prioritarias de reproducción, alimentación y dispersión de las aves: Áreas con presencia regular de alguna de las especies incluidas en el Catálogo Español de Especies Amenazadas, o en los Catálogos Autonómicos, en un período de tres años consecutivos.

n) Armado: Estructura del apoyo que sirve para anclar los aisladores que sujetan los conductores.

ñ) Cable de tierra: Conductor conectado a tierra en alguno o en todos los apoyos, dispuesto generalmente aunque no necesariamente, por encima de los conductores de fase, con el fin de asegurar una determinada protección frente a descargas atmosféricas.

o) Cadenas de aisladores: Conjunto de aisladores dispuestos uno detrás de otro.

p) Conductor: Cable de metal que transporta energía eléctrica en un tendido eléctrico.

q) Cruceta: La misma definición que «Armado».

r) Distancia mínima de seguridad «d»: La comprendida entre la punta de la cruceta y la grapa de amarre.

s) Disuasor de posada: Dispositivo externo colocado sobre las crucetas para evitar que se posen las aves.

t) Fusible: Elemento que interrumpe el circuito eléctrico en caso de una sobre intensidad.

u) Líneas eléctricas aéreas de alta tensión: Aquéllas de corriente alterna trifásica a 50 Hz de frecuencia, cuya tensión nominal eficaz entre fases sea igual o superior a 1 KV. Se clasifican de la forma siguiente, de acuerdo con el Reglamento sobre condiciones técnicas y garantías de seguridad en líneas eléctricas de alta tensión y sus instrucciones técnicas complementarias ITC-LAT 01 a 09, aprobado por el Real Decreto 223/2008, de 15 de febrero.

1.ª Categoría especial: Las de tensión nominal igual o superior a 220 kV y las de tensión inferior que formen parte de la red de transporte, conforme a lo establecido en el artículo 5 del Real Decreto 1955/2000, de 1 de diciembre, por el que se regulan las actividades de transporte, distribución, comercialización, suministro y procedimientos de autorización de instalaciones de energía eléctrica.

2.ª Primera categoría: Las de tensión nominal inferior a 220 kV y superior a 66 kV.

3.ª Segunda categoría: Las de tensión nominal igual o inferior a 66 kV y superior a 30 kV.

4.ª Tercera categoría: Las de tensión nominal igual o inferior a 30 kV y superior a 1 kV.

Quedan excluidas las líneas eléctricas que constituyen el tendido de tracción propiamente dicho —línea de contacto— de los ferrocarriles.

v) Puente: Conexión poco tensa entre dos conductores.

w) Salvapájaros o señalizador: Dispositivo externo que se fija a los cables para su visualización a distancia por las aves.

x) Seccionador: Aparato mecánico de conexión que, por razones de seguridad, en posición abierto asegura una distancia de seccionamiento que satisface unas condiciones específicas de aislamiento.

y) Semicruceta: La mitad de una cruceta.

z) Transformador de distribución: Elemento que transforme un sistema de corrientes en alta tensión en otro de baja tensión.

Artículo 3. Ámbito de aplicación.

1. Este real decreto es de aplicación a las líneas eléctricas aéreas de alta tensión con conductores desnudos ubicadas en zonas de protección, que sean de nueva construcción, o que no cuenten con un proyecto de ejecución aprobado a la entrada en vigor de este real decreto, así como a las ampliaciones o modificaciones de líneas eléctricas aéreas de alta tensión ya existentes.

2. Este real decreto también se aplica a las líneas eléctricas aéreas de alta tensión con conductores desnudos existentes a su entrada en vigor, ubicadas en zonas de protección, siendo obligatorias las medidas de protección contra la electrocución y voluntarias las medidas de protección contra la colisión.

Artículo 4. Zonas de protección.

1. A efectos de este real decreto, son zonas de protección:

a) Los territorios designados como Zonas de Especial Protección para las Aves (ZEPA), de acuerdo con los artículos 43 y 44 de la Ley 42/2007, de 13 de diciembre, de Patrimonio Natural y de la Biodiversidad.

b) Los ámbitos de aplicación de los planes de recuperación y conservación elaborados por las comunidades autónomas para las especies de aves incluidas en el Catálogo Español de Especies Amenazadas o en los catálogos autonómicos.

c) Las áreas prioritarias de reproducción, alimentación, dispersión y concentración local de aquellas especies de aves incluidas en el Catálogo Español de Especies Amenazadas, o en los catálogos autonómicos, cuando dichas áreas no estén ya comprendidas en las correspondientes a los párrafos a) o b) de este artículo.

Previo informe de la Comisión Estatal para el Patrimonio Natural y la Biodiversidad y mediante resolución motivada, el órgano competente de cada comunidad autónoma delimitará las áreas prioritarias de reproducción, de alimentación, de dispersión y de concentración local correspondientes a su ámbito territorial.

2. El órgano competente de cada comunidad autónoma dispondrá la publicación, en el correspondiente diario oficial, de las zonas de protección existentes en su respectivo ámbito territorial en el plazo de un año a partir de la entrada en vigor del presente real decreto.

Artículo 5. Prescripciones técnicas para las líneas eléctricas.

1. Las líneas eléctricas incluidas en el artículo 3 habrán de ajustarse a las prescripciones técnicas establecidas en los artículos 6 y 7 y en el anexo, sin perjuicio de la normativa electrotécnica que también les sea aplicable.

2. En el plazo de un año a partir de la entrada en vigor de este real decreto y mediante resolución motivada, el órgano competente de cada comunidad autónoma determinará las líneas que, entre las referidas en el artículo 3.2, no se ajustan a las prescripciones técnicas establecidas en los artículos 6 y 7 y en el anexo. Dicha resolución será notificada a los titulares de las líneas y publicada en el respectivo diario oficial.

3. Una vez completadas las modificaciones de las líneas eléctricas determinadas en el apartado 2, el órgano competente de la comunidad autónoma podrá realizar una actualización de la resolución.

Artículo 6. Medidas de prevención contra la electrocución.

En las líneas eléctricas de alta tensión de 2.ª y 3.ª categoría que tengan o se construyan con conductores desnudos, a menos que en los supuestos c) y d) tengan crucetas o apoyos de material aislante o tengan instalados disuasores de posada cuya eficacia esté reconocida por él órgano competente de la comunidad autónoma, se aplicarán las siguientes prescripciones:

a) Las líneas se han de construir con cadenas de aisladores suspendidos, evitándose en los apoyos de alineación la disposición de los mismos en posición rígida.

b) Los apoyos con puentes, seccionadores, fusibles, transformadores de distribución, de derivación, anclaje, amarre, especiales, ángulo, fin de línea, se diseñarán de forma que se evite sobrepasar con elementos en tensión las crucetas o semicrucetas no auxiliares de los apoyos. En cualquier caso, se procederá al aislamiento de los puentes de unión entre los elementos en tensión.

c) En el caso del armado canadiense y tresbolillo (atirantado o plano), la distancia entre la semicruceta inferior y el conductor superior no será inferior a 1,5 m.

d) Para crucetas o armados tipo bóveda, la distancia entre la cabeza del fuste y el conductor central no será inferior a 0,88 m, o se aislará el conductor central 1 m a cada lado del punto de enganche.

e) Los diferentes armados han de cumplir unas distancias mínimas de seguridad «d», tal y como se establece en el cuadro que se contiene en el anexo. Las alargaderas en las cadenas de amarre deberán diseñarse para evitar que se posen las aves. En el caso de constatarse por el órgano competente de la comunidad autónoma que las alargaderas y las cadenas de amarre son utilizadas por las aves para posarse o se producen electrocuciones, la medida de esta distancia de seguridad no incluirá la citada alargadera.

f) En el caso de crucetas distintas a las especificadas en el cuadro de crucetas del apartado e), la distancia mínima de seguridad «d» aplicable será la que corresponda a la cruceta más aproximada a las presentadas en dicho cuadro.

Artículo 7. Medidas de prevención contra la colisión.

En las líneas eléctricas de alta tensión con conductores desnudos de nueva construcción, se aplicarán las siguientes medidas de prevención contra la colisión de las aves:

a) Los nuevos tendidos eléctricos se proveerán de salvapájaros o señalizadores visuales cuando así lo determine el órgano competente de la comunidad autónoma.

b) Los salvapájaros o señalizadores visuales se han de colocar en los cables de tierra.

Si estos últimos no existieran, en las líneas en las que únicamente exista un conductor por fase, se colocarán directamente sobre aquellos conductores que su diámetro sea inferior a 20 mm. Los salvapájaros o señalizadores serán de materiales opacos y estarán dispuestos cada 10 metros (si el cable de tierra es único) o alternadamente, cada 20 metros (si son dos cables de tierra paralelos o, en su caso, en los conductores). La señalización en conductores se realizará de modo que generen un efecto visual equivalente a una señal cada 10 metros, para lo cual se dispondrán de forma alterna en cada conductor y con una distancia máxima de 20 metros entre señales contiguas en un mismo conductor. En aquellos tramos más peligrosos debido a la presencia de niebla o por visibilidad limitada, el órgano competente de la comunidad autónoma podrá reducir las anteriores distancias.

Los salvapájaros o señalizadores serán del tamaño mínimo siguiente:

Espirales: Con 30 cm de diámetro × 1 metro de longitud.

De 2 tiras en X: De 5 × 35 cm.

Se podrán utilizar otro tipo de señalizadores, siempre que eviten eficazmente la colisión de aves, a juicio del órgano competente de la comunidad autónoma.

Sólo se podrá prescindir de la colocación de salvapájaros en los cables de tierra cuando el diámetro propio, o conjuntamente con un cable adosado de fibra óptica o similar, no sea inferior a 20 mm.

Artículo 8. Contenido de los proyectos.

1. Los proyectos de construcción, de modificación, ampliación o de adaptación de las líneas eléctricas incluidas en el artículo 3, además de lo exigido por el Real Decreto 223/2008, de 15 de febrero, por el que se aprueban el Reglamento sobre condiciones técnicas y garantías de seguridad en líneas eléctricas de alta tensión y sus instrucciones técnicas complementarias ITC-LAT 01 a 09, habrán de especificar y describir las medidas concretas tendentes a minimizar los accidentes de electrocución y colisión de la avifauna.

2. A efectos de lo señalado en el apartado anterior, dichos proyectos contendrán al menos, los siguientes datos:

a) Descripción del trazado y plano a escala al menos 1:25.000.

b) Tipos de apoyos y armados a instalar.

c) Características de los sistemas de aislamiento.

d) Descripción de las instalaciones de seccionamiento, transformación e interruptores con corte en intemperie.

e) Características de los dispositivos salvapájaros a instalar y la ubicación de los mismos, en su caso, así como las medidas anticolisión y las medidas anti-nidificación en las líneas.

Artículo 9. Mantenimiento de las líneas eléctricas.

1. En la época de nidificación, reproducción y crianza quedan prohibidos los trabajos de mantenimiento de las partes de los tendidos eléctricos que soporten nidos o que en sus proximidades nidifiquen aves incluidas en el Listado de Especies Silvestres en Régimen de Protección Especial, de acuerdo con los artículos 53 y 54 de la Ley 42/2007, de 13 de diciembre, del Patrimonio Natural y de la Biodiversidad.

2. Excepcionalmente, se autorizará la realización de reparaciones en la época de nidificación, reproducción y crianza, siempre que se trate de corregir averías que perturben el normal suministro de energía. Estas reparaciones habrán de realizarse previa notificación fehaciente del programa de trabajo al órgano competente de la comunidad autónoma, que podrá exigir la adopción de medidas concretas para asegurar que la ejecución de las reparaciones no implica riesgo para la avifauna. No obstante y cuando por razones de urgencia se deba actuar para garantizar la calidad o continuidad del suministro eléctrico, y no pudiera realizarse la previa notificación fehaciente del programa de trabajo anteriormente referido, estas reparaciones se podrán llevar a cabo minimizando el impacto sobre la avifauna que pudiera existir e informando en un plazo máximo de 72 horas al órgano competente de la comunidad autónoma de los trabajos realizados y de las medidas tomadas para asegurar la protección de la avifauna.

Artículo 10. Régimen sancionador.

Las infracciones cometidas contra lo dispuesto en este real decreto estarán sometidas al régimen sancionador establecido en el título X de la Ley 54/1997, de 27 de noviembre, del Sector Eléctrico, así como en la normativa medioambiental que, en su caso, resulte de aplicación.

Disposición adicional única. Plan de inversiones a la adaptación de líneas eléctricas.

Para lograr el cumplimiento de los fines perseguidos por este real decreto, el Gobierno, a través del Ministerio de Medio Ambiente, y Medio Rural y Marino, habilitará los mecanismos y presupuestos necesarios para acometer la financiación total de las adaptaciones contempladas en la disposición transitoria única, apartado 2, en un plazo no superior a los cinco años desde la entrada en vigor de este real decreto. La ejecución de las adaptaciones en ningún caso superará los dos años desde la aprobación de la financiación correspondiente.

Disposición transitoria única. Adaptación de líneas eléctricas aéreas de alta tensión.

1. Los titulares de las líneas, cuyo proyecto esté presentado y pendiente de aprobación o cuyo proyecto haya sido aprobado pero cuya acta de puesta en servicio no haya sido extendida en el momento de entrada en vigor del real decreto, deberán adaptarlo a las prescripciones técnicas establecidas en este real decreto. Dicha adaptación deberá ser comunicada al órgano competente para autorizar el proyecto en el plazo de tres meses a

partir de la fecha de entrada en vigor de este real decreto. Lo anterior se señala sin perjuicio de la validez de las actuaciones ya realizadas.

2. Los titulares de las líneas eléctricas aéreas de alta tensión a las que se refiere el artículo 3.2, deberán presentar ante el órgano competente y en el plazo de un año a partir de la notificación de la resolución de la comunidad autónoma a que se refiere el artículo 5.2, el correspondiente proyecto para adaptarlas a las prescripciones técnicas establecidas en el artículo 6 y en el anexo, debiéndose optar por aquellas soluciones técnicamente viables que aseguren la mínima afección posible a la continuidad del suministro. La ejecución del proyecto dependerá de la disponibilidad de la financiación prevista en el Plan de inversiones de la disposición adicional única.

3. Las comunidades autónomas realizarán, en el plazo de un año a partir de la fecha de publicación de las zonas de protección, un inventario de las líneas eléctricas aéreas de alta tensión ya existentes que provocan una significativa y contrastada mortalidad por colisión, de aves incluidas en el Listado de especies silvestres en régimen de protección especial, particularmente las incluidas en el Catálogo Español de Especies Amenazadas. Una vez informado este inventario por la Comisión Estatal para el Patrimonio Natural y la Biodiversidad, se notificará a los titulares de estas líneas, que podrán acogerse, para su modificación voluntaria, a la financiación prevista en la disposición adicional única, teniendo en cuenta las prescripciones técnicas establecidas en el artículo 7 en materia de protección contra la colisión.

Disposición derogatoria única. Derogación normativa.

Queda derogado el Real Decreto 263/2008, de 22 de febrero, por el que se establecen medidas de carácter técnico en líneas eléctricas de alta tensión con objeto de proteger la avifauna.

Disposición final primera. Títulos competenciales.

Este real decreto tiene naturaleza de legislación básica en virtud de lo dispuesto en el artículo 149.1.13.ª, 23.ª y 25.ª de la Constitución.

Disposición final segunda. Entrada en vigor.

El presente real decreto entrará en vigor el día siguiente al de su publicación en el «Boletín Oficial del Estado».

Dado en Palma de Mallorca, el 29 de agosto de 2008.

JUAN CARLOS R.

La Vicepresidenta Primera del Gobierno y Ministra de la Presidencia,

MARÍA TERESA FERNÁNDEZ DE LA VEGA SANZ

ANEXO

Tipo de cruceta	Distancias mínimas de seguridad en las zonas de protección
Canadiense	**cadena en suspensión** d = 478 mm **cadena de amarre** d = 600 mm
Tresbolillo atirantado	**cadena en suspensión** d = 600 mm **cadena de amarre** d = 1.000 mm
Tresbolillo plano	**cadena en suspensión** d = 600 mm **cadena de amarre** d = 1.000 mm
Bóveda	**cadena en suspensión** d = 600 mm y cable central aislado 1 m a cada lado del punto de enganche. **cadena de amarre** d = 1.000 mm y puente central aislado.